Flugzeuge der Welt 2026

Coverfoto: Lockheed Martin F-35C Lighting II
Dreiseitenrisse: Aeromedia Anton E. Wettstein, Samuel Ehrat, Mattes Kettner, Joachim Schreiber, Benjamin Meili.
Diverse Fotos wurden dankenswerterweise Weise von diversen Herstellerfirmen und mehreren Fotografen zur Verfügung gestellt, u. a. von Guido Bühlmann, Rolf Nyffeler und Paul Bannwarth. Da die Bilder jeweils klein sind, wäre eine Referenzierung auf dem Bild nicht lesbar. Daher sind sie hier pauschal genannt.

ISBN 978-3-613-04830-0
www.motorbuchverlag.de
Druck und Bindung: Graspo CZ, 76302 Zlin
Printed in Czech Republic

FLUGZEUGE DER WELT 2026

Claudio Müller

Motorbuch Verlag

Seit 66 Jahren erscheint das Jahrbuch »Flugzeuge der Welt«. Wie üblich, präsentiere ich jene Typen, die sich derzeit in Produktion befinden oder ältere Modelle, welche einer wesentlichen Modernisierung unterzogen werden. Am interessantesten sind jedoch jeweils die Muster, die voraussichtlich im Jahr 2026 ihren Erstflug absolvieren.

Die Luftfahrtbranche hat sich in den letzten 10 Jahren erheblich verändert und dieser Prozess läuft weiter. Während sich im Verkehrsflugzeugmarkt, was innovatorische Neuentwicklungen angeht, eher wenig bewegt, sind in anderen Bereichen der Luftfahrt interessante, ja teilweise revolutionäre Entwicklungen festzustellen. Zwei Bereiche sind dabei besonders hervorzuheben: Die gewaltige »Flut« an neuen Drohnenmodellen und auch, was die Elektromobilität im Ultrakurzstrecken-Bereich angeht.

Für mich stellt sich daher die Frage, was inskünftig unter dem Begriff **»Flugzeuge der Welt»** abzubilden ist. Um einen möglichst umfassenden Überblick zu geben, findet daher eine immer größere Anzahl von Drohnen und Hybrid-Modellen Eingang in diese Buchreihe. Auslassen werde ich aber auch in Zukunft Drohnen, welche eigentliche Munitionsträger für den Einmalgebrauch sind (sog. »Loitering Munition«).

In dieser Ausgabe lege ich aus aktuellen Gründen den Schwerpunkt auf neue Kampfflugzeuge, insbesondere auf jene der 5. und sogar 6. Generation. Erschreckt wurde der Westen durch das Auftauchen von zwei chinesischen Mustern, der Chengdu J-36 und der Shenyang J-50, welche der 6. Generation von Kampfflugzeugen entsprechen könnten. Da bisher aber erhärtete Informationen fehlen, ist alles, was derzeit geschrieben wird reine Spekulation. Der Westen, das heißt die USA und Europa sind am Entwickeln von eigenen Projekten. Die US-Regierung hat entschieden, den Auftrag zum Bau eines neuen Kampfflugzeuges unter der Bezeichnung F-47 Boeing zu erteilen. Offenbar sollen bereits Erprobungsträger dieses Musters fliegen – sofern das stimmt. Europa leistet sich gleich zwei parallele Projekte: Das von Deutschland, Frankreich und Spanien in Entwicklung stehende »Future Combat Air System« (FCAS) sowie das Konkurrenzprodukt Global Combat Air Programme (GCAP) von Großbritannien, Italien und Japan. Eigentlich ist es unverständlich, dass sich das rüstungsmäßig kleine Europa diesen Luxus von zwei Parallelentwicklungen leistet. Anfang 2026 sieht es sogar so aus, dass Frankreich mit Dassault wiederum wie bei der Rafale den Alleingang wählt und sich die bisherigen Partner im Projekt, Deutschland und Spanien, dem GCAP-Projekt anschließen oder eine Zusammenarbeit mit Saab prüfen. Für Verwirrung ist auf alle Fälle gesorgt. Bis diese Modelle – wenn überhaupt – die volle Einsatzfähigkeit erreichen, müssen die heutigen bewährten Kampfflugzeuge wie Typhoon und Rafale »durchhalten«. Daher werden diese laufend weiterentwickelt, beispielsweise bei der Rafale in die Version F.5. Gerade diese Aufdatierung würde das Muster sehr kompetitiv in einem modernen Schlachtfeld machen. Ob dann die 6. Generation so viel mehr leisten wird, muss sich erst noch weisen.

Aber auch andere Länder sind fleißig am Entwickeln oder Bauen von neuen Kampfflugzeugen. Indien mit seinem AMCA-Projekt, die Türkei mit dem TAI Kaan, Südkorea mit der KAL KF-21 und schließlich die Volksrepublik China mit der Shenyang J-35/J-35A. Dies alles führt dazu, dass der Markt von Kampfflugzeugen viel diverser wird.

Immer neue Modelle von unbemannten Kampfdrohnen werden in mehreren Ländern aktuell entwickelt, welche, meist gesteuert durch Kampfflugzeuge, separate Ziele verfolgen und zerstören sollen. Der gemeinsamen Begriff dieser Kategorie lautet »Collaborative Combat Aircraft«. Einige dieser Muster werden in dieser Ausgabe vorgestellt. Eine fast unglaubliche Zahl an neuen Drohnen befindet sich in der Volksrepublik China in Entwicklung bzw. bereits im Einsatz. Anlässlich der Siegesparade vom September 2025 wurden mehrere Typen – welche im Westen noch nicht bekannt waren – vorgestellt. Sich aktuell einen Überblick zu verschaffen, ist aufgrund der Datenlage nicht möglich.

Der Verkehrsflugzeugmarkt boomt weiterhin, der Bestellungsstand ist hoch. Die Frequenzen und Passagierzahlen steigen weiterhin und haben das Niveau vor Covid-19 wieder erreicht oder sogar überschritten. Aus unterschiedlichen Gründen können die zwei Großen, Boeing und Airbus, nicht in der gewünschten Kadenz liefern. Erstmals wurde der bisherige Bestseller, die Boeing 737, anzahlmäßig von der A320-Reihe überholt. Mit der 12260. Einheit übernahm diese den Spitzenplatz. Insgesamt hat Airbus bisher 16000 Verkehrsflugzeuge gebaut. Immer noch schaffen die Triebwerke der PW1000G-Reihe massive Probleme. Ende 2025 waren rund 830 Flugzeuge, die mit diesen Triebwerken ausgerüstet sind, stillgelegt. Noch ist keine Entspannung zu erwarten. Eine teure Angelegenheit!

Was die Entwicklung von neuen Luftfahrgeräten angeht, werden fast wöchentlich neue Modelle angekündigt. Die Übersicht zu gewinnen ist im Moment kaum möglich. Was soll man vorstellen? In dieser Ausgabe beschränke ich mich daher auf Typen, welche sich bereits in der Flugerprobung befinden und gewisse Aussichten auf eine Serienfertigung haben.

Gut läuft weiterhin der Geschäftsflugzeugmarkt. Leicht steigende Produktionszahlen stehen einer zunehmenden Opposition gegenüber. Aus Umweltschutzgründen wird dieses Segment der Luftfahrt immer stärker hinterfragt. Welche Folgen wird das auf die Neuverkäufe haben, wenn sich primär Großfirmen entlang ihrer Sozial- und Umweltbilanz stark in Richtung 0 Emissionen bewegen wollen oder gar müssen? Das Gleiche kann man über Teile des Hubschraubersegments sagen. Auch hier leicht steigende Produktionszahlen, nicht zuletzt, da das Offshore-Geschäft angezogen hat.

2025 war ein spannendes Jahr für die Luftfahrt. Wie sind die Aussichten angesichts der geopolitischen Lage für 2026 und später? Für Spannung ist gesorgt – und diese kommt auch in dieser Ausgabe von »Flugzeuge der Welt 2026« zum Ausdruck. Viel Vergnügen beim Lesen.

Claudio Müller

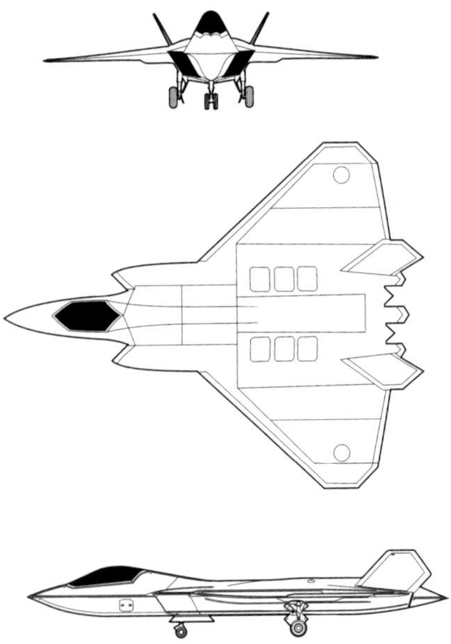

Abmessungen: (Noch keine Angaben erhältlich).

GLOBAL COMBAT AIR PROGRAMME (GCAP) TEMPEST

Ursprungsland: Großbritannien, Italien, Japan, ev. Schweden.
Kategorie: Neues internationales Programm für ein Tarnkappen-Mehrzweckkampfflugzeug der sog. 6. Generation.
Triebwerke: Zwei Mantelstromtriebwerke Rolls-Roye neuester Generation von noch unbekannter Leistung mit Nachbrenner.
Leistungen (geschätzt für Serienflugzeuge): Geplante Höchstgeschwindigkeit Mach 2,5. Es wird eine Dienstgipfelhöhe von gegen 20000 m angestrebt. Vorgesehen ist, dass große Reichweitenleistungen erzielt werden sollen.
Gewichte: Noch keine Angaben erhältlich.
Bewaffnung: In internen Waffenschächten aber auch unter den Flügeln soll eine Vielzahl von konventionellen und thermonuklearen Waffen mitgeführt werden, u.a. auch Hochleistungsmikrowellen-Waffen zur elektronischen Störung von Funksystemen. Weitere Details sind noch nicht bekannt.
Entwicklungsstand: Ein Technologieträger Tempest mit Blick auf einen definitiven Prototypen ist aktuell bei BAE im Bau und soll 2027 erstmals fliegen. Gemäß aktuellem Zeitplan wird der erste eigentliche Prototyp im Laufe von 2030 die Flugerprobung aufnehmen mit dem Ziel, ab 2035 in die Produktion zu gehen.
Bemerkungen: In Europa sind derzeit zwei unabhängig voneinander in Entwicklung stehende Programme in Arbeit. Neben der hier beschriebenen GCAP haben sich Frankreich, Deutschland und Spanien zum Future Combat Air System (FCAS) zusammengeschlossen. Aktuell ist dieses Programm aber in der Schwebe. Gemäß bisher vorgestellten Entwürfen, weist die Tempest einen sehr planen Rumpf mit einem V-Leitwerk mit Stealh-Eigenschaften auf. Auffällig ist das Bubble-Cockpitfenster. Das GCAP ist Teil eines sog. »System of Systems« mit Open-System-Architektur, das verschiedene Plattformen, Sensoren umfasst und auch als Leitjäger für sog. CCCA-Muster dient (siehe z.B. die Anduril YFQ-44A, Seiten 42/43). Die Elektronikarchitektur wird als »Integrated Sensing and Non-Kinetic Effects & Integrated Communications Systems« (ISANKE & ICS) bezeichnet und soll Sensorik, Kommunikation und elektronische Kampfführung in einer einzigen Einheit vereinen. Es sollen adaptive Triebwerke neuester Generation eingebaut werden, entwickelt von Rolls-Royce (Lead), Avio Aero und IHI Corporation. Im Cockpit soll ein virteulles, am Helm befestigtes Display alle wichtigen Informationen anzeigen. Beim Radar handelt es sich um ein System der nächsten Generation mit integrierten Sensor- und Kommunikationssystemen. Aufgrund des frühen Entwicklungsstadiums sind die meisten technischen Daten und Informationen noch nicht final festgelegt. Es soll den Eurofighter Typhoon (siehe Seiten 162/163) ersetzen und ist gegenüber diesem Muster deutlich größer. Alle hier gemachten Angaben sind noch als sehr provisorisch zu betrachten. Eventuell beteiligt sich auch Schweden an diesem Programm.
Hersteller: Joint Venture »Edgewing« bestehend aus BAE Systems, Großbritannien; Leonardo S.p.A., Italien und Japan Aircraft Industrial Enhancement Co. Ltd., Japan.

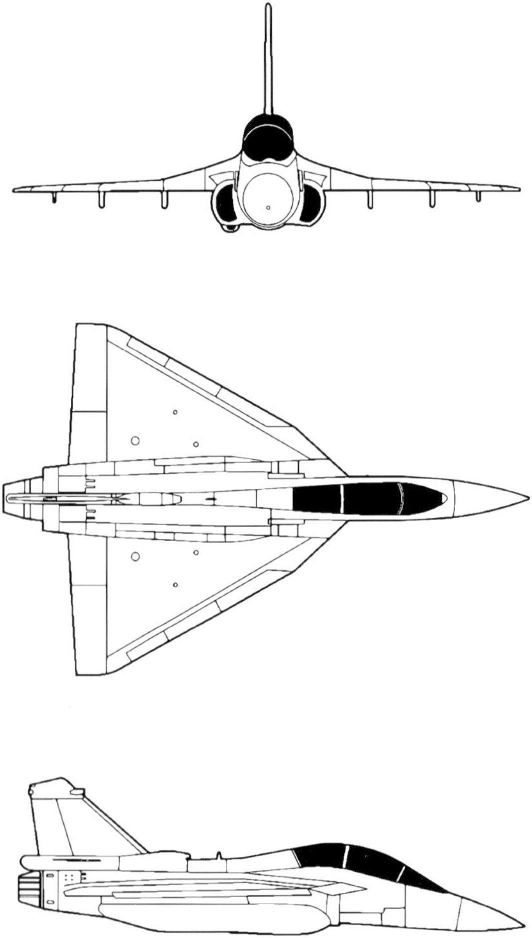

Abmessungen (Mk. 1A):
Spannweite 8,20 m,
Länge 13,20 m,
Höhe 4,40 m,
Flügelfläche 44,00 m².

ADA (HAL) TEJAS MK.1A/MK.2

Ursprungsland: Indien.
Kategorie: Ein- und zweisitziger leichter Mehrzweckjäger.
Triebwerke (Mk.1A): Ein Mantelstromtriebwerk General Electric F404-IN20 mit 8210 kp (80,50 kN) Standschub mit Nachbrenner; Mk.2 ein leistungsfähigeres Mantelstromtriebwerk F414-INS6 mit 9800 kp (96,10 kN) Standschub mit Nachbrenner.
Leistungen (Mk.1A nach Angaben des Herstellers): Höchstgeschwindigkeit in großen Höhen Mach 1,6; Dienstgipfelhöhe 15250 m; Aktionsradius 800 km; Reichweite mit internem Kraftstoff 2000 km.
Gewichte (Mk.1A): Leergewicht 6560 kg; Startgewicht ohne Außenlasten 9500 kg, mit Außenlasten bis zu 13200 kg.
Bewaffnung: Eine doppelläufige 23-mm-Kanone GSh-23 mit 200 Schuss sowie an sieben Aufhängepunkten Waffenlasten bis zu 3300 kg, (Mk.2) 6500 kg.
Entwicklungsstand: Der erste von zwei Erprobungsträgern TD-1 nahm die Flugerprobung am 6. Januar 2001 auf, gefolgt vom ersten eigentlichen Prototypen PV1 am 25. November 2003. Im April 2007 hatte auch das erste Serienflugzeug Mk.1 den Erstflug. Schließlich nahm die erste Mk.1A 2022 die Flugerprobung auf. Die Indische Luftwaffe hat bisher 220 Einheiten (davon 180 der Version Mk.1A) beschafft. Nach langen technisch bedingten Verzögerungen erfolgte die Indienststellung am 1. Juli 2016. Bis Ende 2025 wurden etwa 60 Maschinen hergestellt. Von der Version Mk.2 sind vier Prototypen im Bau, Erstflug für 2026 geplant. Von dieser Ausführung wird die Indische Luftwaffe ab 2028 voraussichtlich 120 Einheiten erwerben; aktuelle Jahresproduktion 24 Einheiten.
Bemerkungen: Vom Ausgangsmuster Tejas Mk.1 wurden nur 40 Einheiten gebaut und durch die definitive Version Mk.1A ersetzt, welche primär Mängel der Vorgängerausführung beseitigte und über ein AESA-Radar verfügt. Die Version Tejas Mk.2 weist wesentliche Verbesserungen auf, u.a. einen auf 14,2 m verlängerten Rumpf, damit u.a. mehr Platz für zusätzliche Avionik gewonnen wird. Das Seitenleitwerk sowie die Fläche des Tragflügels sind größer. Zum Einbau gelangt das leistungsstärkere F414-GE-INS6-Triebwerk. Das maximale Abfluggewicht soll auf 17500 kg gesteigert werden. Ob die Version Naval Tejas (siehe Ausgabe 2025) weiter produziert wird, ist aktuell unklar.
Hersteller: ADA Aeronautical Development Agency der Hindustan Aeronautics Ltd., Bangalore, Indien.

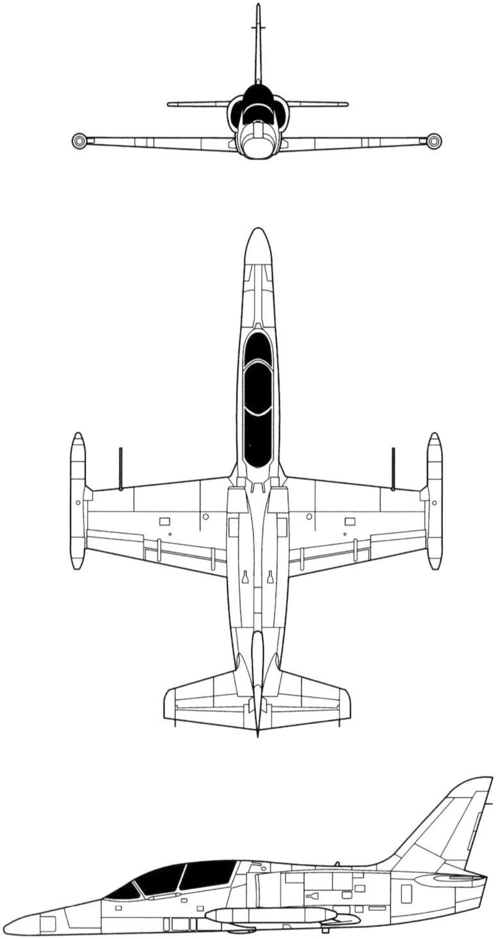

Abmessungen (L-159/L-39NG):
Spannweite inkl. Flügelendtanks 9,54 m/9,56 m,
Länge 12,73 m/11,83 m,
Höhe 4,78 m,
Flügelfläche 18,80 m².

AERO L-159/L-39NG ALBATROS/SKYFOX

Ursprungsland: Tschechien.
Kategorie (L-159): Zweisitziger Fortgeschrittenentrainer und einsitziger leichter Mehrzweckjäger, (L-39NG) zweisitziger Basistrainer und Aufklärungsflugzeug.
Triebwerke: (L-159) Ein Mantelstromtriebwerk AlliedSignal/ITEC F124-GA-100 von 2850 kp (28 kN) bzw. (L-39NG) Williams International FJ44-4M von 1724 kp (16,89 kN) Standschub.
Leistungen (L-159/L-39NG): Höchstgeschwindigkeit 936/900 km/h; Anfangssteiggeschwindigkeit 47/23 m/Sek; Dienstgipfelhöhe 13200/11500 m; max. Reichweite 2530/2590 km.
Gewichte (L-159/L-39NG): Rüstgewicht 4160/3100 kg; max. Startgewicht 8000/5600 kg.
Bewaffnung (L-159/L-39NG): An einer Station unter dem Rumpf und sechs unter den Flügeln können Luft-Luft-Lenkwaffen, Luft-Boden-Lenkwaffen, Bomben und Elektronikbehälter im Gesamtgewicht von 2340/1350 kg mitgeführt werden.
Entwicklungsstand: Der erste Prototyp der L-159 (siehe Dreiseitenriss) hat die Flugerprobung am 2. August 1997 aufgenommen. Nach dem Bau von 72 Einheiten für die Luftwaffe Tschechiens wurde die Produktion eingestellt. Überschüssige Albatros verkaufte man später an die Irakische Luftwaffe (11 Einheiten) bzw. Draken International (21). Für die Luftwaffe Iraks wurde 2016 die Produktion von vier neuen Einheiten wieder aufgenommen. Der Prototyp der neuesten Version L-39NG, seit 2024 als Skyfox bezeichnet, nahm am 22. Dezember 2018 die Flugerprobung auf, bisher bestellt von Ungarn 12, davon 4 in einer Aufklärungskonfiguration, Vietnam 12 und Tschechien 4.
Bemerkungen: Obwohl aus der bekannten L-39/L-59 (2957 Einheiten gebaut) abgeleitet, ist die L-159 in weiten Teilen eine Neuentwicklung. Der verlängerte Rumpf wurde im Frontbereich völlig überarbeitet, um der neuen Avionik von Rockwell-Collins, u. a. bestehend aus Mehrzweck-Dopplerradar FIAR Grifo-L, MIL-STD-1553B-Databus, H-764G-Navigationssystem mit GPS, Head-Up Display usw. Platz zu machen. Dank des neuen Triebwerks mit einem um 30% erhöhten Schub konnten alle Flugleistungen markant gesteigert werden. Das Cockpit mit Displays ist weitgehend gepanzert. Die vereinfachte Ausführung L-39NG (siehe Foto) ist kleiner und wesentlich leichter, verfügt über ein schwächeres Triebwerk und eine neue Avionik. Dank neuer Tanks in den Flügeln kann auf die Flügelendtanks verzichtet werden.
Hersteller: Aero Vodochody Aerospace a.s., Odolena Voda, Prag, Tschechien.

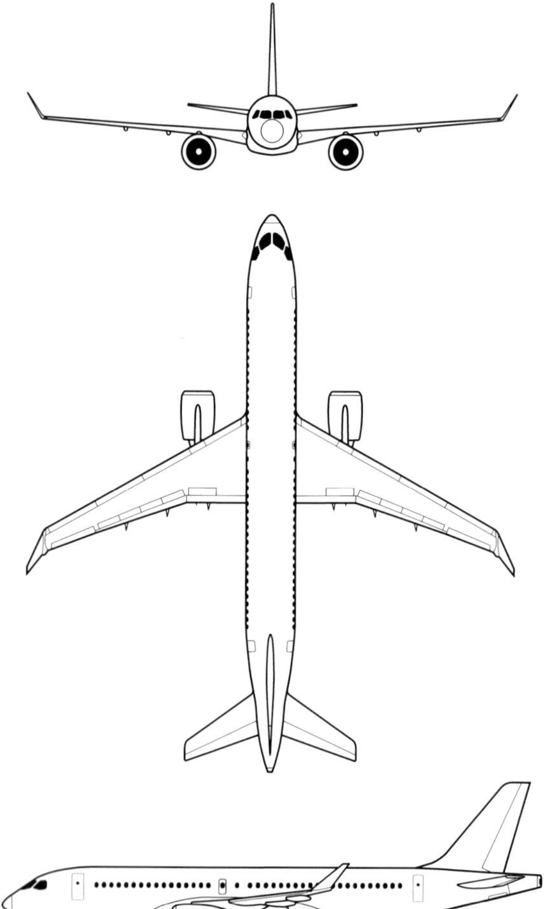

Abmessungen:
Spannweite 35,10 m,
Länge (-100) 34,80 m, (-300) 38,70 m,
Höhe 11,50 m,
Flügelfläche 112,30 m².

AIRBUS A220-100/-300

Ursprungsland: Kanada/Europäisches Konsortium.
Kategorie: Kurz- und Mittelstrecken-Verkehrsflugzeug, Firmenflugzeug.
Triebwerke: Zwei Mantelstromtriebwerke Pratt & Whitney (-100/300) PW1521G von je 9510 kp (93,40 kN) bzw. (CS100ER/300ER) PW1524G von je 10546 kp (103,60 kN) Standschub.
Leistungen: Max. Reisegeschwindigkeit Mach 0,82; normale Reisegeschwindigkeit Mach 0,78; Dienstgipfelhöhe 12492 m; Reichweite (-100) 5741 km, (-300) 6290 km.
Gewichte (-100/300): Leergewicht 33340/35154 kg; max. Startgewicht 63700/70900 kg.
Zuladung: Zwei Mann Cockpitbesatzung und je nach Innenausstattung (-100) zwischen 108 und 125 Passagiere bzw. (-300) zwischen 130 und 150/160 Passagiere; max. Nutzlast (-100/300) 15127/18711 kg.
Entwicklungsstand: Der Erstflug einer CS100 fand am 16. September 2013 statt, gefolgt von der CS300 am 27. Februar 2015. Bis Ende 2025 waren von vielen Flug- bzw. Leasing-Gesellschaften rund 950 bestellt, die meisten davon der Version -300 u. a. von Air Baltic 90, Air Canada 65, Air France 60, Breeze 90 (+ 120 Optionen), Delta 145, JetBlue 100, Lufthansa City 40, Swiss 29 (abgeliefert deren 482),
Bemerkungen: Um in den Bereichen Wirtschaftlichkeit, Lärm und Umwelt Bestwerte zu erreichen, wurde zu den neuesten technologischen Lösungen gegriffen. 46% der Flugzeugteile bestehen aus Verbundwerkstoffen, u. a. das gesamte Leitwerk. Rumpf sowie die Cockpitsektion sind aus leichten Aluminium-Lithium-Legierungen. Zum Einbau gelangen Triebwerke, welche derzeit zu den effizientesten gehören. Durch die großzügig dimensionierte Kabine, große Kabinenfenster, neue Beleuchtungstechniken, überdurchschnittlich große Gepäckfächer und größere Armfreiheit wurde ein für diese Flugzeugklasse hohes Komfortniveau erreicht. Die Avionik stammt von Rockwell-Collins. Gesteuert wird die A220-Serie mittels Sidesticks und einem Fly-By-Wire-System. Airbus bietet auf der Basis A220-100 auch eine VIP-Ausführung ACJ220 mit 18 Plätzen und einer Reichweite von 10500 km an. Etwa zehn davon sind mittlerweile bestellt. Aktuell wird geprüft, die Anzahl Sitzplätze auf 160 zu erhöhen, dies unter Beibehaltung der bisherigen Rumpflänge der Version A220-300. Dies würde aber einen zweiten Notausgang über den Flügeln erfordern.
Hersteller: Airbus Group, Frankreich, Werke Montreal-Mirabel, Quebec, Kanada und Mobile, Alabama, USA.

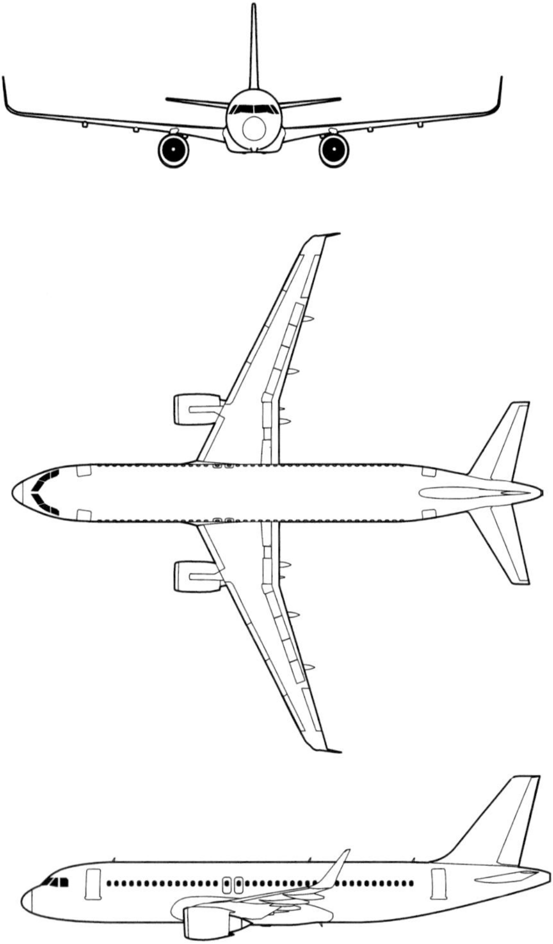

Abmessungen:
Spannweite 35,80 m,
Länge 44,51 m,
Höhe 11,76 m,
Flügelfläche 128,00 m².

AIRBUS A321NEO XLR

Ursprungsland: Europäisches Konsortium.
Kategorie: Langstrecken-Verkehrsflugzeug.
Triebwerke: Zwei Mantelstromtriebwerke Pratt & Whitney PW1134G von je 15000 kp (147,10 kN) Standschub bzw. CFM International Leap-1A35A von etwa gleicher Stärke.
Leistungen (A320neo): Max. Reisegeschwindigkeit 871 km/h (Mach 0,82) auf 11000 m, ökonom. Reisegeschwindigkeit 828 km/h; Dienstgipfelhöhe 11890 m; Reichweite mit max. Passagierzahl inkl. Reserven 6900 km, (A321XLR) 8700 km.
Gewichte (A320neo/A321neo): Rüstgewicht 44300/50100 kg; max. Startgewicht 79000/97000 kg, (A321XLR) 101000 kg.
Zuladung (A320/A321neo): Zwei Mann Cockpitbesatzung und Mehrklassenbestuhlung für normalerweise 165/206 Passagiere. Einheitsklassen-Innenausstattung für max. 189 bzw. (A321 High Density) bis zu 240 Passagiere.
Entwicklungsstand: Der erste von drei Prototypen der Version A321XLR hatte den Erstflug am 15. Juni 2022, gefolgt vom zweiten am 23. September 2022. Bis Ende 2025 waren mehr als 500 A321XLR in Auftrag gegeben. Erste Auslieferungen an Kunden folgten gegen Ende 2024. Die Varianten A319neo, A320neo und A321neo wurden in der Ausgabe 2022 vorgestellt, Bestellungsstand dieser Versionen Ende 2025 über 10000. Wegen Lieferproblemen durch Unterakkordanten kann der Output aller Versionen noch nicht auf die geplanten 65 pro Monat erhöht werden.
Bemerkungen: Die neueste Variante der neo-Familie ist die Mitte 2019 vorgestellte Mittel- bis Langstreckenversion A321XLR. Sie soll insbesondere als Ablösung der noch weit verbreiteten Boeing B757 (siehe Ausgabe 2004) dienen. Dazu folgt man dem zunehmenden Trend, neue sog »dünne« Langstrecken anzubieten, d. h. vermehrt point-to-point-Verbindungen mit kleineren Langstreckenmaschinen anzufliegen. Für dieses Segment ist diese neue Version noch konkurrenzlos. Gegenüber der A320neo erzielt sie eine um rund 30% größere Reichweite bei hoher Passagierkapazität. Im Vergleich zur Basisversion A321neo unterscheidet sich die A321XLR durch diverse Verstärkungen, Zusatztanks sowie leistungsfähigere Triebwerke. Weiter gibt es noch die A321neoLR mit einer auf 240 Passagiere erhöhten Kapazität und größerer Reichweite.
Hersteller: Airbus, Teil der Airbus Group, Werke Toulouse-Blagnac, Frankreich und Hamburg-Finkenwerder, Deutschland.

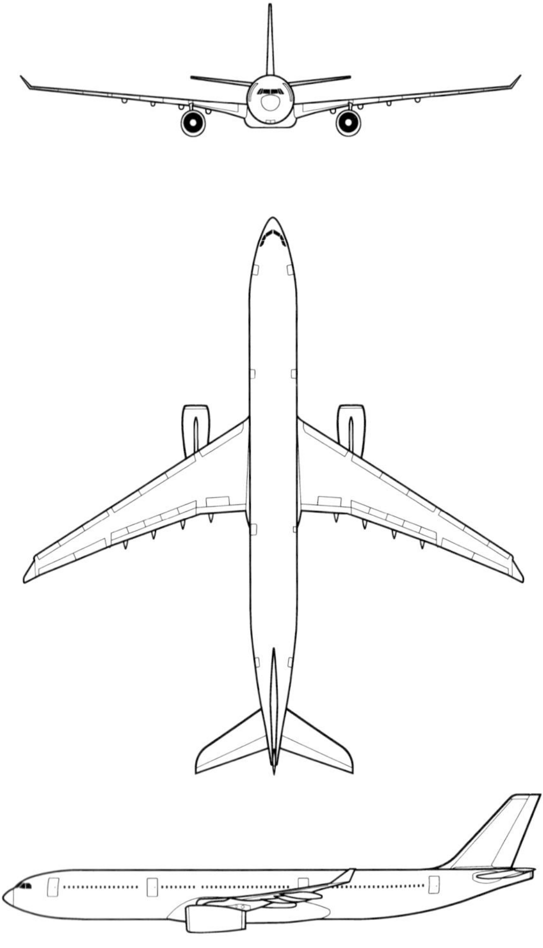

Abmessungen (A330-800/-900):
Spannweite inkl. Sharklets 64,00 m,
Länge 58,82/63,66 m,
Höhe 17,39/16,79 m,
Flügelfläche 363,10 m².

AIRBUS A330-800/-900

Ursprungsland: Europäisches Konsortium.
Kategorie: Mittel- bis Langstrecken-Verkehrsflugzeug.
Triebwerke: Zwei Mantelstromtriebwerke Rolls Royce Trent 7000 von je 33000 kp (324,0 kN) Standschub.
Leistungen (A330-900): Max. Reisegeschwindigkeit 918 km/h (Mach 0,86); Dienstgipfelhöhe 12350 m; Reichweite (-800/-900) 15094/13334 km.
Gewichte (A330-800/-900): Rüstgewichte 132000/137000 kg; max. Startgewicht 251000 kg.
Zuladung: Zwei Mann Cockpitbesatzung und bei üblicher Zweiklassenbestuhlung 30/36 Passagiere in der Business-Klasse und 205/305 in der Touristenklasse in Sechser- bzw. Achterreihen mit zwei Mittelgängen. Max. 406/460 Passagiere in Neunerreihen; max. Nutzlast 44000 kg.
Entwicklungsstand: Erstflug der A330-900 am 19. Oktober 2017, der Version -800 am 6. November 2018. Für die A330-Reihe inkl. der neuen A330neo waren Ende 2025 Aufträge über 1950 Einheiten für mehr als 120 Kunden vorhanden, davon 16 A330-800 und 456 A330-900, abgeliefert waren etwa 1660. Die Monatsproduktion beläuft sich aktuell auf vier Einheiten, soll mittelfristig auf fünf erhöht werden.
Bemerkungen: Ab 2018 wird die A330neo ausgeliefert, erhältlich in zwei Versionen: A330-800 mit Rumpflänge der A330-200 und die A330-900 mit jener der A330-300. Nebst vielen kleineren Verbesserungen, u. a. Flügel mit Sharklets, sind die neuen Rolls-Royce Trent 7000-Triebwerke für deutlich günstigere Treibstoff- und Emissionswerte verantwortlich. Zudem wurde die Kabine überarbeitet. Eine VIP-Version ACJ330-900 ist bisher gebaut worden. Angesichts des Onlinehandel-Booms werden ältere Versionen der A330-200/300 zunehmend zu Frachtern umgebaut. Im Oberdeck können bis zu 27 Paletten oder Container (A330-300P2F) mitgeführt werden. Dabei sind Reichweiten bis zu 6667 km möglich.
Hersteller: Airbus, Teil der Airbus Group, Werk Toulouse-Blagnac, Frankreich.

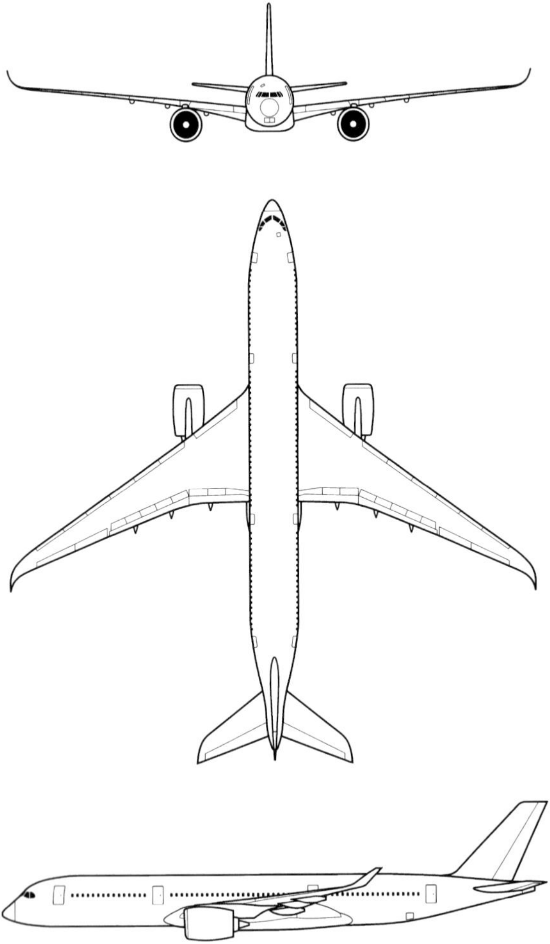

Abmessungen (A350-900/-1000):
Spannweite 64,75 m,
Länge 66,89/73,78 m,
Höhe 17,10/17,39 m,
Flügelfläche (-900) 443 bzw. (-1000) 460 m².

AIRBUS A350

Ursprungsland: Europäisches Konsortium.
Kategorie: Langstrecken-Verkehrsflugzeug.
Triebwerke (A350-800/-900/-1000): Zwei Mantelstromtriebwerke Rolls-Royce Trent XWB von je 34360/38100/44100 kp (337/374/432 kN) Standschub.
Leistungen (A350-900/-1000): Höchstgeschwindigkeit Mach 0,89; Reisegeschwindigkeit Mach 0,85; Dienstgipfelhöhe 13010 m; max. Reichweite 15700/15000 - 15600 km; Version A350 ULR 18000 km.
Gewichte (A350-800/-900/-1000): Max. Startgewichte 259000/280000/322000 kg.
Zuladung (A350-900/-1000): Zwei Mann Cockpitbesatzung und in einer üblichen Dreiklassenbestuhlung 314/350, maximal jedoch 440 Passagiere bzw. bei neu gestalteten Notausgängen sogar 480 Passagiere.
Entwicklungsstand: Der Prototyp der Erstvariante A350-900 flog erstmals am 14. Juni 2013. Die Kundenablieferungen haben Ende 2014 begonnen. Als nächste Ausführung folgte am 24. November 2016 die A350-1000, Ablieferungen ab Ende 2018. Bis Ende 2025 sind von 66 Luftverkehrs- und Leasinggesellschaften Aufträge für 1529 Maschinen erteilt worden, aufgeteilt in 1081 A350-900, 367 A350-1000 und 81 A350F, abgeliefert waren 699. Drei Einheiten ACJ350-900 als Staatsflugzeuge erhielt die Bundesregierung ab 2021. Ab 2026 soll die Monatsproduktion auf 10 Einheiten gesteigert werden.
Bemerkungen: Mit der A350-Familie unternahm der Hersteller einen technologischen Sprung nach vorne und betrat in manchen Bereichen Neuland. Für rund 70% der Struktur verwendet man neueste Werkstoffe. So besteht ein Großteil des Rumpfes aus Verbundwerkstoffen. Die Flügel sind nach neuesten aerodynamischen Gesichtspunkten optimiert. Laut Airbus wurde dadurch die wirtschaftliche Effizienz um rund 25% gesteigert. Auch bezüglich Lärmpegel und CO_2-Ausstoß erreicht man Bestwerte. Zudem wird auch ein größerer Passagierkomfort angeboten. Von der A350-900 unterscheidet sich die derzeit größte Variante A350-1000 durch einen längeren Rumpf. Der Flügel wurde bei gleicher Spannweite um 4% vergrößert bzw. verbreitert. Eingebaut ist ein dreiachsiges Hauptfahrwerk. Schließlich erhält die A350-1000 wesentlich stärkere Triebwerke. Eine Ultralangstrecken-Version A350 ULR nahm am 23. April 2018 die Flugerprobung auf. Zulasten des vorderen Frachtraums wird ein Zusatztank eingebaut. Airbus bietet auch eine Frachtausführung A350F der -1000 mit einer Nutzlast bis zu 109 t an. Das Frachttor befindet sich hinter dem Flügel links, der Rumpf wurde um 5 Frames auf 70,41 m verkürzt, das Startgewicht auf 319000 kg angepasst.
Hersteller: Airbus, Teil der Airbus Group, Werk Toulouse-Blagnac, Frankreich.

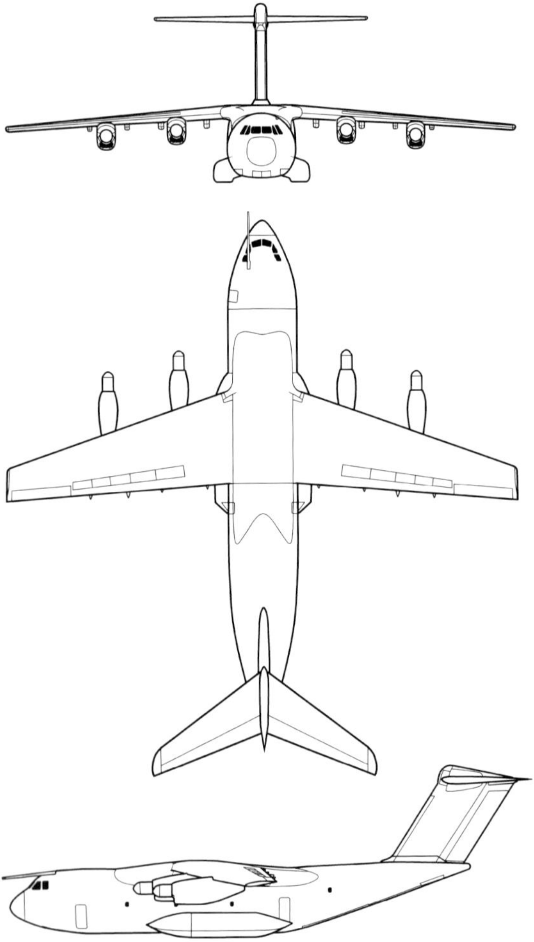

Abmessungen:
Spannweite 42,36 m,
Länge 45,10 m,
Höhe 14,70 m,
Flügelfläche 221,50 m².

AIRBUS A400M ATLAS (GRIZZLY)

Ursprungsland: Europäisches Konsortium
Kategorie: Taktischer und strategischer Militärtransporter.
Triebwerke: Vier Propellerturbinen EuroProp International (EPI) TP400-D6 von je 13000 WPS, reduziert auf 11000 WPS (8200 kW) Leistung.
Leistungen: Max. Reisegeschwindigkeit 780 km/h, Mach 0,72, auf niedriger Höhe 555 km/h; Dienstgipfelhöhe 11300 m; Reichweite mit einer Nutzlast von 20 t 6390 km, mit 30 t 4535 km; Überführungsreichweite 8790 km.
Gewichte: Leergewicht 76820 kg; max. Startgewicht 141000 kg.
Zuladung: Zwei Mann Cockpitbesatzung und z. B. zwei Tiger-Kampfhubschrauber, ein Roland-SAM-System oder ein 12 m-Standard-Container; max. Nutzlast 31500 kg, mit Überlast 37000 kg.
Entwicklungsstand: Der erste von fünf Prototypen nahm die Flugerprobung am 11. Dezember 2009 auf, die erste Serienmaschine folgte am 6. März 2013. Die Indienststellung folgte im Oktober 2013 bei der Französischen Luftwaffe. Derzeit sind 178 Exemplare von folgenden Luftwaffen bestellt: Belgien 7, Deutschland 53, Frankreich 50, Großbritannien 22, Indonesien 2 (+ 4 Optionen), Kasachstan 2, Luxemburg 1, Malaysia 4, Spanien 27, Türkei 10. Ende 2025 waren rund 145 A400M abgeliefert.
Bemerkungen: Beim Airbus A400M Grizzly (bei der RAF Atlas genannt) werden erstmals für einen Militärtransporter sowohl im Entwicklungs- wie auch im Fertigungsprozess kommerzielle Praktiken angewendet. Viele Elemente stammen von zivilen Modellen ab, so z. B. das Cockpit, welches weitgehend jenem der heutigen Airbus-Verkehrsflugzeuge entspricht. Die A400M löst vorab die C-160 Transall sowie die C-130 Hercules ab. Gegenüber diesen Mustern weist sie bei weitgehend gleich hohen Betriebskosten eine doppelte Nutzlast-/Volumenkapazität auf. Der Frachtraum ist 17,71 m lang (inkl. Rampe 23,11 m), 4,00 m breit sowie 3,85 m hoch. Nebst Transportaufgaben kann der Grizzly auch als fliegender Tanker eingesetzt werden. Zudem soll die A400M dank im Frachtraum zu platzierenden modularen Ausrüstungselementen als Plattform für eine Vielzahl weiterer Aufgaben dienen. 2018 wurde bei der Deutschen Luftwaffe eine A400M als fliegende Intensivstation umgerüstet.
Hersteller: Airbus Defense & Space, Teil der Airbus Group, Werk (Endmontage) San Pablo, Sevilla, Spanien.

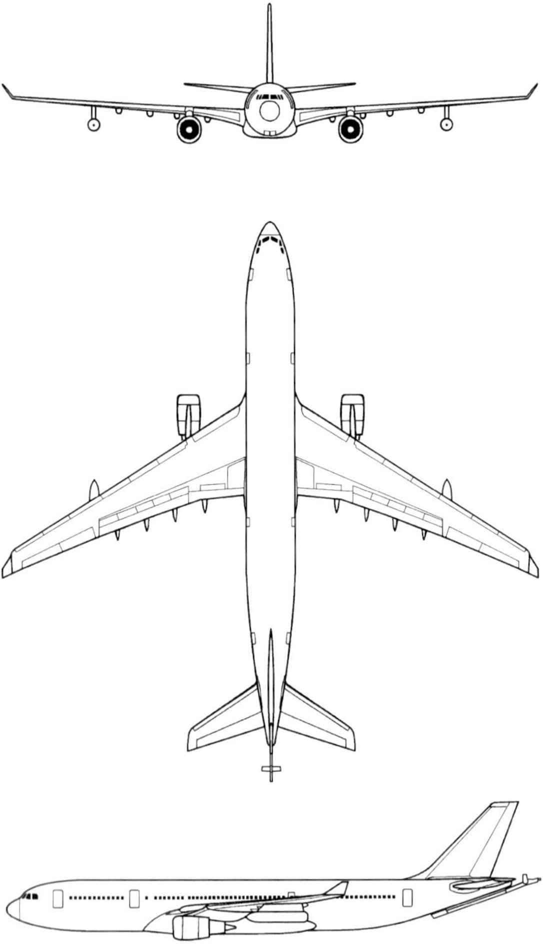

Abmessungen:
Spannweite inkl. Winglets 60,30 m,
Länge ohne Luftbetankungsausleger 58,98 m, inkl. Tankausleger 59,69 m,
Höhe 17,89 m,
Flügelfläche 363,10 m².

AIRBUS A330-200 MRTT VOYAGER

Ursprungsland: Europäisches Konsortium.
Kategorie: Militärischer Transporter, Tanker und Frachter.
Triebwerke: Zwei Mantelstromtriebwerke Rolls-Royce Trent 772, General Electric CF6-80E1 oder Pratt & Whitney PW4168 von zwischen 29600 und 31000 kp (302 und 316 kN) Standschub.
Leistungen: Max. Reisegeschwindigkeit 900 km/h (Mach 0,86); ökonom. Reisegeschwindigkeit 880 km/h (Mach 0,82); Dienstgipfelhöhe 13000 m; Reichweite als Frachter mit Nutzlasten von 62000 kg bzw. 50000 kg 7780/ 9815 km, max. Reichweite 14800 km; als Tanker Aktionsradius von 1850 km bei Abgabe von 50000 kg Treibstoff.
Gewichte: Rüstgewicht 120000 kg; max. Startgewicht 233000 kg.
Zuladung: Zwei Mann Cockpitbesatzung und auf dem Hauptdeck 380 Soldaten oder 26 LD3-Container für Fracht; max. Nutzlast als Frachter 62000 kg, als Tanker eine Zuladung von 140000 Liter. Für Sanitätseinsätze kann die MRTT mit bis zu 130 Tragen ausgerüstet werden.
Entwicklungsstand: Die erste A330-200 MRTT begann die Flugerprobung am 24. Juni 2006. Aktueller Auftragsbestand: Australien 7, Brasilien 2 (ex. A330), Frankreich 12, Großbritannien 14, Kanada 9, davon 2 ex. 330, Qatar 2, Saudi-Arabien 6, Singapur 6, Spanien 3 (ex. A330), Südkorea 4, UAE 8. Die NATO-Staaten Deutschland, Luxemburg, Niederlande und Norwegen bestellten einstweilen gemeinsam neu 12 MRTT. Neueste Bestellung: Indonesien (Anzahl noch unbekannt) und Thailand 1(Erstbesteller der Version MRTT+). Bis Ende 2025 waren insgesamt 85 Einheiten bestellt und etwa 70 abgeliefert.
Bemerkungen: Die MRTT ist die militärische Tankervariante basierend auf der A330-Familie, aber mit Flügeln der A340. Die Tanks befinden sich in den Flügeln sowie im unteren Laderaum. So bleibt das Hauptdeck frei für Passagiere und Fracht. Die Treibstoffabgabe erfolgt entweder über zwei Stationen unter den Flügeln oder mittels eines Auslegers am Heck. Die Bedienung erfolgt an einer Konsole im Cockpitbereich. Das System ist so ausgelegt, dass der Betankungsvorgang automatisch ohne Mitwirkung einer Person abläuft und damit auch Drohnen betankt werden können. Am 30. September 2016 flog erstmals eine aufdatierte Ausführung der A330-200MRTT, die über ein erhöhtes Abfluggewicht verfügt. Bei ihr wurde zudem die Avionik der zivilen A330-Versionen angepasst. Auf Basis der A330-800neo wird aktuell eine verbesserte Variante MRTT+ entwickelt, ausgerüstet mit effizienteren Rolls-Royce Trent 7000-Triebwerken, welche eine höhere Nutzlast bzw. eine größere Reichweite ermöglichen; Ablieferung ab 2028.
Hersteller: Airbus Defence & Space, Teil der Airbus Group, Werke Toulouse-Blagnac/Getafe, Frankreich/Spanien.

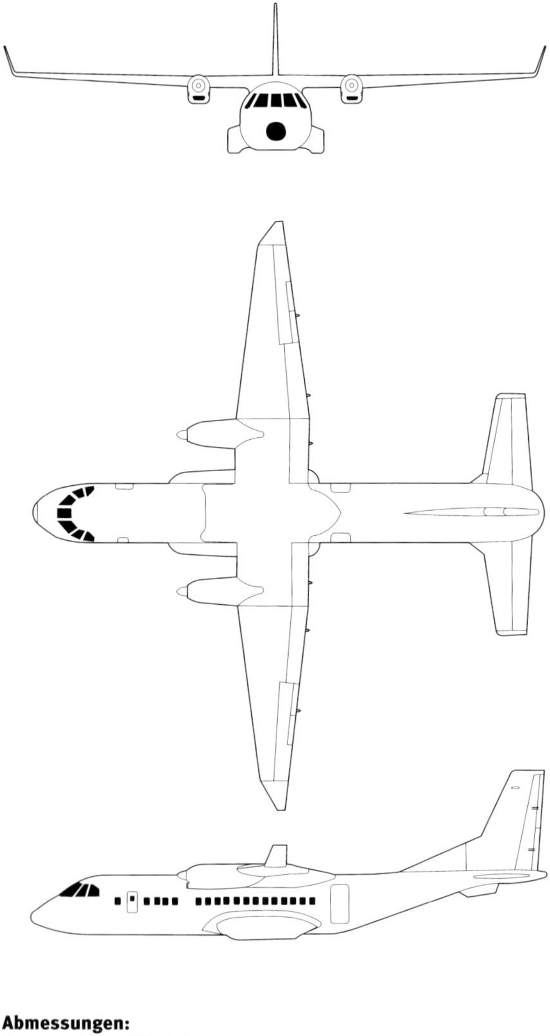

Abmessungen:
Spannweite mit Winglets 27,59 m,
Länge 24,45 m,
Höhe 8,60 m,
Flügelfläche 59,10 m².

AIRBUS C295W

Ursprungsland: Spanien.
Kategorie: Mehrzwecktransporter und Seeaufklärer.
Triebwerke: Zwei Propellerturbinen Pratt & Whitney Canada PW127G von je 2645 WPS (1972 kW) Leistung, 2920 WPS (2177 kW) mit APR.
Leistungen: Max. Reisegeschwindigkeit 474 km/h auf 7620 m; Steigzeit auf Dienstgipfelhöhe von 7620 m 12 Min; Reichweite mit max. Nutzlast 1445 km, max. Reichweite 5278 km.
Gewichte: Leergewicht 11000 kg; max. Startgewicht 23200 kg.
Zuladung: Zwei Piloten und normalerweise 69 oder bis zu 78 voll ausgerüstete Soldaten; für Evakuationseinsätze 27 liegende Personen und vier Helfer; als Frachter fünf Standard-Container oder drei leichte Fahrzeuge; max. Nutzlast 9250 kg.
Entwicklungsstand: Der erste Prototyp nahm die Flugerprobung am 22. Dezember 1998 auf. Im Oktober 2001 begann der damals noch CASA genannte Hersteller mit den Auslieferungen. 35 Nationen haben bisher Bestellungen für rund 320 C295 aufgegeben, Ende 2025 waren etwa 240 abgeliefert, u. a. Ägypten 24, Brasilien 13, Indonesien 9 (Lizenzbau), Spanien 13. Indien beschafft 56 C295W, wird 40 davon in Lizenz herstellen. Die C295MPA wurde von folgenden Ländern beschafft: Brasilien 3 C295W MPA, Marine von Chile 6, Ecuador 1, Portugal 5 der 12 bestellten C295, Spanien 3, UAE 4. Kanada erwarb 16 C295W als SAR-Flugzeuge. Neueste Bestellungen: Indien 15, Spanien 16 C295W MPA/MSA plus 18 C295W.
Bemerkungen: Basierend auf der CN-235 (siehe Ausgabe 2014) wurde die C295 von CASA alleine entwickelt. Durch Einfügen von Rumpfsegmenten vor und hinter dem Flügel vergrößerte man die Außenlänge um 3,10 m, die Kabinenlänge um 3,00 m. Stärkere Triebwerke gelangen zum Einbau, verbunden mit Sechsblatt-Propellern neuester Technologie von Hamilton. Weiter mussten wegen der höheren Gewichte Flügel und Fahrwerk verstärkt werden. Dank dieser Maßnahmen steigt die Ladekapazität gegenüber dem Ausgangsmuster um rund 50%. Die C295 verfügt über eine neue Avionik Topdeck von Sextant. Die als C295W bezeichneten Maschinen sind alle mit Winglets ausgerüstet und erzielen bei reduziertem Treibstoffverbrauch bessere Flugleistungen. Eine Seeüberwachungs- und U-Bootbekämpfungsversion C295MPA »Persuader« wird ebenfalls angeboten. Auch eine Tankerversion sowie eine bewaffnete Ausführung C295 ISR wurden getestet. Letztere kann unter den Flügeln acht lasergelenkte Raketen oder zwei Bomben mitführen.
Hersteller: Airbus Defence & Space, Teil der Airbus Group, Werk Sevilla, Madrid, Spanien.

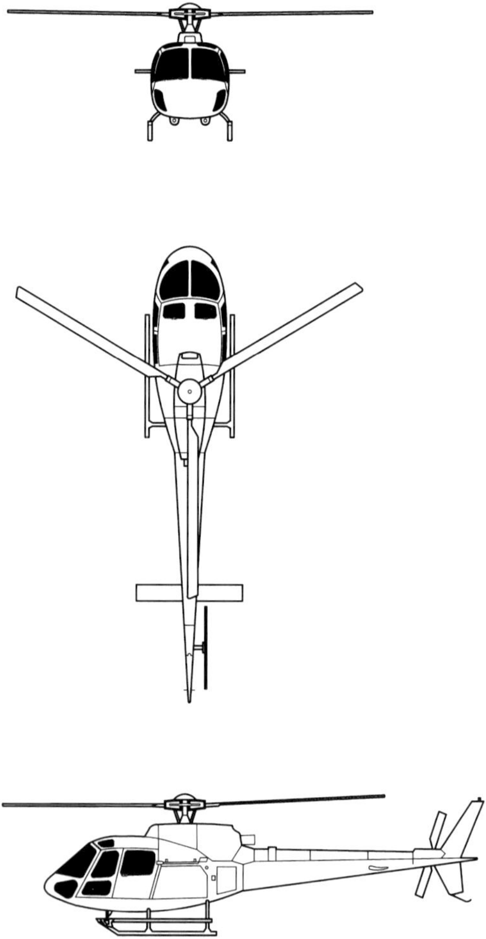

Abmessungen:
Rotordurchmesser 10,69 m,
Rumpflänge inkl. Hauptrotor 12,94 m,
Höhe inkl. Rotorkopf 3,14 m, über Heck 3,02 m.

AIRBUS HELICOPTERS H125 ECUREUIL

Ursprungsland: Frankreich.
Kategorie: Leichter ziviler (H125) und militärischer (H125M) Mehrzweckhubschrauber.
Triebwerke: Eine Gasturbine Turboméca Arriel 2D von 848 WPS (632 kW) Leistung.
Leistungen: Höchstgeschwindigkeit 287 km/h; max. Reisegeschwindigkeit 253 km/h auf Meereshöhe; max. Schrägsteiggeschwindigkeit 9,0 m/Sek; Dienstgipfelhöhe 7010 m; Schwebehöhe bei einem Gewicht von 2000 kg mit Bodeneffekt 5105 m, ohne Bodeneffekt 4481 m; Reichweite 630 km; max. Flugdauer 4,3 Std.
Gewichte: Leergewicht 1277 kg; max. Startgewicht 2370, mit Außenlast 2800 kg.
Zuladung: Normal sechs, maximal sieben Personen einschließlich des Piloten. Max. Nutzlast 1092 kg, als Außenlast 1400 kg.
Bewaffnung (H125M): Wahlweise eine 20-mm-GIAT-Kanone, zwei 7,62-mm-Maschinengewehr- bzw. 68-mm-Raketenbehälter oder das HeliTOW-Antitank-Lenkwaffensystem Saab/Emerson.
Entwicklungsstand: Die Ursprungsausführung fliegt bereits seit 27. Juni 1974. Bisher sind über 7200 Einheiten von allen Versionen abgeliefert, und zwar an über 2600 Kunden in 137 Ländern. Am 4. März 1997 absolvierte die leistungsfähigere Ausführung AS350 B3 den Erstflug, diese wird nun als H125 bezeichnet. Lizenzbau in Brasilien bei Helibras als HB 350 sowie neu in Indien. Die H125 bzw. H125M wird weiterhin in größeren Stückzahlen gebaut.
Bemerkungen: Die H125 bzw. ihre Vorgängerversionen war der erste Hubschrauber, ausgerüstet mit dem sogenannten »Starflex«-Rotorkopf, ein System, bei dem die Anzahl der beweglichen Teile ein Viertel der üblichen Bauweise betrug, was die Wartungsintervalle verlängerte und den Produktionsaufwand erheblich reduzierte. Die neuesten Ausführungen zeichnen sich durch ein Glascockpit Garmin G500H mit Multifunktionssystemen und dank einer überarbeiteten Avionik bessere IFR-Eigenschaften aus. Je nach Version ist die H125 mit Energy-absorbierenden Sitzen ausgerüstet, welche bei einer harten Landung besseren Schutz bieten. Airbus bietet neu unter der Bezeichnung MH-125 bzw. AH125 Ares eine aufgearbeitete Version einer militärischen Ausführung H125M an. Neu wird die H125 auch in Indien in Lizenz gebaut; bisher 52 Exemplare bestellt.
Hersteller: Airbus Helicopters, Teil der Airbus Group, Werk Marignane, Frankreich.

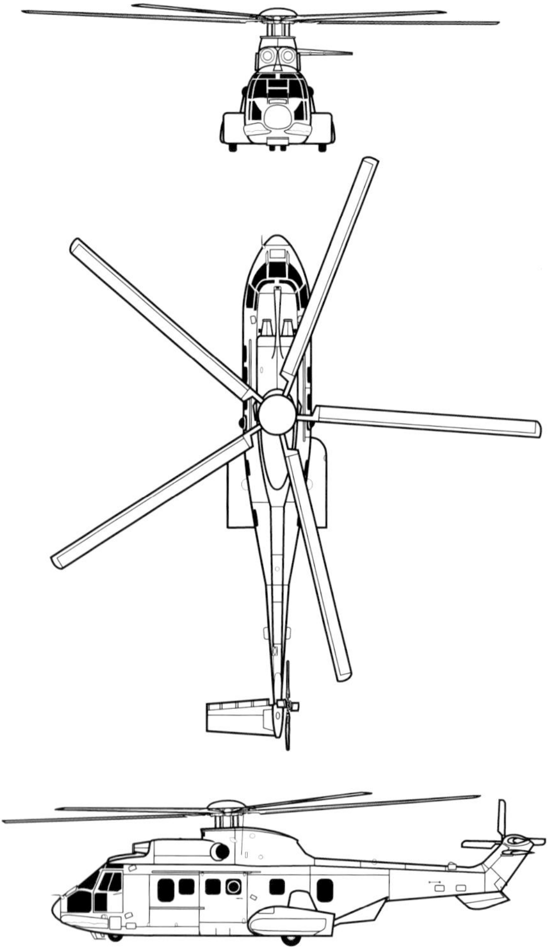

Abmessungen:
Rotordurchmesser 16,20 m,
Rumpflänge inkl. Heckrotor 16,79 m,
Höhe inkl. Rotorkopf 4,60 m, über Heckrotor 4,97 m.

AIRBUS HELICOPTERS H225/H225M/H215

Ursprungsland: Frankreich.
Kategorie: Mittelschwerer ziviler (H225/H215) und militärischer (H225M/H215M) Mehrzweckhubschrauber.
Triebwerke (H225): Zwei Gasturbinen Turboméca Makila 2A von je 2100 WPS (1566 kW) Leistung.
Leistungen (H225): Höchstgeschwindigkeit 324 km/h; Reisegeschwindigkeit 262 km/h auf Meereshöhe; max. Schrägsteiggeschwindigkeit 8,7 m/Sek; Schwebehöhe mit Bodeneffekt 3670 m, ohne Bodeneffekt 2481 m; Dienstgipfelhöhe 6095 m; Reichweite mit Standardtreibstoffzuladung 871 km; (H225e) Reichweite mit zehn Passagieren 556 km.
Gewichte (H225): Leer 5256 kg; max. Startgewicht 10400 kg, mit Außenlast 11500 kg.
Zuladung (H215/H225): Zwei Piloten und 19/24 Passagiere oder 22/29 Soldaten; max. Nutzlast 4500/5457 kg.
Entwicklungsstand: Erstflug des Prototyps der Ursprungsausführung AS332 am 13. September 1978. Alle Versionen zusammen sind bei mehr als 40 militärischen bzw. paramilitärischen Organisationen im Einsatz. Größter militärischer Betreiber diverser H225-Versionen ist Brasilien mit rund 50 Einheiten. Neueste (Nach)bestellungen: Iraq 14 H225M, Thailand weitere 2 H225M. Die aktuell angebotenen Versionen sind die zivile H225 (Erstflug 27. November 2000), die Militärausführung H225M in verschiedenen Untervarianten sowie die H215 bzw. H215M. Von allen Ausführungen EC225/EC725/H225(M)/H215 zusammen sind über 500 gebaut worden bzw. sind bestellt, etwa 140 davon der Version H225/M. Das deutsche Bundesinnenministerium hat neu 38 H225M (+ 6 Optionen) bestellt.
Bemerkungen: Anfang 2014 lancierte Airbus Helicopters die verbesserte Variante H225. Um eine größere Reichweite zu erzielen, wird in einem Gepäckfach ein 370 Liter-Zusatztank eingebaut. Das maximale Abfluggewicht stieg auf 11500 kg. Dank stärkerer Triebwerke Makila 2A1 sind die Leistungswerte gegenüber dem Ausgangsmuster weitgehend gleich. Eine verbesserte Avionik reduziert die Belastung des Piloten, insbesondere in der Anflugsphase. Weitere Ausführungen sind in früheren Ausgaben von »Flugzeuge der Welt« beschrieben. Die H225M lässt sich auch mit zwei Waffenstationen seitlich am Rumpf ausrüsten. 2016 präsentierte Airbus basierend auf der AS332C1e eine vereinfachte und günstigere Version H215, die in Brasov, Rumänien, gebaut wird, Produktionsstart 2018.
Hersteller: Airbus Helicopters, Teil der Airbus Group, Werk Marignane, Frankreich.

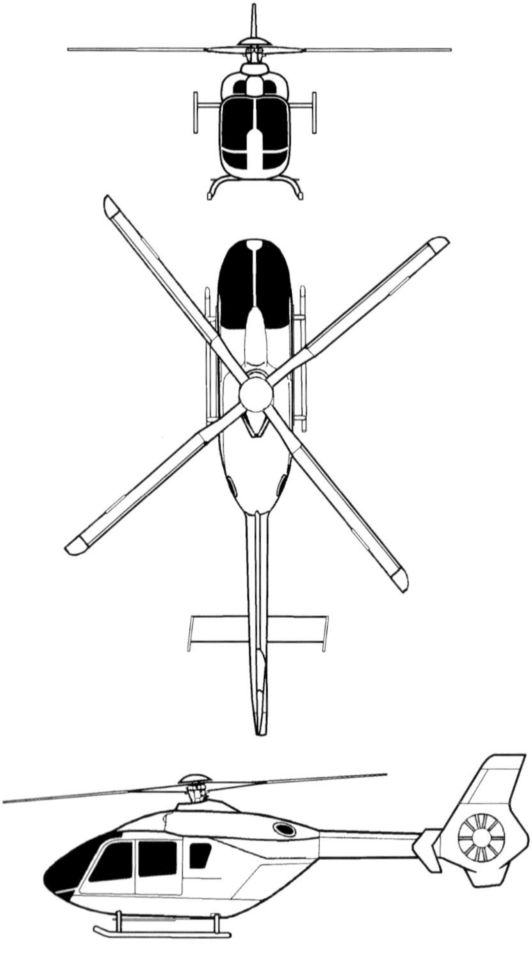

Abmessungen:
Rotordurchmesser 10,40 m,
Länge inkl. Rotor 12,26 m,
Rumpflänge 10,21 m,
Höhe inkl. Rotorkopf 3,16 m, Höhe über alles 3,51 m.

AIRBUS HELICOPTERS H135/135M

Ursprungsland: Deutschland, Europäisches Konsortium.
Kategorie: Leichter (H135) ziviler und (H135M) militärischer Mehrzweckhubschrauber.
Triebwerke: Zwei Gasturbinen (H135T3) Safran Arrius 2B2+ von je 660 WPS (492 kW) oder (H135P3) Pratt & Whitney Canada PW206B3 gleicher Leistung.
Leistungen: Höchstgeschwindigkeit 259 km/h; max. Reisegeschwindigkeit 252 km/h auf Meereshöhe; ökonom. Reisegeschwindigkeit 239 km/h; max. Vertikalsteiggeschwindigkeit 2,00 m/Sek; Dienstgipfelhöhe 6095 m; Schwebehöhe mit Bodeneffekt 4570, ohne 3880 m; max. Reichweite 633 km, bei einem Startgewicht von 3100 kg und Zusatztanks bis zu 832 km.
Gewichte: Leer 1482 kg; max. Startgewicht 2980 kg, als Option 3100 kg.
Zuladung: Ein bis zwei Piloten, sechs bis sieben Passagiere; bei Rettungseinsätzen zwei Tragen und zwei Sanitäter; max. Nutzlast 1425 kg intern, extern 1200 kg.
Entwicklungsstand: Der erste Prototyp EC135 fliegt seit 15. Februar 1994; Beginn der Ablieferungen am 31. Juli 1996. Im September 2023 wurde die 1500. Einheit abgeliefert. Rund 320 Betreiber in mehr als 65 Ländern haben sich für diesen Typ entschieden. Fast die Hälfte davon sind für sog. EMS-Aufgaben (**E**mercency **M**edical **S**ervices) im Einsatz. Die militärische Ausführung H135M wird von verschiedenen Luftwaffen eingesetzt, u.a. von jenen Spaniens (neu 72) und Thailands (6) und neuestens Kanada via SkyAlyne (19). Größter Betreiber verschiedener H135-Versionen ist die US-Gesellschaft Air Methods mit rund 110 Hubschraubern. Jährlich werden rund 50 Einheiten hergestellt.
Bemerkungen: Derzeit werden die folgenden Versionen als H135 bezeichnet gebaut: Die Zivil-Ausführung H135, eine veredelte Version vertrieben unter der Bezeichnung ACH135 Hermes und die militärische H135M. Diese ist – abgesehen von Zusatzausrüstungen – mit der zivilen jedoch weitgehend identisch. Das Cockpit umfasst eine integrale Avionik von Thales Avionics mit LCD-basierten Multi-Funktions-Displays und einem Navigations-/GPS-System Garmin GTN-750. Seit 2017 ist eine Ausführung der H135 bzw. H135M mit der Helionix-Digital-Avionics erhältlich, welche verschiedene Verbesserungen ausweist und mit jener der Modelle H145/H175 identisch ist. Aktuell wird geprüft, die H135 mit einem Fünfblatt-Rotor und einem T-Leitwerk auszurüsten. Seit April 2019 wird die H135 auch in Qingdao, Volksrepublik China, gebaut.
Hersteller: Airbus Helicopters, Teil der Airbus Group, Werk Donauwörth, Deutschland.

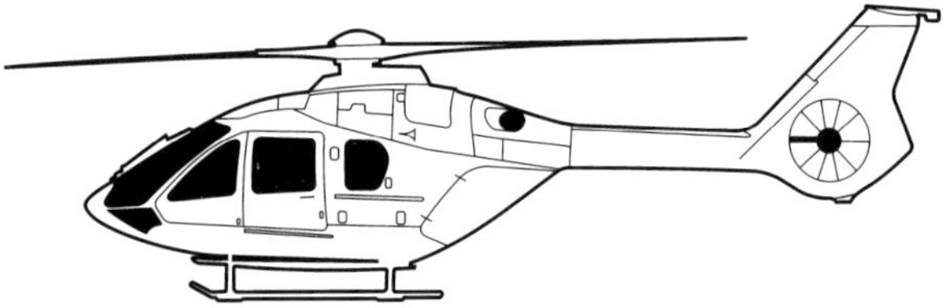

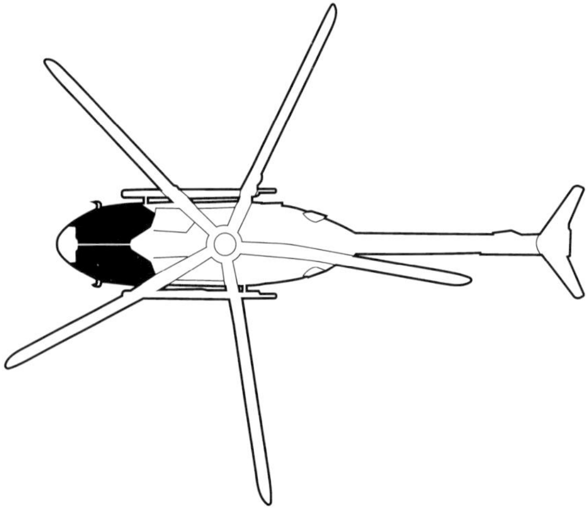

Abmessungen:
Rotordurchmesser 10,80 m,
Rumpflänge inkl. Rotor 13,30 m,
Breite Rumpf inkl. Kufen 2,25 m,
Höhe über Heck 3,89 m.

AIRBUS HELICOPTERS H140

Ursprungsland: Deutschland und europäisches Konsortium.
Kategorie: Leichter Mehrzweckhubschrauber.
Triebwerke: Zwei Gasturbinen Safran Arrius 2E von je 700 WPS (522 kW) Leistung.
Leistungen: Höchstgeschwindigkeit 287 km/h; alle weiteren Leistungsangaben noch unbekannt.
Gewichte: Max. Startgewicht 3175 kg.
Zuladung: Ein bis zwei Piloten und bis zu sechs Passagiere.
Entwicklungsstand: Ein erster von vier geplanten H140-Prototyen nahm die Flugerprobung im Juni 2023 auf. Mit den Auslieferungen soll 2028 begonnen werden. Bisher seien bereits über 70 Einheiten bestellt worden, u. a. 10 von der DRF Luftrettung.
Bemerkungen: Die H140 ist eine Weiterentwicklung der H135 (siehe Seiten 30/31) und unterscheidet sich von ihr durch leicht größere Abmessungen, geräumigere Kabine mit großen Fenstern und neuem aerodynamisch optimiertem Fenstrom Heckrotor. Von der H145 (siehe Seiten 34/35) übernimmt sie den lagerlosen Fünfblattrotor. Das Höhenleitwerk ist an der Spitze des Seitenleitwerks angesetzt. Schließlich ist die Heckklappe um 25 cm größer ausgelegt, was insbesondere die Verladung von Verletzten erleichtert. Die Avionik von Helionix umfasst u. a. einen 4-Achsen-Autopiloten, was zu einer reduzierten Arbeitsbelastung für den Piloten führt. Der Hersteller setzt in der Struktur Composite-Materialien in großem Stil ein. Schließlich sind auch die Leistungsdaten im Vergleich zur H135 dank stärkeren Triebwerken mit FDACE-System leicht verbessert.
Hersteller: Airbus Helicopters, Teil der Airbus Group, Werk Donauwörth, Deutschland.

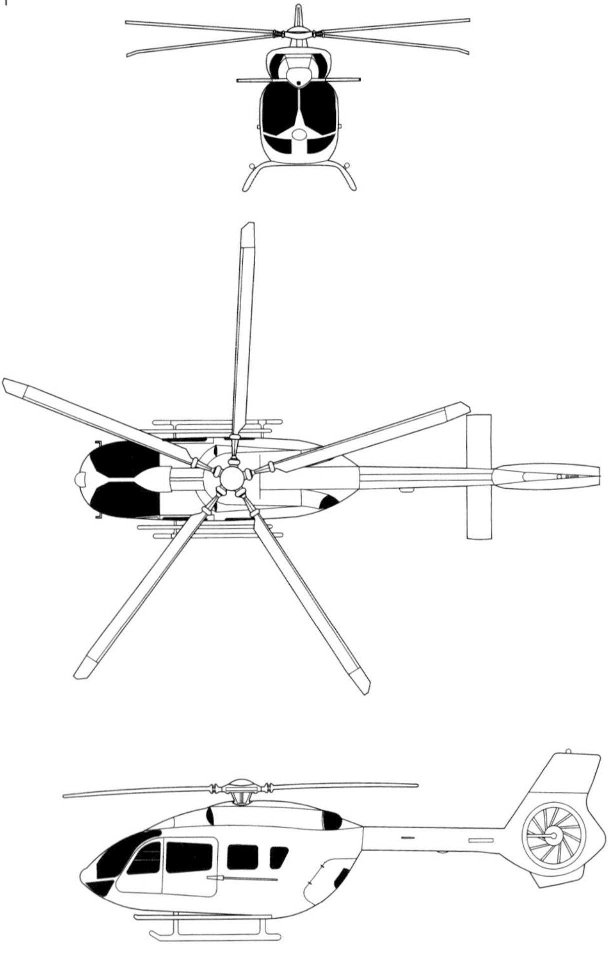

Abmessungen:
Rotordurchmesser 11,00 m, mit Fünfblattrotor 10,80 m, Rumpflänge 10,20 m, mit drehendem Rotor 13,00 m, Höhe inkl. Rotorkopf 3,96 m.

AIRBUS HELICOPTERS H145/UH-72A LAKOTA

Ursprungsland: Deutschland und Japan.
Kategorie: Ziviler (H145) und militärischer (H145M) Mehrzweckhubschrauber.
Triebwerke: Zwei Gasturbinen Safran Arriel 2E von je 1038 WPS (775 kW) Leistung.
Leistungen: Höchstgeschwindigkeit 268 km/h auf Meereshöhe; Reisegeschwindigkeit 244 km/h, max. Schrägsteiggeschwindigkeit 8,4 m/Sek; Dienstgipfelhöhe 5486 m; Schwebehöhe mit Bodeneffekt 3932 m, ohne Bodeneffekt 3139 m; normale Reichweite 650 km; Einsatzdauer 3,30 Std.
Gewichte: Leergewicht 1895 kg; max. Startgewicht 3650 kg bzw. 3800 kg mit Fünfblattrotor.
Zuladung: Acht bis zwölf Personen inkl. Piloten; bei EMS-Einsätzen zwei liegende Verletzte und zwei Sanitäter; max. Nutzlast 1731 kg.
Entwicklungsstand: Erstflug der EC145 am 12. Juni 1999. Aktuell sind rund 1675 H145/EC145/BK117 im Einsatz, davon über 300 der Version H145, darunter französische Sécurité Civile 32, Gendarmerie 15, ADAC 2, DRF 17. Sieben Einheiten erhielten die deutschen Heeresflieger als SAR-Hubschrauber. 463 UH-72A Lakota beschaffte die US Army (Lizenzbau), 223 davon als Trainingshubschrauber TH-72A. Die US Army ANG erhielt 18 verbesserte UH-72B mit Fünfblatt-Haupt- und Fenestron-Heckrotor. Deutschland beschafft 82 H145M als Ersatz der Tiger-Kampfhubschrauber (siehe Ausgabe 2016). Neueste größere Aufträge 2025: Norwegian Air Ambulance 8, Bahrain Air Force 9, Irish Air Corps 4, Spanische Luftwaffe 50.
Bemerkungen: Die H145 wurde und wird laufend weiterentwickelt. So bietet der Hersteller seit 2015 eine vereinfachte Version der H145 an, die dank geringerem Leergewicht und erhöhtem Abfluggewicht rund 150 kg mehr Zuladung mitführen kann. Bei der H145M handelt es sich um die Militärausführung, welche mit Maschinengewehren an den Türen sowie an separat montierbaren Seitenauslegern Waffen bis zu einem Gewicht von je 210 kg ausgerüstet werden kann. Ab Ende 2020 ist eine nochmals weiter entwickelte Variante erhältlich, welche dank Fünfblatt-Hauptrotor eine um 150 kg höhere Nutzlast mitführen kann und zusätzliche Verbesserungen aufweist. 21 Einheiten dieser Version hat die schweizerische REGA als Rettungshubschrauber bestellt. Unter der Bezeichnung PioneerLab stellte Airbus 2023 einen Technologiedemonstrator mit hybrid-elektrischem Antriebssystem und aerodyamischen Verbesserungen vor. Teile der Struktur bestehen aus recycelten Materialien.
Hersteller: Airbus Helicopters, Teil der Airbus Group, Werke Donauwörth, Deutschland, sowie Kawasaki Heavy Industries Ltd., Gifu, Japan.

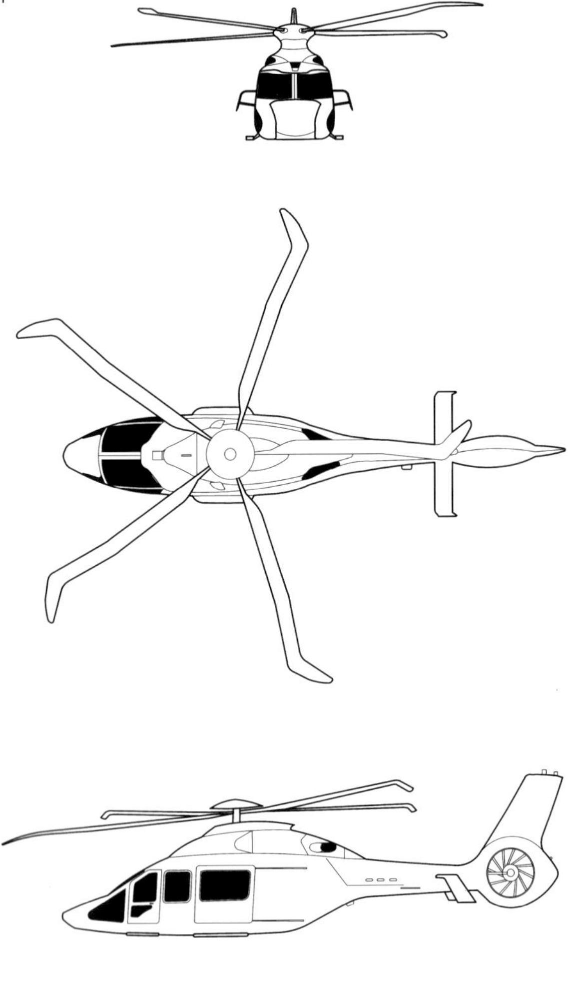

Abmessungen:
Rotordurchmesser 13,40 m,
Rumpflänge 14,00 m,
Höhe 3,99 m.

AIRBUS HELICOPTERS H160

Ursprungsland: Frankreich.
Kategorie: Ziviler und militärischer Mehrzweckhubschrauber.
Triebwerke: Zwei Gasturbinen Safran Arrano 1A von je 1280 WPS (955 kW) Startleistung.
Leistungen: Höchstgeschwindigkeit 337 km/h; max. Reisegeschwindigkeit 274 km/h; normale Reisegeschwindigkeit 255 km/h; max. Steigrate 8,9 m/Sek; Dienstgipfelhöhe 6096 m; Reichweite mit max. interner Treibstoffzuladung 890 km.
Gewichte: Leergewicht 4140 kg; max. Startgewicht 6050 kg.
Zuladung: Ein bis zwei Piloten und bis zu 12 Passagiere; max. Außenlast 2000 kg.
Entwicklungsstand: Ein erster von drei Prototypen nahm die Flugerprobung am 13. Juni 2015 auf. Die Zulassung erfolgte am 1. Juli 2020. Erste Auslieferungen an kommerzielle Kunden fanden im August 2022 statt, die Aéronavale erhielt ihre erste H160 im September 2022. Über 150 Einheiten sind bisher bestellt worden, u. a.: CDAT 50, Französische Gendarmerie 10, Aéronavale 6 als SAR-Hubschrauber (Erstablieferung September 2022), spanisches Innenministerium 4, PHI 12. Über 50 sind Ende 2025 bereits abgeliefert worden. Die französischen Streitkräfte planen ab 2026 als Ersatz älterer Typen 169 Einheiten (80 ALAT, 49 Aéronavale, 40 Armée de l'Air) einer bewaffneten militärischen Ausführung H160M Guépard zu beschaffen, Erstflug des Prototypen am 24. Juli 2025.
Bemerkungen: Mit der vollständig neu entwickelten H160 lancierte Airbus Helicopters eine neue Generation von Hubschraubern. Primär als Nachfolger der EC155 (siehe Ausgabe 2015) gedacht, handelt es sich weltweit um den ersten zivilen Hubschrauber, welcher vollständig aus Verbundwerkstoffen hergestellt ist. Es gelangen neu entwickelte Turbinen zum Einbau, der Fünfblattrotor weist neuartige, mehrfach geknickte Rotorblätter auf. Damit soll der Lärm besonders im Vorwärtsflug minimiert werden. Dank des um 12 Grad geneigten Fenestron-Heckrotors reduziert sich der Leistungsbedarf im Schwebeflug. Weiter fällt das Höhenleitwerk auf, welches aus zwei übereinander angeordneten Flächen besteht. Eingebaut ist die neueste Helionix-Avionik, die insbesondere die Arbeitsbelastung der Piloten reduziert. Das Fahrwerk wird elektrisch ein- und ausgefahren. Verschiedene Konfigurationen werden angeboten wie beispielsweise für Offshore-Einsätze, VIP- und allgemeine Personentransporte.
Hersteller: Airbus Helicopters, Teil der Airbus Group, Werk Marignane, Frankreich.

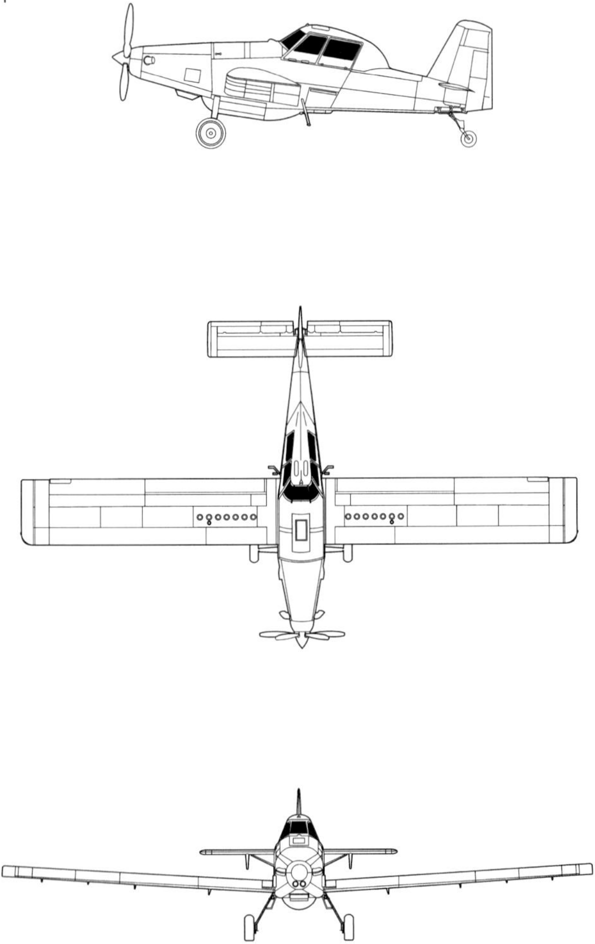

Abmessungen:
Spannweite 18,04 m,
Länge 10,87 m,
Höhe 3,96 m,
Flügelfläche 37,25 m².

AIR TRACTOR OA-1K SKYRAIDER II

Ursprungsland: USA.
Kategorie: Zweisitziger leichter Erdkämpfer und Überwachungsflugzeug.
Triebwerke: Eine Propellerturbine Pratt & Whitney Canada PT6A-67F von 1700 WPS (1268 kW) Leistung.
Leistungen: Höchstgeschwindigkeit 394 km/h auf 3050 m; Patrouillengeschwindigkeit 333 km/h; Dienstgipfelhöhe 7600 m; Reichweite mit Rumpftank 2415 km; Patrouillendauer 8+ Std.
Gewichte: Rüstgewicht 3705 kg; max. Startgewicht 7257 kg.
Bewaffnung: An bis zu elf Aufhängepunkten unter dem Rumpf und unter den Flügeln kann eine Vielzahl von Waffen und Sensoren mitgeführt werden, beispielsweise Präzisionsbomben, ungelenkte 70-mm-Raketen, AGM-114-Hellfire-Lenkwaffen, MG-Behälter oder auch SIGINT-/ELINT-Behälter. Maximale Nutzlast 2720 kg.
Entwicklungsstand: Ein Demonstrator der bewaffneten Variante AT-802U wurde erstmals im Mai 2021 vorgestellt. Die USAF plant 62 Einheiten zu beschaffen. Einstweilen sind 25 Skyraider II (früher als Sky Warden bezeichnet) für das US Special Operation Command (USSOCOM) fest erworben. Erste Ablieferungen an das 137th Special Operations Wing erfolgten im August 2024, die Einsatzbereitschaft ist ab 2026 vorgesehen. Von der bewaffneten Version haben u.a. auch Jordanien sechs und die VAR 24 beschafft. Weiterhin in beachtlicher Zahl werden jährlich Landwirtschafts- und Löschflugzeuge der verschiedenen AT-802-Versionen hergestellt. Bisher dürften mehr als 2000 Einheiten gebaut worden sein.
Bemerkungen: Basierend auf dem Sprüh- und Löschflugzeug AT-802 (siehe Ausgabe 2021) entwickelte Air Tractor zusammen mit L3Harris das leichte Erdkampfflugzeug AT-802U Skyraider II. Dieses soll für sog. »Bewaffnete Überwachungsaufgaben« in niederschwelligen Konflikten eingesetzt werden. Dafür wird ein robustes, zuverlässiges und kostengünstiges Modell benötigt. Diesen Anforderungen genügte die AT-802U. Die Struktur ist in Teilen gepanzert. L3Harris steuert die Avionik Garmin-3000, das elektrooptische System sowie die Kommunikationsausrüstung bei. Sensoren, beispielsweise vom Typ MX-15 oder MX-20HD, werden je nach Aufgabe in Behältern unter den Flügeln mitgeführt. Die AT-802 ist das derzeit größte einmotorige Flugzeug der Welt.
Hersteller: Air Tractor, Olney, Texas und L3Harris, Tulsa, Oklahoma, USA.

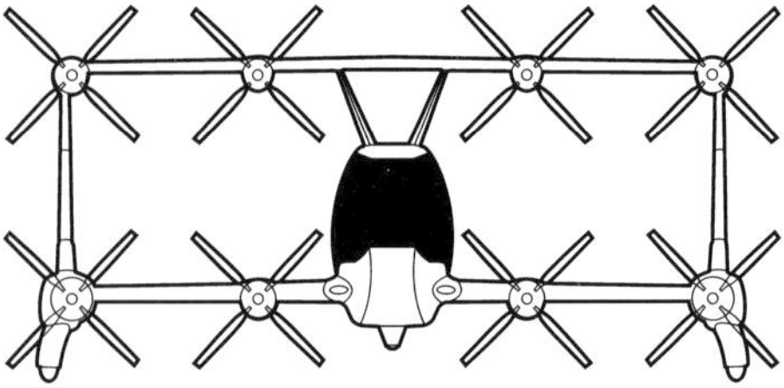

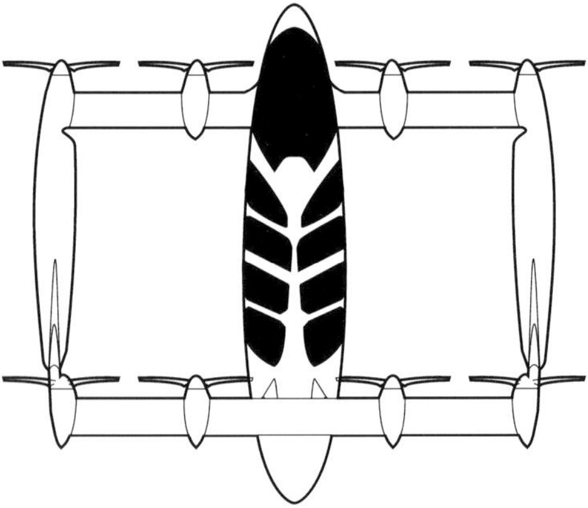

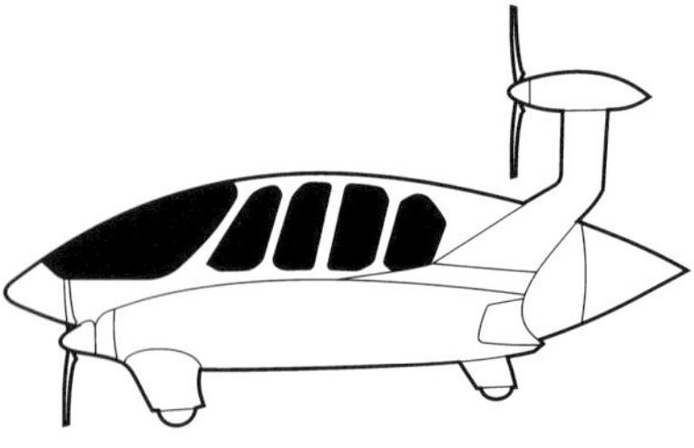

Abmessungen (Schätzung):
Spannweite 7,00 m.

AMSL AERO VERTIIA

Ursprungsland: Australien.
Kategorie: EVTOL- Fluggerät mit Wasserstoff-elektrischem Antrieb für den Regionalverkehr.
Triebwerke: Acht miteinander verbundene Elektromotoren unbekannter Marke mit Vierblattrotoren; Leistung ebenfalls noch unbekannt. Antrieb via flüssigem Wasserstoff.
Leistungen (gemäß Angaben des Herstellers): Höchstgeschwindigkeit 300 km/h; max. Reichweite 1000 km.
Gewichte: Leergewicht 2000 kg; max. Startgewicht 2500 kg.
Zuladung: Pilot und vier Passagiere bzw. eine Trage für Verletztentransport und zwei Sitze für Flughelfer oder Fracht bis zu einer maximalen Nutzlast von 500 kg.
Entwicklungsstand: Ein erster Prototyp noch mit Batterien als Energiequelle nahm die Flugerprobung am 19. November 2024 auf. 2026 sind erste Flüge mit Wasserstoff als Energieträger geplant. Einige Bestellungen für eine Serienversion sind gemäß Hersteller bereits erfolgt. Wann die Auslieferung an Kunden beginnt, ist noch nicht bekannt.
Bemerkungen: Mit der Vertiia steigt ein weiteres Muster in den neuen und mittlerweile stark umkämpften Markt von senkrecht startenden und landenden Kleinflugzeugen für den Commuterverkehr. Die ganze Konstruktion besteht aus Fiberglas und ist modular aufgebaut, so dass es in verschiedenen Konfigurationen angeboten und schnell angepasst werden kann. Interessant und in seiner Konfiguration bisher einmalig ist das sog. Box-Wing-Konzept, d. h. zwei Flügel werden an ihren Enden miteinander verbunden und bilden eine Art Box (Schachtel). Im Gegensatz zu anderen Modellen wird bei diesem Typ der ganze Flügel und nicht nur die Rotoren für den Senkrechtstart nach oben geschwenkt. Eingebaut ist vorläufig ein Festfahrwerk, später soll es aber einziehbar sein. Der Hersteller behauptet, dass die Betriebskosten der Vertiia rund 70% tiefer als jene für einen konventionellen Hubschrauber sind. Sie soll im Betrieb sehr leise sein. Vermutlich zum ersten Mal kommt als Treibstoff für die Elektromotoren flüssiger Wasserstoff zur Anwendung, welcher in besonders ausgestatteten Tanks mitgeführt wird. Der Vorteil dieser Energiequelle ist, dass die Brennstoffzellenlösung größere Reichweiten als reine Batterieantriebe ermöglicht. Die hier gemachten technischen Angaben und der Dreiseitenriss sind noch sehr provisorisch.
Hersteller: AMSL Aero Pty Ltd, Bankstown Aerodrome, Sydney, Australien.

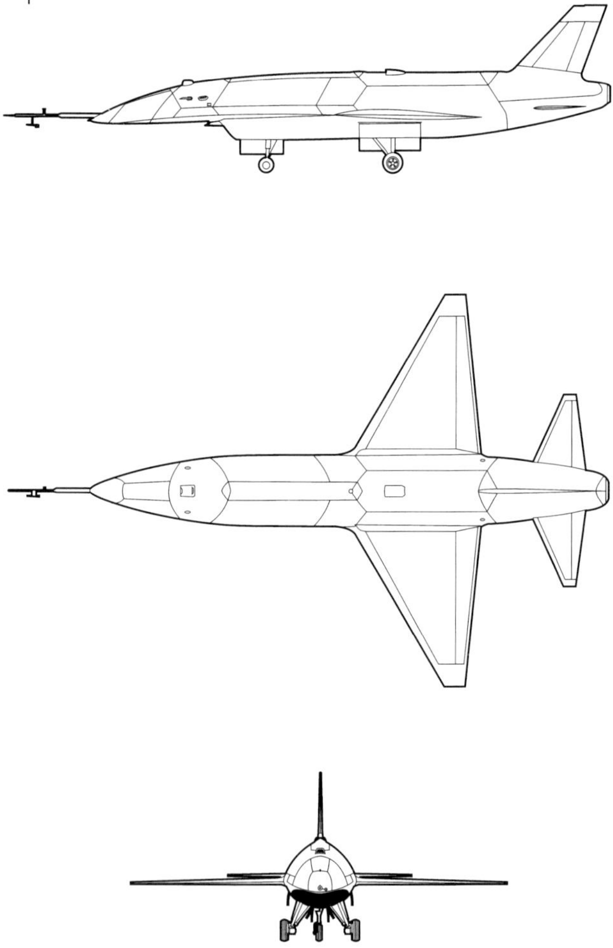

Abmessungen (Schätzung):
Spannweite 8,20 m,
Länge 9,14 m.

ANDURIL YFQ-44A FURY

Ursprungsland: USA.
Kategorie: Unbemanntes sog. Collaborative Combat Aircraft (CCA).
Triebwerke: Ein Mantelstromtriebwerk Williams FJ44-4M von 1815 kp (18,0 kN) Standschub.
Leistungen (provisorische Angaben): Höchstgeschwindigkeit Mach 0,95; Dienstgipfelhöhe 15000 m.
Gewichte: Max. Startgewicht 2268 kg.
Bewaffnung: An zwei Waffenstationen unter den Flügeln können beispielsweise zwei Luft-Luft-Lenkwaffen AIM-120 AMRAAM mitgeführt werden.
Entwicklungsstand: Der Erstflug eines ersten Prototyps fand am 31. Oktober 2025 statt. Die USAF hat diesen Typen zusammen mit der General Atomics YFQ-42A (siehe Seiten 168/169) zur Evaluation ausgewählt. Ein Vergleichsfliegen soll 2026 durchgeführt werden. Dem Sieger dieses Wettbewerbs winken Folgeaufträge von bis zu 1000 Einheiten.
Bemerkungen: Die YFQ-44A zählt zu der immer größer werdenden Familie von sog. CCA-Jets (**C**ollaborative **C**ombat **A**ircraft – »Kooperative Kampfflugzeuge«), welche als Ergänzung und zur Verstärkung der Einsatzeffektivität von Kampfflugzeugen der fünften Generation (z. B. F-35), mehr noch aber der sechsten Generation (z. B. F-47) vorgesehen sind. Das Konzept sieht vor, dass ein bemanntes Kampfflugzeug zusammen mit mehreren CCA-Einheiten einen Angriff vornehmen. Ersteres übernimmt die Führung von beispielsweise mehreren CCA-Einheiten. Die Fury ist etwa halb so groß wie eine F-16 Fighting Falcon (siehe Seiten 230/231). Ausgelegt ist sie mit einem gepfeilten Trapezflügel, einem am Bug montierten Einlass sowie eine kreuzförmige Heckkonfiguration mit Stabilisatoren. Die Konstruktion ist modular aufgebaut und erlaubt eine schnelle Anpassung der Konfiguration entsprechend der vorgesehenen Einsätze. Auf Kostengünstigkeit wurde besonders geachtet, da die Fury auch für »Verschleißeinsätze« Verwendung finden wird. Sie kann Wendemanöver bis zu einer Belastung von 9G ausführen.
Hersteller: Anduril Industries Inc., Costa Mesa, Kalifornien, USA.

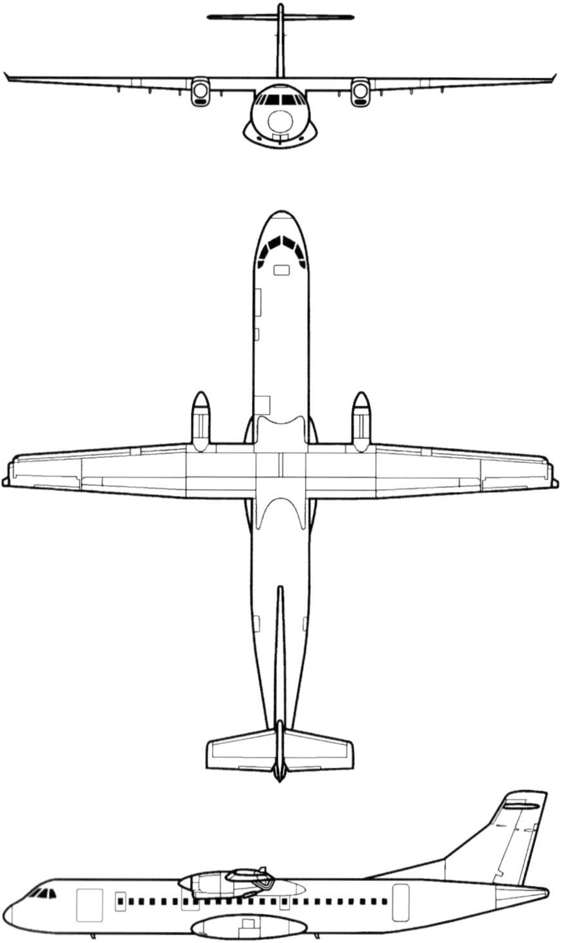

Abmessungen (ATR 42/ATR 72):
Spannweite 24,57/27,05 m,
Länge 22,67/27,17 m,
Höhe 7,59/7,65 m,
Flügelfläche 54,50/61,00 m².

ATR 42-600/ATR 72-600/600F

Ursprungsland: Frankreich und Italien.
Kategorie: Regionalverkehrsflugzeug.
Triebwerke (ATR 42-600/ATR 72-600): Zwei Propellerturbinen Pratt & Whitney Canada PW127M bzw. ab 2022 PW127XT-M von je 2160 WPS (1590 kW) bzw. 2475 WPS (1820 kW) Startleistung.
Leistungen (ATR 42-600/ATR 72-600): Max. Reisegeschwindigkeit 555/511 km/h auf 7620 m; ökonom. Reisegeschwindigkeit 450 km/h auf 7620 m; Reichweite mit 48/68 Passagieren und max. Gepäckzuladung 1484/1527 km.
Gewichte (ATR 42-600/ATR 72-600): Rüstgewicht 11300/13010 kg; max. Startgewicht 18600/23000 kg.
Zuladung: Zwei Mann Cockpitbesatzung und verschiedene Innenausstattungen für (ATR 42) max. 48 bzw. (ATR 72) 64 bis neu 78 Passagiere in Viererreihen mit Mittelgang; Nutzlast (ATR 42-600) 5500 kg, als Frachter (ATR-72-600F) 8093 kg.
Entwicklungsstand: Die Ausführung ATR 72-600 begann die Flugerprobung am 24. Juli 2009, Ablieferung ab 19. August 2011. Die erste ATR-72-600F startete am 16. September 2020 zum Erstflug. FedEx hat 30 Exemplare (+ 20 Optionen) bestellt. 2024 und 2025 sind namhafte neue Bestellungen eingetroffen, so dass Ende 2025 über 2000 Flugzeuge von über 200 Operators bestellt und mittlerweile rund 1800 ausgeliefert sind. Die Jahresproduktion beläuft sich auf rund 60 Einheiten. Angeboten werden aktuell die Ausführungen ATR 42-600, ATR 72-600, ATR 72-600F und P-72A.
Bemerkungen: Mit der ATR-42/72-600 wurde die dritte Generation des bewährten Musters lanciert. Folgende Verbesserungen wurden eingeführt: Stärkere Triebwerke PW127M, die insbesondere bessere Startleistungen auf hoch gelegenen Flugplätzen ermöglichen. Zudem kann eine größere Nutzlast mitgeführt werden. Das digitale Cockpit ist mit einer Thales-Avionik ausgerüstet. Weiter erhöhte man den Kabinenkomfort. ATR lancierte 2021 eine Ausführung mit etwas stärkeren PW127-Triebwerken, welche einzelne Leistungsparameter verbessern und besonders die Wirtschaftlichkeit optimieren. ATR arbeitet an einer EVO genannten hybrid-elektrischen Variante, welche voraussichtlich ab etwa 2030 in Einsatz kommen könnte. Von der ATR 72-600 gibt es eine militärische Version P-72A hauptsächlich für Seeaufklärungseinsätze, bestellt u. a. von Italien, Malaysia und Türkei.
Hersteller: Avions de Transport Régional (ATR): Aérospatiale Matra, Toulouse-Blagnac, Frankreich und Alenia, Neapel, Italien.

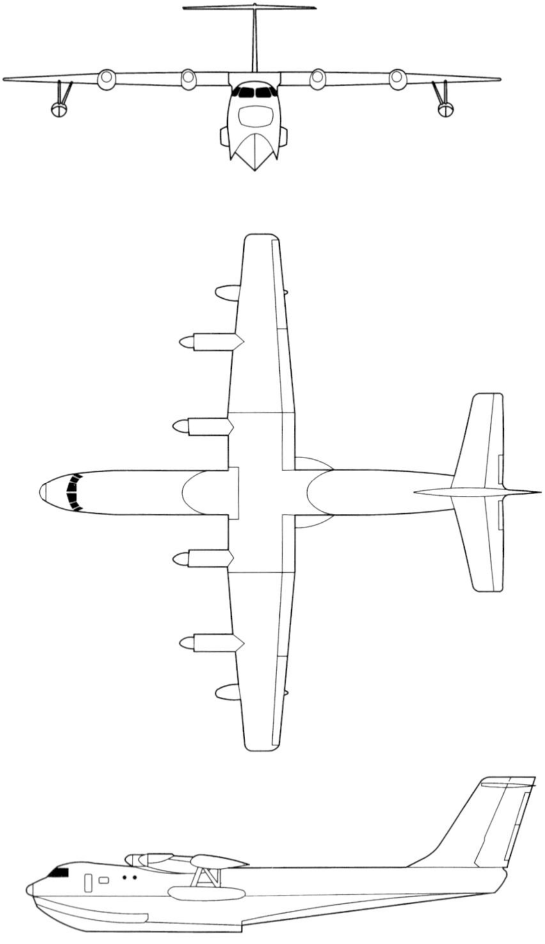

Abmessungen:
Spannweite 38,80 m,
Länge 36,90 m,
Höhe 12,10 m.

AVIC AG600 KUNLONG

Ursprungsland: Volksrepublik China.
Kategorie: Amphibisches SAR- oder auch ASW-/Patrouillenflugzeug für Langstrecken, ev. auch für zivile Einsätze (z. B. Löscheinsätze) vorgesehen.
Triebwerke: Vier Propellerturbinen Dongan WJ-6 von je 5103 WPS (3805 kW) Leistung.
Leistungen (nach Angaben des Herstellers): Höchstgeschwindigkeit 560 km/h; Reisegeschwindigkeit 500 km/h; Dienstgipfelhöhe 6000 bzw. 10500 m (je nach Quelle); Reichweite 4500 km; max. Flugdauer 12 Std.
Gewichte: Leergewicht 20000 kg; max. Startgewicht 60000 kg.
Zuladung: Zwei Mann Cockpitbesatzung und je nach Innenausstattung und Aufgabe bis zu 50 Personen. Max. Nutzlast 12000 kg.
Entwicklungsstand: Der erste Prototyp dieses neuen chinesischen Amphibienflugzeugs wurde im November 2016 in Zhuhai erstmals der Öffentlichkeit vorgestellt. Der Erstflug fand am 24. Dezember 2017 statt. 2020 wurden erste Starts und Landungen im Meer ausgeführt. Eine überarbeitete zweite Einheit fliegt seit 31. August 2022, ab Wasser am 29. August 2022. Gemäß Hersteller sollen 17 Einheiten bestellt worden sein, vier davon fliegen bereits. Die Zulassung wurde im April 2025 erteilt, womit die ersten Auslieferungen Ende 2025 erfolgen konnten.
Bemerkungen: Die AG600 ist für eine Vielzahl von Aufgaben vorgesehen, so beispielsweise als Passagierflugzeug, als Frachter bzw. als Combi-Frachter sowie auch als Patrouillenflugzeug/Seenotretter. Auch eine Version als Löschflugzeug mit einer Wasserzuladung von 12000 Litern ist vorgesehen und wurde bereits erprobt. Rumpf und Flügel sind weitgehend aus Aluminium. Der Hauptflügel ist als Schulterdecker, das Heckleitwerk in T-Form ausgelegt. Dank des in der Mitte abgestuften Rumpfes in Bootsform werden sehr gute Eigenschaften auch bei rauher See erwartet. Die AG600 ist mit einem einziehbaren Dreipunktfahrwerk ausgestattet. Bei den Triebwerken WJ-6 handelt es sich um eine recht alte Konstruktion, abgeleitet vom sowjetischen Ivchenko AI-20. Sie sind mit modernen sechsblättrigen Propellern vermutlich aus Verbundwerkstoffen ausgestattet. Beim zweiten Prototyp wurden Vorderrumpf und Nase wesentlich überarbeitet, weitere Modifikationen vorgenommen und das Abfluggewicht von 53000 auf 60000 kg erhöht. Als Brandbekämpfer kann Löschwasser bis zu 12000 Liter mitgeführt werden.
Hersteller: Aviation Industry Corporation of China bzw. CAIGA China Aviation Industry General Aircraft Co. Ltd., Zhuhai Airport, Volksrepublik China.

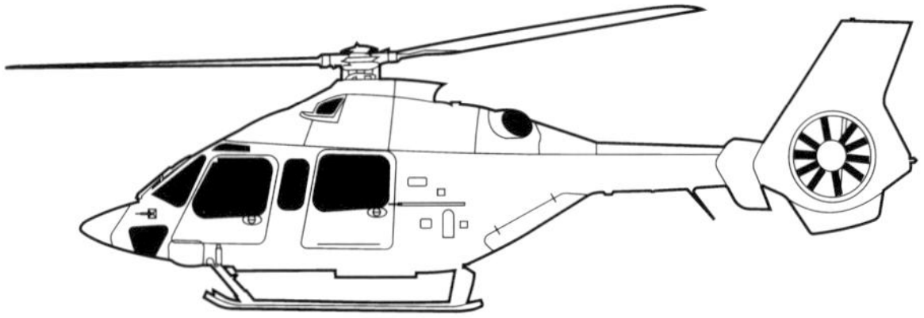

Abmessungen:
Noch keine Angaben erhältlich.

AVIC AC332

Ursprungsland: Volksrepublik China.
Kategorie: Leichter ziviler Mehrzweckhubschrauber.
Triebwerke: Zwei Gasturbinen AVIC WZ-20 von je 1800 WPS (1342 kW) Leistung.
Leistungen: Max. Reisegeschwindigkeit 269 km/h; Dienstgipfelhöhe 6000 m; Reichweite mit einer Nutzlast von 600 kg rund 600 km; mit max. interner Treibstoffzuladung rund 690 km.
Gewichte: Max. Startgewicht 3850 kg.
Zuladung: Zwei Piloten und bis zu zehn Passagiere.
Entwicklungsstand: Der erste Prototyp nahm die Flugerprobung am 7. April 2023 auf. Die Zulassung wird für 2026 erwartet. Unbestätigten Angaben zufolge sind bisher mindestens 25 Einheiten bestellt worden.
Bemerkungen: Die neue AC332 ist als Mehrzweckhubschrauber für den Personentransport, Such- und Rettungsdienste sowie Strafverfolgungsbehörden konzipiert. Dieses Muster ist insbesondere für Einsätze in großen Höhen geeignet. Daher sind auch sehr leistungsstarke Triebwerke eingebaut, welche einen vierblättrigen Hauptrotor und einen Fenestron-Heckrotor antreiben. Die Kabine soll sehr geräumig sein. Aus welchen Materialien die Konstruktion besteht, dazu fehlen derzeit zuverlässige Angaben. Die AC332 ist mit einem Kufenfahrwerk ausgerüstet. Von den Größenverhältnissen ist dieses Muster mit der Bell 429 (siehe Ausgabe 2024) und der Airbus Helicopters H145 (siehe Seiten 34/35) zu vergleichen. Es wird erwartet, dass der Preis deutlich unter dem vergleichbarer westlicher Hubschrauber liegen wird. Alle hier gemachten Angaben sind noch sehr provisorischer Natur.
Hersteller: AVIC Aviation Industry Corporation of China, Tianjin, Volksrepublik China.

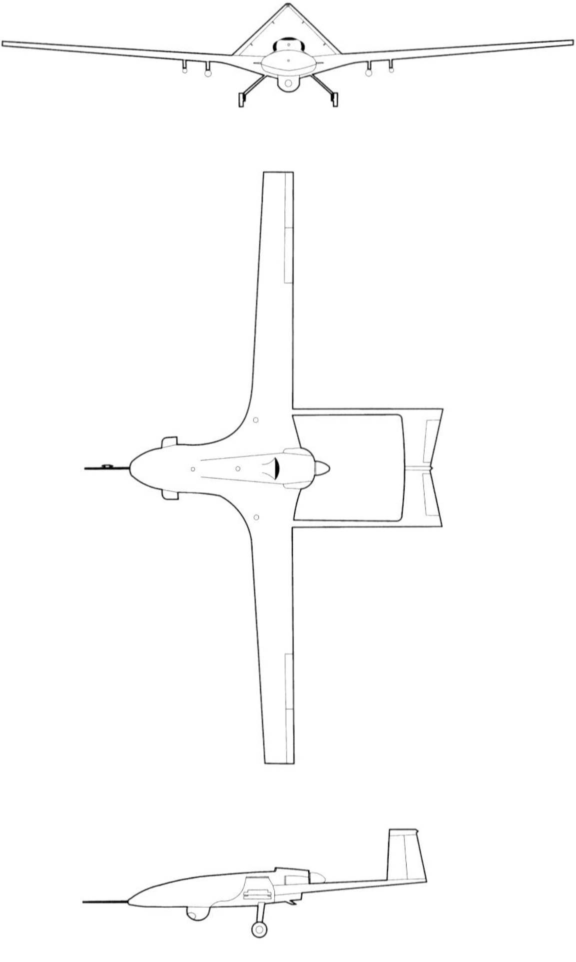

Abmessungen:
Spannweite 12,00 m,
Länge 6,50 m,
Höhe 2,20 m,
Flügelfläche ca. 12 m^2 .

BAYRAKTAR TB2/TB3

Ursprungsland: Türkei.
Kategorie: (TB2) Kampf- und Aufklärungsdrohne für mittlere Höhen, (TB3) gleiche Aufgaben aber bordgestützt.
Triebwerke: Ein Kolben-Einspritzmotor Rotax-912-IS mit 100 PS (74,5 kW) Leistung bzw. PD170 Turbodieselmotor mit 170 PS (125 kW) Leistung.
Leistungen (mit Rotax-Triebwerk): Höchstgeschwindigkeit 222 km/h; Patrouillengeschwindigkeit 130 km/h; Gipfelhöhe 7600 m; max. Einsatzhöhe 5500 m; Reichweite je nach Quelle zwischen 3500 und 4800 km; max. Flugdauer 27 Std.
Gewichte: Leergewicht 420 kg; max. Startgewicht 700 kg.
Zuladung: Maximale Nutzlast von 150 kg.
Bewaffnung: Bis zu vier lasergelenkte Mini-Bomben MAM-L22 oder zwei L-UMTAS-Raketen.
Entwicklungsstand: Das Datum des Erstflugs der TB2 ist nicht bekannt. Die Türkische Luftwaffe erhielt ab 2016 über 150 Einheiten. Die TB2 ist zu einem eigentlichen Verkaufsschlager geworden. Über 600 wurden bisher an rund 30 Luftwaffen abgeliefert, u. a. Aserbaidschan (Lizenzbau), Bangladesch, Irak, Kuwait, Marokko 13, Nigeria 6, Qatar 6, Polen 24. Die Ukraine hat bisher über 50 Drohnen erhalten; Lizenzbau geplant. Neuester Besteller: Kroatien 6.
Bemerkungen: Die kleine und relativ leichte vollautonome Drohne kann selbständig ohne Bodensteuerung eines Koordinators starten, zu einem programmierten Ziel fliegen, es ausspähen, zurückkehren und autonom landen. Sie wurde von der Start-up-Firma Baykar Technologies zusammen mit der Luftwaffe der Türkei entwickelt. Die TB2 ist in den letzten Jahren in mehreren Konflikten als Aufklärer, zunehmend aber auch als Waffenträger eingesetzt worden, u. a. in der Auseinandersetzung zwischen Georgien und Aserbaidschan wegen Berg-Karabach, insbesondere aber im Krieg Russland gegen die Ukraine. Die Struktur besteht aus Verbundwerkstoffen. Für den Transport am Boden können die Flügel sehr schnell demontiert werden. Der Rotax-Motor verfügt über einen zweiblättrigen Propeller. Eingebaut ist eine dreifach redundante Avionik. Wie bei Drohnen üblich, ist sie über eine Satcom-Verbindung zur Übermittlung der Daten in realtime ausgerüstet. Unbestätigten Quellen zufolge soll eine verbesserte Version TB2T-AL mit überarbeitetem Flügel, Höhenleitwerk in V-Form und als Antrieb eine Propellerturbine in Erprobung sein. Unter der Bezeichnung TB3 ist am 27. Oktober 2023 eine von der TB2 abgeleitete trägergestützte Version mit faltbaren Flügeln erstmals geflogen.
Hersteller: Baykar Technology, Istanbul, Türkei und Leonardo S.p.A., Werke Ronchi die Legionari und Villanova d'Albenga, Italien.

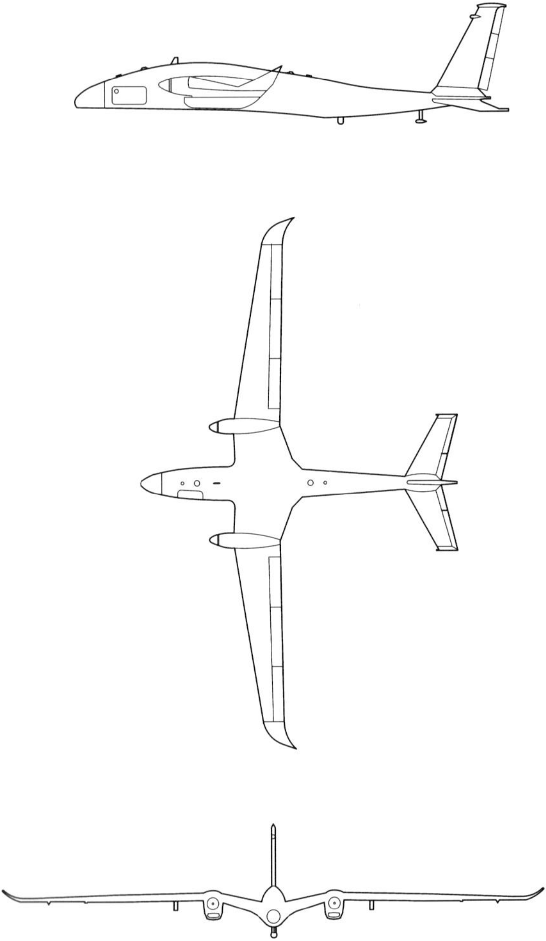

Abmessungen:
Spannweite 20,00 m,
Länge 12,20 m,
Höhe 4,10 m,
Flügelfläche ca. 20 m².

BAYRAKTAR AKINCI

Ursprungsland: Türkei.
Kategorie: Langstrecken-Drohne für große Höhen für Aufklärungs- und Waffeneinsätze.
Triebwerke: Zwei Propellerturbinen Iwtschenko Progress AI-450C von je 750 WPS kp (560 kW) Leistung.
Leistungen: Höchstgeschwindigkeit 361 km/h; max. Reisegeschwindigkeit auf 9150 m 280 km/h; Dienstgipfelhöhe 13716 m; max. Reichweite 10000 km; max. Flugdauer 25 Std.
Gewichte: Max. Startgewicht 6000 kg.
Zuladung: Maximale Nutzlast von 1500 kg, davon intern 400 kg.
Bewaffnung: Intern und an sechs festen Aufhängepunkten unter den Flügeln kann eine Vielzahl von Lenkwaffen, Lenkbomben und sog. »Smart-Waffen« mitgeführt werden.
Entwicklungsstand: Der Erstflug erfolgte am 6. Dezember 2019. Aktuell haben rund 10 Luftwaffen über 100 Akinics bestellt, u.a. Aserbaidschan, Kyrgyzstan, Marokko, Pakistan und die Türkei. Einen weiteren großen Auftrag erteilte Saudi Arabien für deren Luftwaffe und Marine. Nebst der TB2 will man auch die Akinci inskünftig in der Ukraine in Lizenz herstellen.
Bemerkungen: Nebst Iran hat sich die Türkei zum Entwicklungsspezialisten für Drohnen entwickelt und vermarktet diese sehr erfolgreich. Die neueste und schwerste Ausführung ist die Akinci. Sie ist für sog. HALE-Einsätze (**H**igh-**A**ltitude **L**ong-**E**ndurance) konzipiert. Noch sind wenige Angaben bekannt, insbesondere was die Konstruktion angeht. Man kann aber davon ausgehen, dass Rumpf und Flügel aus Verbundwerkstoffen bestehen. Das Fahrwerk ist einziehbar. Die Akinci verfügt über elektronische Support- und Gegenmaßnahmensysteme, zweifaches Satellit-Kommunikationssystem, Radar mit synthetischer Apertur (AESA-Radar) türkischer Provenienz sowie über eine weitere Ausrüstung. Damit ist sie bestens für SIGINT- wie auch für Waffeneinsätze einsetzbar. Mehrere Einheiten wurden auch nach dem Erdbeben in der Türkei intensiv zur Schadensermittlung eingesetzt.
Hersteller: Baykar Technology, Istanbul, Türkei.

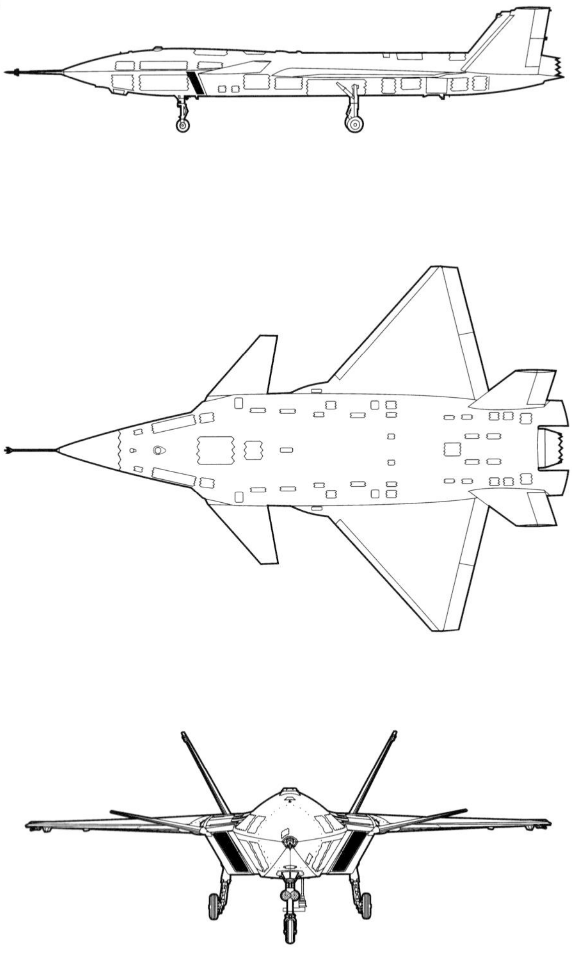

Abmessungen:
Spannweite 10,00 m,
Länge 14,50 m,
Höhe 3,50 m.

BAYRAKTAR KIZILELMA

Ursprungsland: Türkei (Italien).
Kategorie: Kampfdrohne.
Triebwerk (Prototypen): Ein Mantelstromtriebwerk Iwtschenko Progress AI-322F- oder AI25TLT von rund 2500 kp (24,5 kN) ohne und 4200 kp (41,2 kN) mit Nachbrenner. (Seriendrohnen): Diese sollen später mit dem türkischen Triebwerk TEI TF6000 bzw. TF10000 ausgerüstet werden.
Leistungen: Höchstgeschwindigkeit 1111 km/h (Mach 0,9); Reisegeschwindigkeit 745 km/h (Mach 0,6); Dienstgipfelhöhe 13716 m; Aktionsradius 930 km; max. Flugdauer 3+ Std.
Gewichte: Max. Startgewicht 8500 kg.
Bewaffnung: In einem internen Waffenschacht und unter den Flügeln soll eine Waffenlast bis zu 1500 kg mitgeführt werden können.
Entwicklungsstand: Erstflug des Prototyps am 14. Dezember 2022. Bisher sind fünf gebaut worden. Die Luftwaffe der Türkei wird diese Drohne beschaffen, in welcher Zahl ist noch unbekannt. Die Indienststellung wird für 2026 erwartet.
Bemerkungen: Baykar Technology entwickelt in kurzer Folge ein Modell nach dem anderen. Das neueste und bislang ehrgeizigste und komplexeste Projekt ist die Kizilelma. Diese Tarnkappendrohne zeichnet sich durch einen Strahlantrieb mit Nachbrenner aus, was bisher in der Drohnenentwicklung einmalig ist. Dank der gewählten Rumpf- und Flügelform weist diese Drohne einen niedrigen Radarquerschnitt und somit Stealth-Eigenschaften auf. Sie soll sich zudem durch eine hohe Manövrierfähigkeit auszeichnen. Eingebaut ist ein Radar Murad-A mit AESA-Eigenschaften. Die Kizilelma soll auch vom türkischen Hubschrauberträger »Anadolu« aus operieren. Dabei kommt ihr zustatten, dass sie mit sehr kurzen Start- und Landebahnen auskommt. Alle hier gemachten Angaben sind noch provisorischer Natur. Mittlerweile wird diese Drohne zusammen mit der italienischen Leonardo weiterentwickelt und gebaut.
Hersteller: Bayraktar Technology, Istanbul, Türkei und Leonardo S.p.A., Werk Grottaglie, Provinz Taranto, Italien.

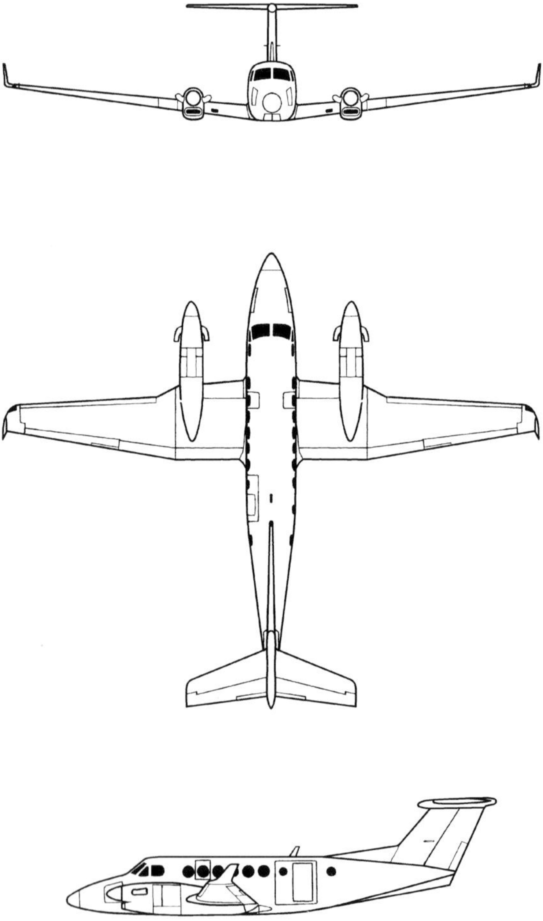

Abmessungen:
Spannweite 17,65 m,
Länge (260/360 und 360ER) 13,36/14,22 m,
Höhe (260/360 und 360ER) 4,52/4,37 m,
Flügelfläche 28,80 m^2.

BEECHCRAFT KING AIR 260/360/360ER

Ursprungsland: USA.
Kategorie: Arbeits-, Firmen- und Mehrzweckflugzeug.
Triebwerke (260/360/ER): Zwei Propellerturbinen Pratt & Whitney Canada PT-6A-52 von je 850 WPS (634 kW) bzw. PT6A-60A von je 1050 WPS (783 kW) Leistung.
Leistungen (260/360/360ER): Max. Reisegeschwindigkeit 574/578/561 km/h; Anfangssteiggeschwindigkeit 12,4/13,8/12,2 m/Sek; Dienstgipfelhöhe 10668 m; Reichweite mit vier Passagieren und mit 45 Min. Reserven 3185/3345/4986 km.
Gewichte (260/360/360ER): Leergewichte 4005/4516/4643 kg; max. Startgewichte 5670 bzw. als Option 6087/6804 kg, (360ER) 7484 kg.
Zuladung (260/360/360ER): Ein bis zwei Mann Cockpitbesatzung und in der Kabine normalerweise sieben/neun Einzelsitze in vis-à-vis-Anordnung, max. jedoch bis zu 9/11/15 Passagiere; max. Nutzlast 984/1154/1266 kg, bei vollen Treibstofftanks 52/696/542 kg.
Entwicklungsstand: Seit 1964 befindet sich dieses Muster ununterbrochen in Produktion. Bisher wurden über 7750 King Airs in mehr als 20 Varianten gebaut. Derzeit sind ausschließlich die Versionen 260 und 360 bzw. 360ER im Angebot. Erstere ist seit Mitte 2021, letztere seit Dezember 2020 erhältlich. Aktuell werden jährlich rund 50 Einheiten der beiden Versionen gebaut.
Bemerkungen: Neu lanciert wurden als Ersatz der 350i (siehe Ausgabe 2020) die Versionen 360 bzw. die 360ER mit größerer Reichweite (bisher rund 100 hergestellt). Eingebaut ist u. a. eine leistungsfähigere Druckkabine. Zudem sind neue Inneneinrichtungs-Optionen erhältlich. Die von der 250 weiterentwickelte Ausführung 260 entspricht seitens der Avionik und der Inneneinrichtung der 360. Bei beiden Ausführungen hat man neu ein Autothrottle-System zur Erleichterung der Pilotenlast eingebaut. Weiterhin werden für Luftwaffen und Agenturen eine Vielzahl von Varianten der King Air gebaut, meistens für ELINT-/SIGINT-Aufgaben, See- und Grenzüberwachung. Bei den US-Streitkräften werden sie als RC-12 bezeichnet. Die USN beschafft 64 von der Beech 260 abgeleitete und als T-54A Merlin II bezeichnete Multimotor-Trainer. Sieben King Air 260 erhält die RCAF ebenfalls als Trainer.
Hersteller: Beechcraft Corporation, Tochtergesellschaft der Textron Inc., Werk Wichita, Kansas, USA.

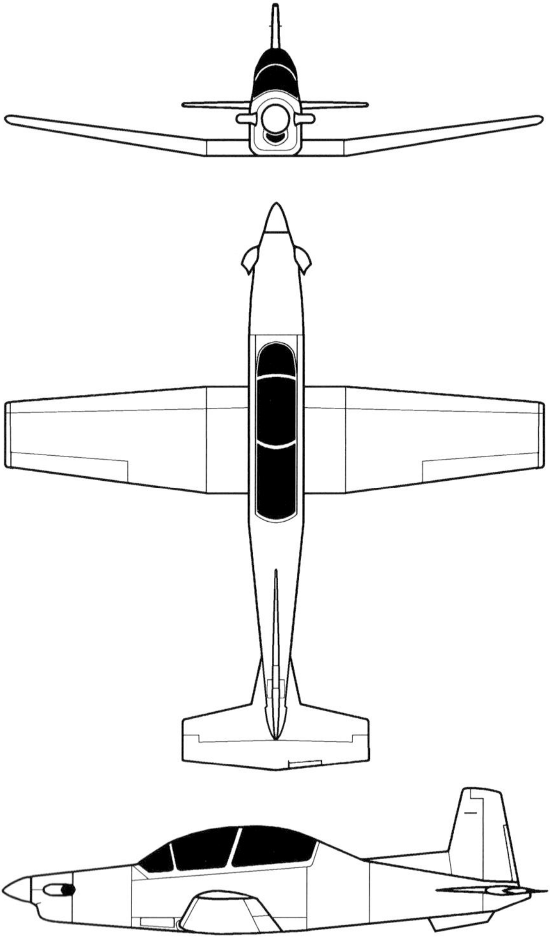

Abmessungen:
Spannweite 10,15 m,
Länge 10,14 m,
Höhe 3,26 m,
Flügelfläche 16,29 m².

BEECHCRAFT T-6A/B/C TEXAN II/AT-6 WOLVERINE

Ursprungsland: USA/Schweiz.
Kategorie: (T-6A/B/C): Zweisitziger Basis- und Fortgeschrittenentrainer, (AT-6): Leichter Erdkämpfer.
Triebwerke: Eine Propellerturbine Pratt & Whitney Canada PT6A-68 von 1708 WPS (1275 kW) Leistung, reduziert auf 1100 WPS (820 kW).
Leistungen: Höchstgeschwindigkeit in großen Höhen 575 km/h, auf Meereshöhe 500 km/h, Reisegeschwindigkeit auf 2285 m 426 km/h; Anfangssteiggeschwindigkeit 20,3 m/Sek; Dienstgipfelhöhe 10670 m; Reichweite 1574 km; max. Flugdauer 3 Std.
Gewichte: Leergewicht 2087 kg; Rüstgewicht 2336 kg; max. Startgewicht 3130 kg; (AT-6) 4536 kg.
Entwicklungsstand: Der erste Produktionsprototyp fliegt seit 23. Dezember 1993, gefolgt vom ersten Serienflugzeug am 15. Juli 1998. Die amerikanischen Streitkräfte beschafften insgesamt 773 Maschinen (alle mittlerweile abgeliefert): USAF 454, USN 315, US Army 4 T-6B. Weitere T-6A/B/C erhielten oder erhalten Argentinien 24 T-6C, Griechenland 45, NATO Flying Training (NFTC) 26 T-6A, Irak 16 T-6A, Israel 25 T-6A, Marokko 24 T-6C, Mexikos Luftwaffe 24 T-6C+, Marine 2 T-6C+, Neuseeland 11 T-6C, RAF 23 T-6C, Kolumbien T-6C und Thailand je 12 T-6TH, Vietnam 6. Von der AT-6 sind bisher bestellt: Thailand 12 ATH-6TH, Tunesien 4 AT-6C, USAF 2 AT6-C. Die 1000. T-6 wurde im Oktober 2022 abgeliefert. Neuester Auftrag: Luftwaffe Japan voraussichtlich 36.
Bemerkungen: Die Texan II basiert auf der Pilatus PC-9 (siehe Ausgabe 2008). Rund 70% der Konstruktion wurde jedoch neu definiert. Die wesentlichen Unterschiede sind: Verstärkte Rumpfstruktur und Cockpithaube, Druckkabine, Null-Null-Schleudersitze, neue digitale Elektronik (GPS, MLS, Antikollisionsanzeige, HUD) und Einpunktbetankung. Die T-6A ist Bestandteil eines integrierten Trainingssystems, welches auch Simulatoren und übrige Logistik umfasst. 272 der von der USN beschafften Texan II sind T-6B mit einem integralen Glas-Cockpit, HUD und weiterentwickelter Avionik ausgerüstet. Von ihr abgeleitet ist neu die T-6C für den Export im Angebot. Beechcraft testet derzeit für die USAF eine leichte Erdkampfversion AT-6 Wolverine (ex. Coyote); Erstflug 5. April 2010. Die Zelle weist punktuelle Strukturverstärkungen auf, die Triebwerkleistung ist auf 1600 WPS (1193 kW) erhöht. Unter den Flügeln können Waffen bis 1865 kg mitgeführt werden.
Hersteller: Beechcraft Corporation, Tochtergesellschaft der Textron Inc., Werk Wichita, Kansas, USA.

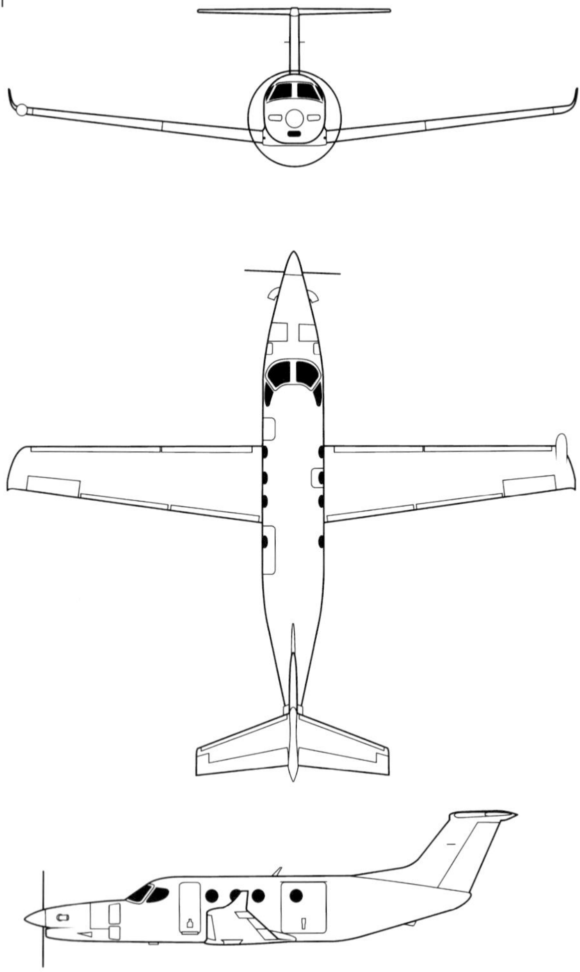

Abmessungen:
Spannweite 16,54 m,
Länge 14,86 m,
Höhe 4,62 m.

BEECHCRAFT (CESSNA) DENALI

Ursprungsland: USA.
Kategorie: Leichtes Mehrzweck- und Firmenflugzeug.
Triebwerke: Eine Propellerturbine General Electric GE CatalystTM GE93 von 1300 WPS (969 kW) Leistung.
Leistungen (nach Angaben des Herstellers): Max. Reisegeschwindigkeit 528 km/h; Dienstgipfelhöhe 9449 m; normale Reichweite mit vier Passagieren 2963 km.
Gewichte: Noch keine Angaben erhältlich.
Zuladung: Ein bis zwei Piloten und normalerweise sechs bis zu elf Passagiere. Nutzlast bei max. Treibstofffüllung 500 kg.
Entwicklungsstand: Nach technisch bedingter Verzögerung startete der erste von drei Prototypen am 23. November 2021 zum Erstflug. Schwierigkeiten bereitete primär das neue Triebwerk GE93 von General Electric. Da diese weiterhin nicht behoben sind, verschiebt sich neuesten Angaben zufolge die Indienststellung ein weiteres Mal auf 2026. Über Bestellungen sind bisher keine Informationen verfügbar.
Bemerkungen: Cessna kündigte eher überraschend anfangs 2016 ein völlig neues Muster eines einmotorigen Mehrzweckflugzeugs an, welches einerseits der konzerneigenen Beechcraft King Air-Reihe (siehe Seiten 56/57), aber auch der Pilatus PC-12 (siehe Seiten 250/251) Konkurrenz machen will. Der Hersteller nennt gegenüber diesen Mustern eine bessere Wirtschaftlichkeit, eine breitere Kabine und ein größeres Frachttor als Pluspunkte der neuen Konstruktion. Die Struktur der Denali ist konventionell weitgehend aus Aluminium. Der Innenraum mit einer Höhe von 147 cm und einer Breite von 160 cm weist einen flachen Boden auf. Völlig neu ist das Triebwerk von General Electric mit Fünfblattrotor, in welchem neueste Techniken zur Anwendung gelangen. Im Cockpit ist die Avionik Garmin G3000TM eingebaut, basierend u.a. auf der Synthetic Vision Technology mit drei LCD-Displays sowie zwei Touchscreens. Die Denali weist Kurzstartfähigkeiten auf und kann dank eines robusten Fahrwerks auf unvorbereiteten Pisten operieren. Als Kaufpreis wurde bisher US$ 6,95 Mio. genannt.
Hersteller: Beechcraft Corporation, Tochtergesellschaft der Textron Inc., Werk Wichita, Kansas, USA.

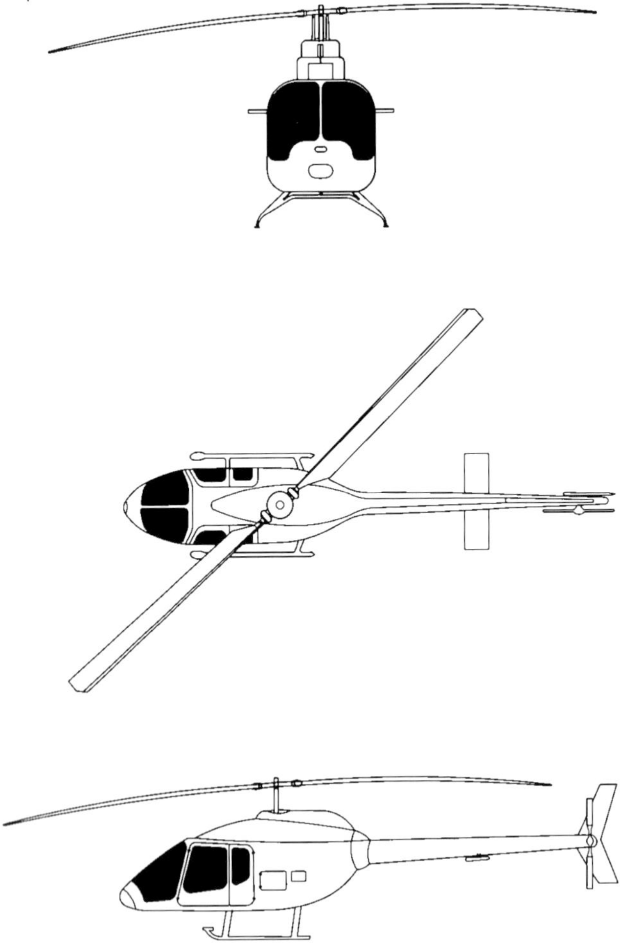

Abmessungen:
Rotordurchmesser 11,18 m,
Länge inkl. drehendem Rotor 12,95 m,
Rumpflänge 10,53 m,
Höhe 3,25 m.

BELL 505 JET RANGER X

Ursprungsland: USA/Kanada.
Kategorie: Leichthubschrauber.
Triebwerke: Eine Gasturbine Safran Arrius 2R von 505 WPS (376 kW) Startleistung.
Leistungen: Maximale Reisegeschwindigkeit 231 km/h; Dienstgipfelhöhe 5672 m; Schwebehöhe mit Bodeneffekt 4404 m, ohne Bodeneffekt 3188 m; max. Flugdauer 3,5 Std; Reichweite 566 km.
Gewichte: Leergewicht 989 kg; Startgewicht 1669 kg, 2030 kg mit Außenlast.
Zuladung: Ein Pilot und bis zu vier Passagiere; Nutzlast intern 680 kg, extern 907 kg.
Entwicklungsstand: Ein erster von drei Prototypen startete am 10. November 2014 zum Erstflug. Der aktuelle Bestellungsstand ist nicht bekannt. Allein aus der Volksrepublik China sind Aufträge für 110 Hubschrauber eingegangen. Die ersten Kundenauslieferungen fanden im März 2017 statt. Bis Ende 2025 sind deutlich über 550 Jet Ranger X in mehr als 60 Länder abgeliefert worden. Als erste Luftwaffe hat Montenegro zwei Einheiten bestellt, gefolgt von Bahrain mit drei, Jordanien mit zehn 505. Südkorea beschafft 40 Einheiten für die Armee und die Marine.
Bemerkungen: Bell will mit der 505 an die früheren kommerziellen Erfolge der JetRanger-Familie anschließen, von der fast 7400 hergestellt wurden. Dieser Leichthubschrauber ist zudem eine Antwort an die Konkurrenten Airbus Helicopters/Eurocopter EC120 und Robinson R66. Die Jet Ranger X stellt eine völlige Neukonstruktion dar. Sie verfügt über eine geräumige Kabine mit ebenem Boden und ist dank großflächiger Fenster sehr hell und komfortabel. Die Zelle besteht aus einer Kombination von Aluminium und Verbundwerkstoffen. Ein Teil der dynamischen Komponenten wird von der sich mittlerweile nicht mehr in Produktion befindlichen Bell 206L übernommen, so zum Beispiel der Zweiblattrotor und der Heckrotor. Dank automatischer Triebwerksteuerung und -überwachung soll die Arbeitsbelastung des Piloten auf ein Minimum beschränkt werden. Im Cockpit ist die Garmin G1000-Avionik eingebaut. Bei einem Basispreis von US $ 2,1 Mio. ist die 505 sowohl in der Anschaffung als auch im Betrieb günstig. Bell bietet auch eine VIP-Version der Jet Ranger X mit hochwertigerer Einrichtung an.
Hersteller: Bell Helicopter Textron Inc., Canadian Division, Mirabel, Montreal, Kanada, Werk Lafayette Regional Airport, Louisiana, USA.

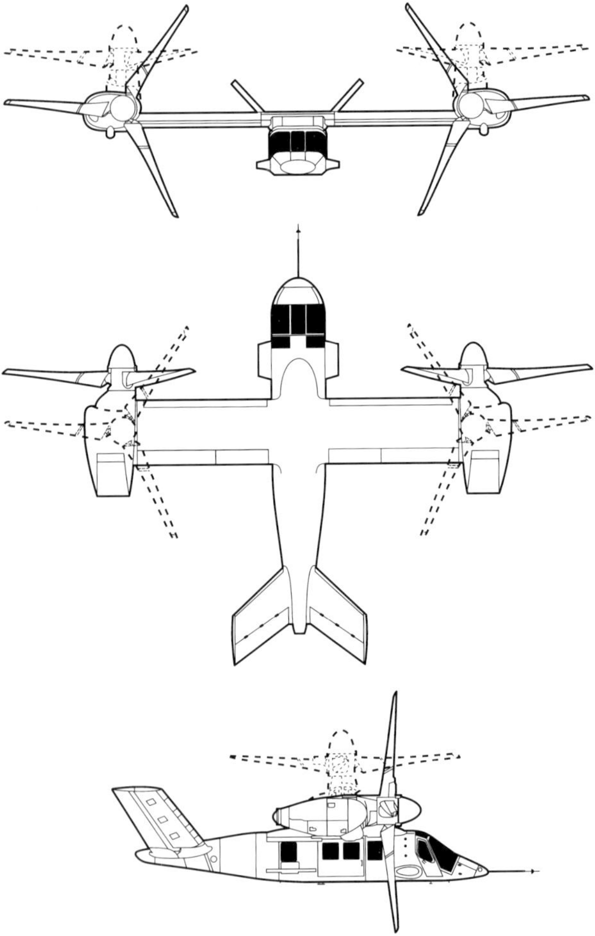

Abmessungen:
Durchmesser eines einzelnen Rotoren 10,70 m,
Flügel inkl. Triebwerkgondeln 15,20 m, inkl. drehende Rotoren 24,93 m,
Länge 15,40 m,
Höhe 7,00 m.

BELL MV-75 VALOR

Ursprungsland: USA.
Kategorie: Erprobungsträger für einen mittelschweren Hubschrauber mit Kipprotoren.
Triebwerke: (Prototyp): Zwei Propellerturbinen General Electric T64-419 von je ca. 4750 WPS (3540 kW) Leistung, (Serienmaschinen) Rolls-Royce AF1107F noch unbekannter Leistung.
Leistungen (nach Angaben des Herstellers): Höchstgeschwindigkeit 560 km/h; normale Reisegeschwindigkeit 520 km/h; Schwebehöhe mit Bodeneffekt 1800 m; Aktionsradius zwischen 930 und 1500 km; Überführungsreichweite bis zu 3900 km.
Gewichte: Leergewicht 8200 kg; max. Abfluggewicht 14000 kg.
Zuladung: Vier Mann Besatzung und bis zu 14 Soldaten; max. Nutzlast 5400 kg, als Außenlast 4760 kg.
Bewaffnung: Details über die Bewaffungsmöglichkeiten sind noch nicht bekannt.
Entwicklungsstand: Der Erstflug des einzigen Prototyps erfolgte am 18. Dezember 2017. Weitere sechs Prototypen sind bestellt worden. Die ersten sollen 2026 fertiggestellt werden, während die Produktion bereits 2027 starten soll. Es winkt ein Auftragsvolumen von mehr als tausend Einheiten.
Bemerkungen: Im Wettbewerb bewarb sich Bell mit einem Konzept eines Kipprotor-Wandelflugzeugs der dritten Generation. Die MV-75 soll eine Vielzahl von Aufgaben abdecken können. Sie basiert auf dem Konzept der Bell V-22 Osprey (siehe Seiten 66/67). Im Gegensatz zu dieser sind die beiden Triebwerke fest in die Flügel eingebaut, während die Rotoren und die Antriebswelle kippfähig konzipiert werden. Letztere erstreckt sich über die komplette Spannweite und verbindet beide Rotoren. Sollte eines der Triebwerke ausfallen, kann das noch funktionierende Triebwerk beide Rotoren antreiben. Die MV-75 hat ein einziehbares Fahrwerk, ein dreifach redundantes Fly-By-Wire-System und ein V-förmiges Heck. Der Flügel besteht aus einem einzigen kohlenstofffaserverstärkten Kunststoffstück, während der Rumpf eine Kombination von Aluminium und Verbundwerkstoffen ist. Zum leichteren Beladen sind auf beiden Seiten je eine 180 cm breite Türe vorgesehen. Das Cockpit wird mit einem sog. Single-Screen-Instrument ausgerüstet. Geplant ist auch eine Sonderausführung für die Special Forces der US Army.
Hersteller: Bell Helicopter Textron Inc., Fort Worth, Werk Amarillo, Texas, USA.

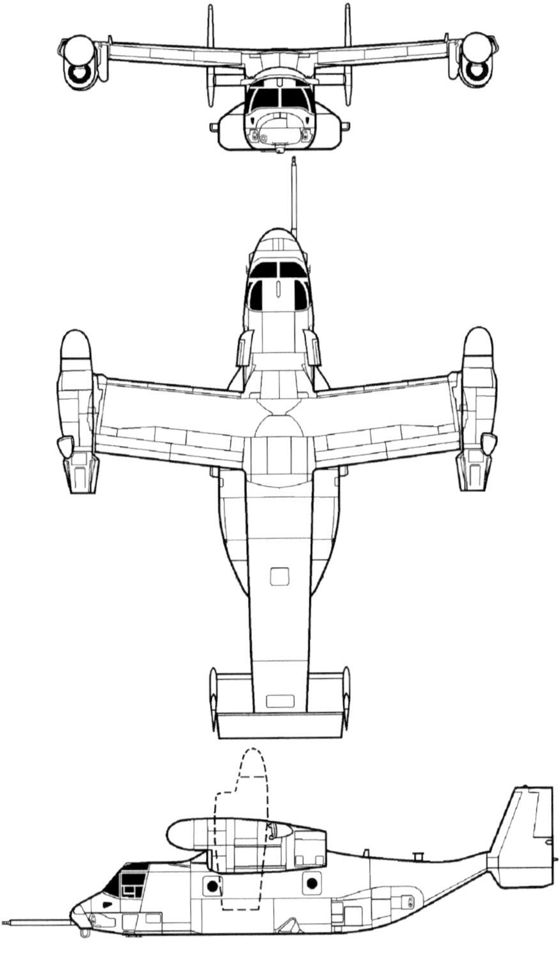

Abmessungen:
Spannweite inkl. Rotoren 25,77 m, ohne 13,97 m,
Länge mit gefalteten Rotoren 19,20 m,
Rumpflänge allein 17,47 m,
Höhe über alles 6,63 m.

BELL-BOEING V-22B OSPREY

Ursprungsland: USA.
Kategorie: Schwenkrotorflugzeug (MV-22B) als Kampfzonentransporter und (CV-22B) für militärische Spezialeinsätze sowie (CMV-22B) als Versorger für Flugzeugträger.
Triebwerke: Zwei Propellerturbinen Rolls Royce AE1107C von je 6150 WPS (4590 kW) Leistung.
Leistungen: Max. Reisegeschwindigkeit als Flächenflugzeug 493 km/h, in Helikopterkonfiguration 185 km/h auf Meereshöhe; max. Geschwindigkeit mit einer Außenlast von 6804 kg 370 km/h; max. Steiggeschwindigkeit im Flugzeugmodus 16,25 m/Sek; Dienstgipfelhöhe 7620 m; Reichweite bei Senkrechtstart und einer Nutzlast von 5443 kg 2224 km, bei Kurzstart und einer Nutzlast von 9072 kg 3336 km; Überführungsreichweite 3892 km.
Gewichte (CV-22B): Rüstgewicht 15032 kg; normales Startgewicht unter VTO-Bedingungen 23855 kg, max. unter STO-Bedingungen 27442 kg.
Zuladung: Drei Mann Besatzung und bis zu 24 ausgerüstete Soldaten oder 12 Tragen für Verletzte plus Sanitäter, max. Innenlast 9072 kg, Außenlast 6804 kg.
Entwicklungsstand: Der erste V-22-Prototyp nahm die Flugerprobung am 9. März 1989 auf. Die US-Streitkräfte beschaffen: USMC 360 MV-22B, USAF 54 CV-22B für Spezialmissionen. 53 (bisher 48) als CMV-22B (Erstflug 21. Januar 2020) bezeichnete Ospreys erhält die USN als Versorger von Flugzeugträgern. Die Luftwaffe Japans beschaffte 17 Einheiten. Mittelweile sind fast alle abgeliefert.
Bemerkungen: Die Osprey gibt es aktuell in drei Ausführungen: Den Kampfzonentransporter MV-22B, die für Spezialeinsätze optimierte CV-22B (siehe Dreiseitenriss) sowie die COD-Version CMV-22B (siehe Foto). Von der MV-22 unterscheidet sich die CV-22B hauptsächlich durch zusätzliche Avionik und Kommunikationssysteme. So wurde neu das Terrainfolgeradar Raytheon APQ-186 sowie ein Elektronikabwehrsystem ITT ALQ-211 eingebaut. Zur Erhöhung des Aktionsradius auf 925 km sind in den Flügeln acht zusätzliche Tanks und seitlich am Rumpf zwei Treibstoffbehälter vorhanden. Die CMV-22B unterscheidet sich von der MV-22B hauptsächlich durch größere Treibstofftanks am Rumpf. Mittels eines Umbauprogramms sollen die verschiedenen Versionen technisch aneinander angepasst werden, nicht zuletzt, um die Wartungsfreundlichkeit zu verbessern.
Hersteller: Bell Helicopter Textron Inc., Fort Worth, Texas, und Boeing Helicopter Company, Philadelphia, Werk Amarillo, Texas, USA.

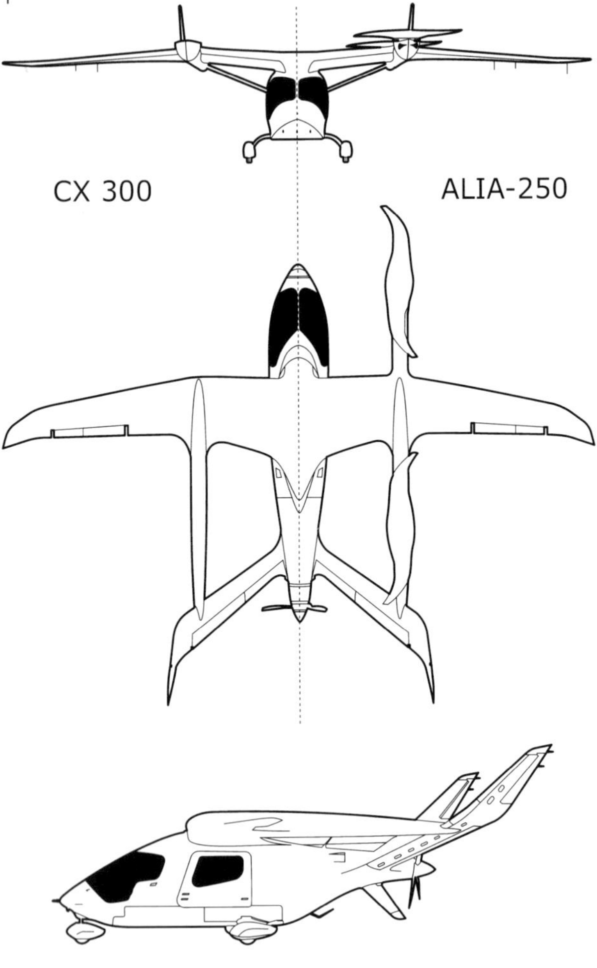

Abmessungen:
Spannweite 15,25 m,
weitere Daten noch nicht bekannt.

BETA AVIA CX300 CTOL/ALIA A250 VTOL

Ursprungsland: USA.
Kategorie: (CX300 CTOL) Voll elektrisch angetriebenes Kurzstrecken Verbindungs- und Paketflugzeug, (A250 VTOL) voll elektrisch angetriebenes senkrecht startendes und landendes Verbindungsflugzeug.
Triebwerke: (CX300) Ein Elektro-Schubmotor One H500A, (A250) zusätzlich vier Elektromotoren V600A, Leistung der Motoren noch nicht bekannt.
Leistungen (Nach Angaben des Herstellers): Normale Reisegeschwindigkeit 250 km/h; (CX300 CTOL) Reichweite mit sechs Personen rund 450 km, maximal 622 km; (Alia 250 VTOL) 460 km.
Gewichte: Noch keine Angaben bekannt.
Zuladung: Ein Pilot und fünf Passagiere.
Entwicklungsstand: Im März 2021 startete die Ausführung ALIA-250 zum ersten Testflug gefolgt von der Version CX400 am 13. November 2023. Die Zulassung für die ALIA-250 wird für 2026 erwartet. Bisher ist bekannt, dass UPS vorläufig 10 (+150 Optionen), Louisiana Metro Aviation 20 ALIA-250 bestellt haben. Laut Hersteller sind bereits 600 Einheiten beider Ausführungen bestellt worden, darunter von Amazon. Mit der Ablieferung soll 2027 begonnen werden. Der Hersteller will jährlich bis zu 400 Einheiten herstellen. Die US-Luftwaffe hat der Beta das Lufttüchtigkeitszertifikat erteilt, um dieses Modell für militärische Testflüge einzusetzen.
Bemerkungen: Interessant an dieser Entwicklung ist, dass basierend auf der zu 80% gleichen Plattform zwei Muster für unterschiedliche Aufgaben entwickelt wurden. Beide werden von demselben intern entwickelten elektrischen Schubmotor angetrieben. Die ALIA-250 eVTOL als Senkrechtstarter mit zusätzlich vier oben montierten Auftriebs-Elektromotoren kommt ohne Start- und Landebahn aus und kann kleinere Lasten direkt zu den Empfängern bringen. Dagegen ist die CX400 eCTOL auf konventionelle, aber kurze Pisten angewiesen. Die eingesetzten Elektromotoren sind im Vergleich zu einem entsprechenden Benzinmotor leiser und verursachen weniger Kohlendioxid-Emissionen, sind außerdem wartungsärmer. Sie weisen ein konstantes Drehmoment bei allen Geschwindigkeiten auf, was eine Steuerung ohne helikopterähnliche Komplexität ermöglicht. Die Motoren werden mit Lithium-Ionen-Batterien betrieben. Diese sollen in weniger als einer Stunde vollgeladen werden können. Weitere Informationen sind noch nicht erhältlich. Die Idee des Erstbestellers UPS ist, inskünftig Pakete vom Versender direkt an den Empfänger zu transferieren, ohne dass diese zuerst ein Distributionszentrum durchlaufen.
Hersteller: Beta Technologies, Research & Development Facility, South Burlington, Vermont, USA.

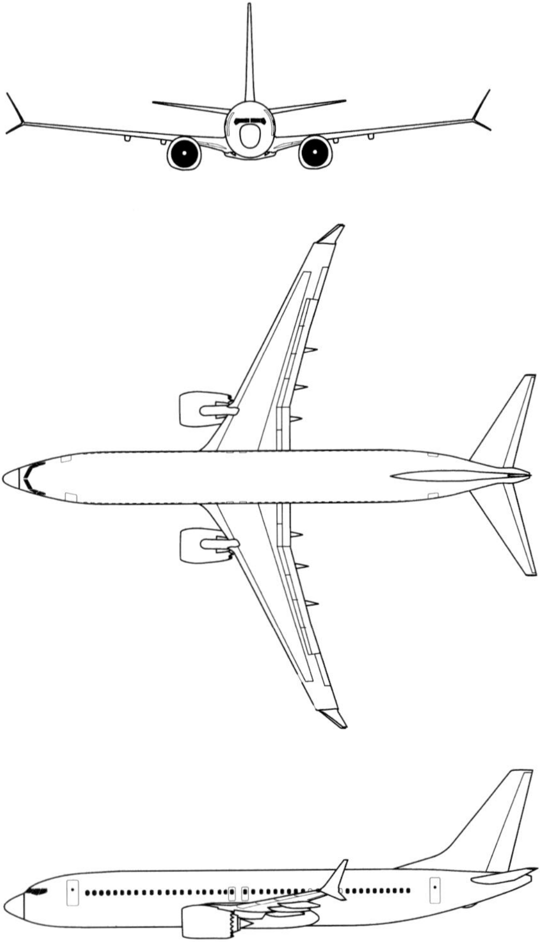

Abmessungen:
Spannweite 35,90 m, Länge (MAX-7/-8/-9/-10) 35,60/39,50/42,20/43,80 m,
Höhe 12,30 m,
Flügelfläche 124,60 m^2.

BOEING 737 MAX-7/-8/-9/-10/MAX BBJ

Ursprungsland: USA.
Kategorie: Kurz- und Mittelstrecken-Verkehrsflugzeug, Businessflugzeug (BBJ).
Triebwerke: Zwei Mantelstromtriebwerke CFM International LEAP-1B von je bis zu 12745 kp (125,00 kN) Standschub.
Leistungen: Höchstgeschwindigkeit Mach 0,82; normale Reisegeschwindigkeit 839 km/h (Mach 0,79), Dienstgipfelhöhe 12500 m; Reichweite (MAX-7) 7084 km, (MAX-8/-9) 6510 km, (MAX-10) 5960 km, (BBJ-7) 13000 km.
Gewichte (MAX-7/-8/-9/-10): Rüstgewichte 48195/49950/53590/ca. 55000 kg; max. Startgewichte 72350/82286/88314/89765 kg.
Zuladung (MAX-7/-8/-9/-10): Zwei Mann Cockpitbesatzung und je nach Innenausstattung bis zu 138/162/180/188 Passagiere, maximal jedoch 172/189/220/230 Personen.
Entwicklungsstand: Die erste MAX-7 startete am 29 Januar 2016 zum Erstflug und wurde ab Mai 2017 in Dienst gestellt. Ende 2024 belief sich der Auftragsbestand auf 6574 Einheiten, davon waren 2120 abgeliefert. Zählt man alle früheren Ausführungen hinzu, so sind bis Ende 2025 20211 Maschinen bestellt und 12347 gebaut worden. Somit ist die 737 weiterhin das am meisten gebaute Düsenverkehrsflugzeug der Welt. Die neueste Ausführung MAX-10 startete am 8. Juni 2021 zum Erstflug. Schließlich gibt es noch die Kurzversion MAX-7 (Erstflug 16. März 2018). Beide sind immer noch in Erprobung, neuesten Angaben zufolge soll die Zulassung nun im 2026 erfolgen mit Ablieferungen ab 2027. Der Hersteller kämpft weiterhin mit Produktionsproblemen, so dass im Moment nur gerade 38, ab 2026 42 737MAX pro Monat hergestellt werden.
Bemerkungen: Zentrale Neuerung der 737MAX-Serie sind die Triebwerke neuester Technologie. Um diese einzubauen, musste das Bugfahrwerk um rund 20 cm erhöht werden. Weiter waren Verstärkungen am Flügelmittelkasten und an den Flügeln sowie neue Triebwerkaufhängungen erforderlich. Zusätzliche Modifikationen betreffen die Aerodynamik, z.B. neue sog. AT-Winglets und die Inneneinrichtung. Alle Maßnahmen zusammen ermöglichen eine namhafte Treibstoffreduktion sowie deutlich bessere Abgas- und Lärmwerte. Eine Unterversion der MAX-8, die MAX200, kann bei besonders dichter Bestuhlung bis zu 200 Passagiere aufnehmen. Die längste Ausführung für bis zu 230 Passagiere stellt die MAX-10 dar. Unter dem Namen BBJ MAX-7/-8/-9 werden auch Businessjet-Versionen angeboten, Erstflug im April 2018, bisher über 20 bestellt.
Hersteller: The Boeing Company, Commercial Airplane Group, Seattle, Werk Renton, Washington, USA.

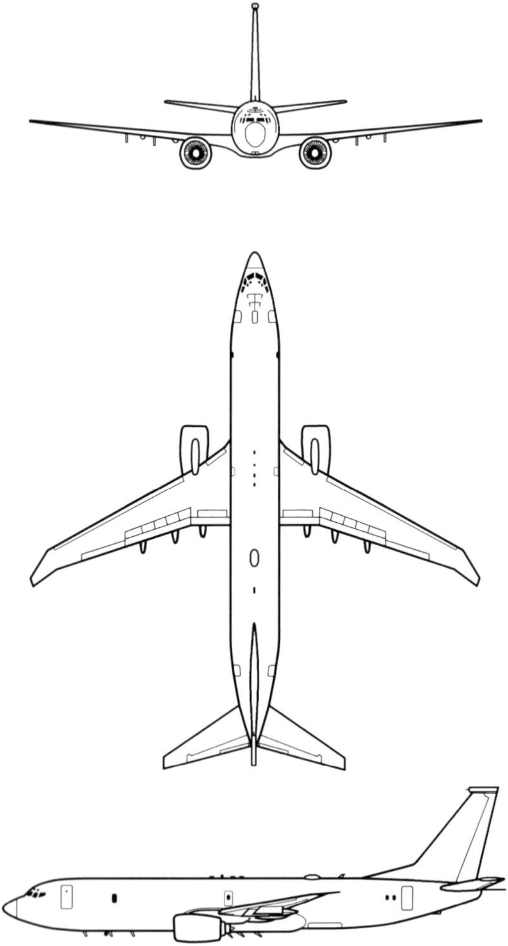

Abmessungen:
Spannweite 37,64 m,
Länge 39,50 m,
Höhe 12,83 m,
Flügelfläche 124,60 m^2.

BOEING P-8A POSEIDON

Ursprungsland: USA.
Kategorie: Langstrecken-Seeaufklärungs- und Angriffsflugzeug.
Triebwerke: Zwei Mantelstromtriebwerke CFM International CFM56-7BE von je 12383 kp (121,44 kN) Standschub.
Leistungen: Höchstgeschwindigkeit 907 km/h; Marsch-Reisegeschwindigkeit 815 km/h, Patrouillengeschwindigkeit ca. 330 km/h; Dienstgipfelhöhe 12500 m; max. Aufenthaltsdauer im Zielgebiet 4 Std. 2200 km vom Stützpunkt entfernt, Überführungsreichweite 8300 km.
Gewichte: Rüstgewicht 62700 kg; max. Startgewicht 85820 kg.
Zuladung: Insgesamt eine Besatzung von neun Personen, zwei davon im Cockpit, ein Avionik-Engineer sowie sechs System-Operateure.
Bewaffnung: In einem Waffenschacht sowie unter dem Rumpf und unter den Flügeln kann eine Vielzahl von Waffen mitgeführt werden, so u. a. Bomben, Torpedos, Minen und Lenkwaffen aller Art.
Entwicklungsstand: Der erste von insgesamt drei Prototypen nahm die Flugerprobung am 25. April 2009 auf. Bisher sind rund 185 P-8 gebaut worden. Die US Navy erhält seit 2013 neu insgesamt 138 P-8A. Fast alle sind mittlerweile abgeliefert. Weitere Aufträge gingen ein von: Australien 14, Deutschland neu 8 (vorher 5), Großbritannien 9, Indien 22 P-8i, Neuseeland 4, Norwegen 5 und Südkorea 6. Neueste Besteller: Dänemark 3, Kanada 14+ und voraussichtlich Saudi-Arabien 6 Einheiten.
Bemerkungen: Als Ausgangsmuster dient die Boeing 737-800ERX. Die Flügel dagegen stammen von der 737-900, sind aber leicht modifiziert. Die P-8A werden auf der gleichen Produktionsstraße wie die zivilen Muster gefertigt und dann entsprechend umgebaut und ausgerüstet. Der Rumpf ist verstärkt, um die höheren Belastungen aufzufangen. Zur Erfüllung der Aufgaben, u. a. die U-Boot-Jagd, Schiffsbekämpfung und allgemeine Überwachungsmissionen, verfügt die P-8A über modernste Systeme. Sichtbar davon sind die rund 100 Antennen an Rumpf und Flügeln. Als wichtigstes Element ist das synthetische Breitbandradar APY-10 zu erwähnen. Unter der Bezeichnung Increment 3 Block 2 sind u. a. Verbesserungen bei den Computern, der Software und der Kommunikation in Entwicklung.
Hersteller: The Boeing Company, Defense & Space Group, St. Louis, Werk Renton, Washington, USA.

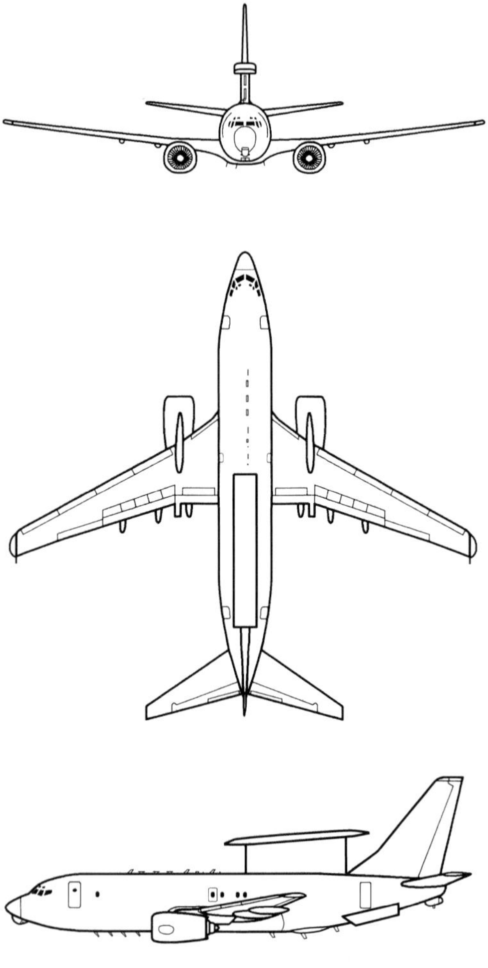

Abmessungen:
Spannweite 35,80 m,
Länge 33,63 m,
Höhe 12,55 m,
Flügelfläche 124,60 m².

BOEING 737AEW&C/E7 WEDGETAIL

Ursprungsland: USA.
Kategorie: Radarfrühwarn- und Überwachungsflugzeug.
Triebwerke: Zwei Mantelstromtriebwerke CFM International CFM56-7B27A von je 12383 kp (121,44 kN) Standschub.
Leistungen: Höchstgeschwindigkeit 955 km/h; max. Reisegeschwindigkeit 853 km/h (Mach 0,78), Dienstgipfelhöhe 12500 m; max. Reichweite 7040 km, Patrouillierzeit 550 km vom Stützpunkt entfernt 8 Std.
Gewichte: Leergewicht 46700 kg; max. Startgewicht 77710 kg.
Zuladung: Zwei Mann Cockpitbesatzung und je nach Einsatz zwischen sechs und zehn Systemoperateure.
Entwicklungsstand: Das erste Erprobungsmuster fliegt seit dem 20. Mai 2004. Nach Einbau und Tests der gesamten Ausrüstung begannen die Auslieferungen Ende 2007. Aufgrund technischer Probleme ist die Einsatzbereitschaft aber erst Ende 2009 erreicht worden. Folgende Aufträge sind bisher eingegangen: Australien 6, Großbritannien 3, Südkorea 4, Türkei 4. Die USAF hat vorderhand zwei als E-7 bezeichnete Wedgetail bestellt. Ob es zu Folgeaufträgen kommt, ist aktuell noch offen. Auch die NATO, welche bereits sechs Einheiten bestellt hat, stellt die Weiterbeschaffung aufgrund der politischen Unsicherheiten in Frage.
Bemerkungen: Diese Ausführung basiert auf der Boeing 737-700IGW. Zur Erfüllung ihrer Hauptaufgabe ist sie primär mit einem 2950 kg schweren 3600-Mehrzweck-Scanner-Radar von Northrop Grumman ausgerüstet, dessen sichtbarer Teil aus einer rund 10,70 m langen Antenne hinten über dem Rumpf besteht. Dieses Radar kann gleichzeitig Luft- wie auch Seeziele bis zu einer Reichweite von 400 km erkennen. Hinzu kommen diverse weitere Passiv-Suchsysteme, u. a. ein Freund-Feind-Erkennungsgerät. Die ganze Avionik ist mit einer offenen System-Architektur verbunden.
Hersteller: The Boeing Company, Defence & Space Group, St. Louis, Werk Renton, Washington, USA.

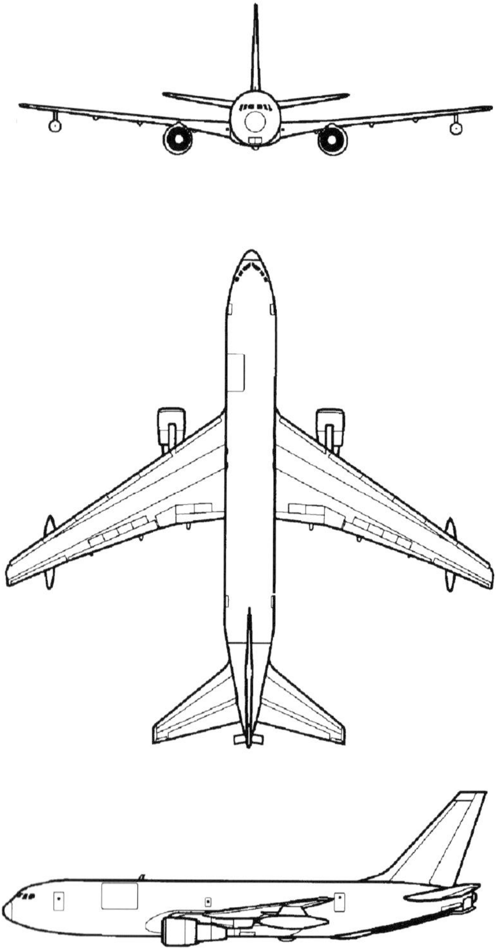

Abmessungen:
Spannweite 47,50 m,
Länge 48,50 m,
Höhe 15,85 m,
Flügelfläche 283,30 m².

BOEING KC-46A PEGASUS

Ursprungsland: USA.
Kategorie: Militärischer Tanker und Transporter.
Triebwerke: Zwei Mantelstromtriebwerke Pratt & Whitney PW4062 von je 28712 kp (281,57 kN) Standschub.
Leistungen: Höchstgeschwindigkeit 915 km/h (Mach 0,86); Reisegeschwindigkeit 850 km/h (Mach 0,80); Dienstgipfelhöhe 12200 m; max. Reichweite 12200 km.
Gewichte: Leergewicht 82377 kg; max. Startgewicht 188240 kg.
Zuladung: Zwei Piloten und ein Betankungsoperateur; als Frachter 18 Standardpaletten mit max. 50000 kg, als Tanker eine Zuladung von 124205 l bzw. 92197 kg. Alternativ können auch bis zu 114 Passagiere transportiert werden.
Entwicklungsstand: Die erste E-767T-T/KC-767, noch ohne Tankerausrüstung, nahm am 16. Juli 2003 die Flugerprobung auf. Eine später in die KC-46A umzubauende 767-2C startete am 28. Dezember 2014 zum Erstflug. Der erste von drei vollständig ausgerüsteten Prototypen flog erstmals am 2. Juni 2015. Die USAF hat 2025 entschieden, weitere 75 Einheiten zu beschaffen, womit sich die Gesamtzahl auf 263 KC-46A erhöht. Bisher sind 158 geordert. Ende 2025 wurde die 100. KC-46A abgeliefert. Die vollständige Indienststellung mit allen vertraglich vereinbarten Leistungen ist wegen technisch bedingten Problemen immer noch nicht erfolgt. Japan erhält neu 15 und Israel vorläufig zwei (4 + 4 Optionen?).
Bemerkungen: Die veralteten Boeing KC-135 (siehe Ausgabe 2020) der USAF sollen weitgehend durch die KC-46A ersetzt werden. Als Tanker verfügt das neue Muster über einen Flying Boom unten am Heck und zwei Betankungspods unter den Flügeln. Die KC-46A ist in der Lage, pro Minute bis zu 4540 l Treibstoff abzugeben bzw. via die beiden Pods weitere 1510 l. Neu kann der Betankungsvorgang durch ein verbessertes Remote-System 2.0 durchgeführt werden. Die Kabine kann sowohl für Passagier- als auch für Frachteinsätze ausgelegt werden. Vorne links am Rumpf befindet sich eine große Frachttüre. Bei Einsätzen als fliegende Ambulanz können bis zu 58 Patienten mitgeführt werden. Die Produktion der Zivilversion B767-300F wird 2026 eingestellt. Weiterhin werden ältere 767 in Frachter umgebaut.
Hersteller: The Boeing Company, Boeing Integrated Defense Systems, St. Louis, Missouri, Werke Everett und Wichita, USA.

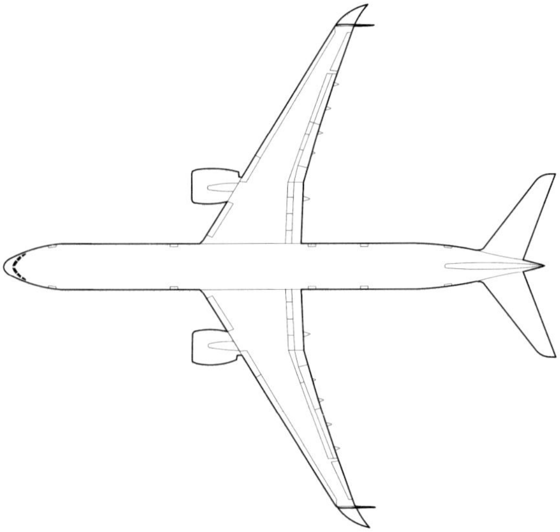

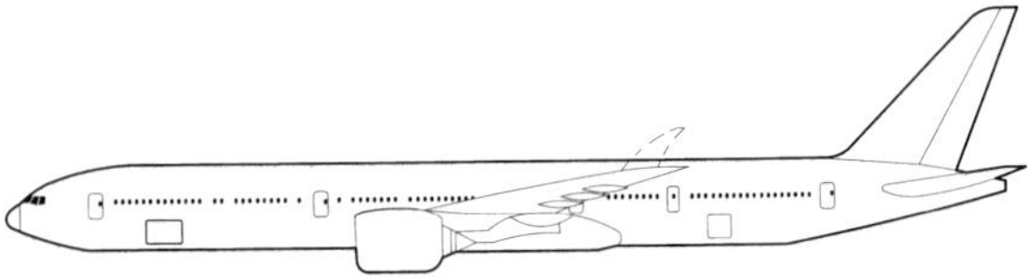

Abmessungen:
Spannweite (777-200LR/300ER/F) 64,80 m, (777-8/9) 71,80 m bzw. eingeklappt 64,80 m,
Länge (200LR/F) 63,70 m, (300, -ER) 73,90 m, (-8/8F) 70,86 m, (-9) 76,73 m,
Höhe (300/LR) 18,60 m, (-8/9) 18,47 m,
Flügelfläche (300/LR) 436,80 m², (-9) 516,70 m².

BOEING 777-300ER/200LR/-8/-9/F

Ursprungsland: USA.
Kategorie: Langstrecken- (777-300ER/777-9) bzw. Ultra-Langstecken-Verkehrsflugzeug (777-200LR/777-8) sowie Langstrecken-Frachter (777F).
Triebwerke (777-300ER/-200LR): Zwei Mantelstromtriebwerke General Electric GE90-115B/-110B1 von je 52700/49865 kp (519,0/489,0 kN) Standschub.
Leistungen (777-300ER/-200LR): Max. Reisegeschwindigkeit 950 km/h (Mach 0,87); Langstrecken-Reisegeschwindigkeit 895 km/h (Mach 0,84); Dienstgipfelhöhe 13106 m; max. Reichweite 13650/15843 km; 777-8 17220 bzw. 777-9 13500 km.
Gewichte (777-300ER/-200LR): Rüstgewicht 169135/156635 kg; max. Startgewicht 351734/347800 kg, (777-9) 351534 kg.
Zuladung (777-300ER/-200LR): Zwei Piloten und in normaler Dreiklassenbestuhlung 365/301, max. mit Economy-Einrichtung 550/440 Passagiere; max. Nutzlast 69853/63957 kg; 777-8 349 bzw. 777-9 414 in Dreiklassenbestuhlung. Der Frachter 777F kann eine Nutzlast von 112 t bis zu 16700 km mitführen.
Entwicklungsstand: Die erste 777-300ER nahm die Flugerprobung am 24. Februar 2003 auf, gefolgt von der 777-200LR am 8. März 2005. Der Frachter 777-200F flog erstmals am 14. Juli 2008. Von allen 777-Varianten sind bis Ende 2025 2619 bestellt worden, davon 1776 abgeliefert. Von der Frachtausführung 777F sind bisher 402 bestellt und 312 davon abgeliefert worden. Für die B777-8/-9/ F (Erstflug 25. Januar 2020) liegen Aufträge über 703 Flugzeuge, davon 59 der Frachtversion 777-8F vor. Nachdem Emirates 35 Einheiten der Version 777-8 bestellt hat, wird diese nun definitiv gebaut. Auch eine VIP-Version BBJ 777X ist im Angebot (bisher vier bestellt). Die Indienststellung verspätet sich wegen technischer Probleme mit den Triebwerken ein weiteres Mal auf 2027.
Bemerkungen: Derzeit baut Boeing nur noch die 777-200LR, den davon abgeleiteten Frachter 777F sowie die 777-300ER. Als deren Nachfolger entwickelt der Hersteller die Ultralangstrecken-Version 777-8 sowie die verlängerte 777-9. Im Wesentlichen sind folgende Verbesserungen vorgenommen worden: Ein neuer fast 20% größerer Flügel aus Verbundwerkstoffen, dessen Spitzen klappbar sind, schwächere Triebwerke GE9X neuester Generation mit einer Leistung von 48000 kp (470,00 kN) und weitere aerodynamische Optimierungen. Damit erhofft man sich eine deutliche Erhöhung der Wirtschaftlichkeit. Die Avionik wird weitgehend jener der B787 entsprechen.
Hersteller: The Boeing Company, Commercial Airplane Group, Seattle, Werk Everett, Washington, USA.

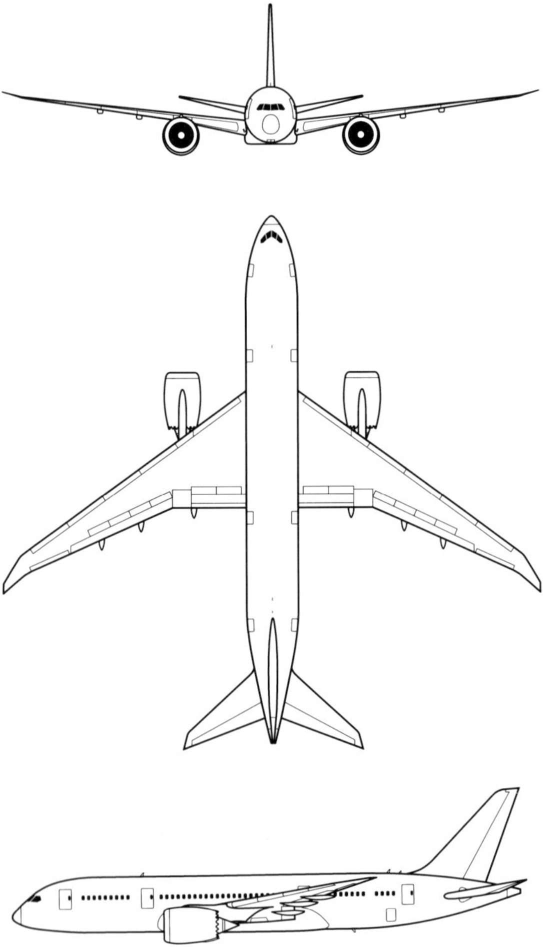

Abmessungen (787-8/-9/-10):
Spannweite 60,12 m,
Länge 56,72/62,81/68,20 m,
Höhe 16,92/17,02/17,02 m,
Flügelfläche 361 m².

BOEING 787-8/-9/-10 DREAMLINER

Ursprungsland: USA.
Kategorie: Mittel- bis Langstrecken-Verkehrsflugzeug.
Triebwerke: Zwei Mantelstromtriebwerke General Electric GEnx-1B oder Rolls-Royce Trent 1000 von je zwischen 29000 und 35380 kp (280 bis 347 kN) Leistung.
Leistungen: Reisegeschwindigkeit 913 km/h (Mach 0,85); Reiseflughöhe 13100 m; Reichweite bei voller Zuladung (787-8) 11000 km, max. Reichweite (787-8) 13620 km, (787-9) 14140 km, (787/10) 11910 km.
Gewichte: Rüstgewicht (787-8) 111493 kg; max. Startgewicht (787-8) 227930 kg, (787-9/-10) 254011 kg,
Zuladung: Zwei Mann Cockpitbesatzung und (787-8/-9/-10) in Dreiklassenbestuhlung 217/257/300 Passagiere, bei Einheitsklasse 359/406/440 Passagiere.
Entwicklungsstand: Der Erstflug der 787-8 fand am 15. Dezember 2009 statt. Die Ablieferungen begannen im November 2011. Bis Ende 2025 sind Aufträge für 2797 Einheiten eingegangen (787-8 671, 787-9 1612, 787-10 514). Zum gleichen Zeitpunkt waren 1249 787 abgeliefert. Die Ausführung 787-9 hatte am 17. September 2013 den Erstflug, gefolgt von der neueste Version 787-10 am 31. März 2017; Indienststellung März 2018. Während zweier Jahre war die Produktion wegen Fertigungsproblemen vollständig unterbrochen und konnte erst Mitte 2022 in geringen Stückzahlen wieder aufgenommen werden. 2025 wurden monatlich rund vier Einheiten gebaut, Erhöhung auf acht bis zehn vorgesehen.
Bemerkungen: Mit der Familie 787 Dreamliner lancierte Boeing eine neue Generation von Verkehrsflugzeugen. Zwei Neuerungen sind dabei zentral: Der erhöhte Passagierkomfort und die Wirtschaftlichkeit. So ist der Passagierraum besonders attraktiv gestaltet. Durch ein Bündel von Maßnahmen, vor allem aber durch zukunftsweisende Technologien, wurden bezüglich Wirtschaftlichkeit und Ökologie neue Bestwerte erreicht. Erstmals stellt man bei einem so großen Flugzeug den Rumpf vollständig aus Verbundwerkstoffen her. Die Triebwerke zeichnen sich vor allem durch einen hohen Wirkungsgrad, einfache Wartung und geringen Lärm aus. Bei einer typischen Auslastung ist der Treibstoffverbrauch pro Person, gemessen an der zurückgelegten Distanz, drei Mal geringer als bei einem Personenwagen. Auch eine Businessjetversion 787BBJ (siehe Foto) ist im Angebot.
Hersteller: The Boeing Company, Commercial Airplane Group, Seattle/Chicago, Werk Charleston, South Carolina, USA.

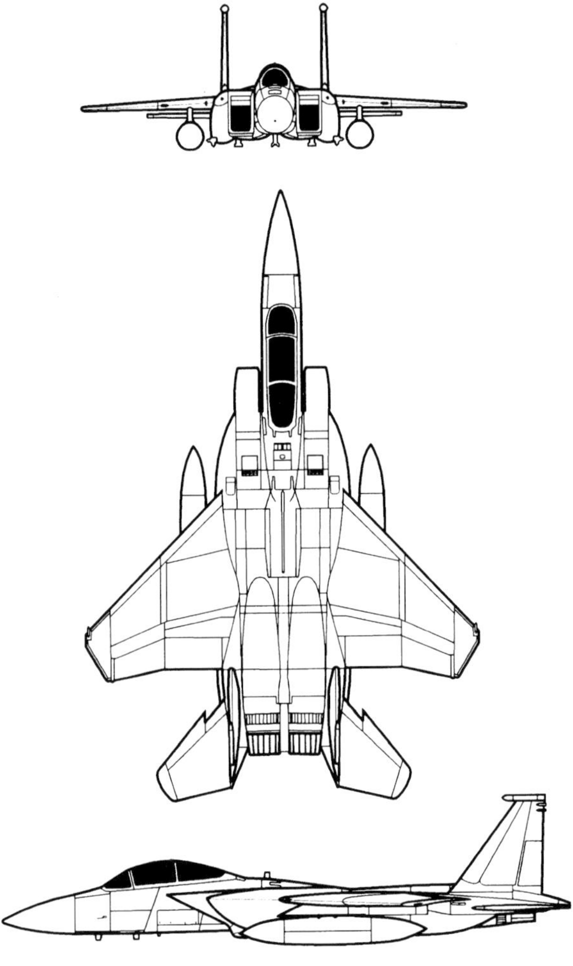

Abmessungen:
Spannweite 13,05 m,
Länge 19,45 m,
Höhe 5,65 m,
Flügelfläche 56,50 m².

BOEING F-15K/QA/EX EAGLE II

Ursprungsland: USA.
Kategorie: Zweisitziger Luftüberlegenheitsjäger und Erdkämpfer.
Triebwerke (EX): Zwei Mantelstromtriebwerke Pratt & Whitney F100-PW-229 oder General Electric F-110-GE-129 von je 8073 kp (79,20 kN) Standschub ohne und 13200 kp (129,40 kN) mit Nachbrenner.
Leistungen (EX): Kurzzeitig erreichbare Spitzengeschwindigkeit 2698 km/h oder Mach 2,54 auf 12190 m; länger dauernde Höchstgeschwindigkeit 2443 km/h oder Mach 2,4 auf 12190 m; Dienstgipfelhöhe 19812 m; max. Aktionsradius 2000 km; Überführungsreichweite mit Zusatztanks 4445 km.
Gewichte: Rüstgewicht 14379 kg; max. Startgewicht 36741 kg.
Bewaffnung: Eine sechsläufige 20-mm-Revolverkanone M61A1 und bis zu 13380 kg Außenlasten (Erdkampf) bzw. je vier Luft-Luft-Lenkwaffen AIM-120 und AIM-9L Sidewinder oder bis zu acht (EX zwölf) AIM-120 (Luftüberlegenheitseinsatz).
Entwicklungsstand: Die erste F-15SG begann mit den Testflügen am 16. September 2008, gefolgt von der ersten F-15K am 27. April 2010. Südkorea erhielt 61 F-15K, Singapore 40 F-15SG. Saudi-Arabien beschafft weitere 84 der Ausführung F-15SA. Qatar bestellte 36 F-15QA. Von allen F-15-Versionen sind insgesamt über 1600 Einheiten gebaut worden (Beschreibung siehe frühere Ausgaben). Unter der Bezeichnung F-15EX Eagle II wird die USAF neuerdings bis zu 129 Doppelsitzer beschaffen. Erste Ablieferungen 2021. Neueste Bestellungen: Israel bis zu 50 F-15IA, eine Ableitung der F-15EX.
Bemerkungen: Die Ausführung F-15K für Südkorea ist u.a. mit neuen leistungsfähigeren Triebwerken, neuem Cockpit, verbesserten Sensoren und Avionik ausgestattet. Das ebenfalls neue APG-63V1 oder V-2-Radar erlaubt bewegte Ziele auf dem Land wie auch im Meer zu verfolgen Die Ausführung F-15QA unterscheidet sich von den Vorgängerversionen wie folgt: Erweiterte Rumpfnase zur Aufnahme des AESA Radars APG-82, verstärkte Flügel gesteuert via Fly-By-Wire, neueste Version des LANTIRN-Navigationspods mit Terrain-Following-Radar sowie weitere Systeme. Im Cockpit ist ein Advanced Display Core Processor II von Honeywell eingebaut, welcher die diversen Apparaturen besser steuert. Schließlich kann die F-15QA neue sog. »Conformal«-Tanks mit einer Aufnahmekapazität von 4535 kg mitführen. 2019 präsentierte Boeing die neueste Version F-15EX, welche konzeptionell auf der F-15QA aufbaut.
Hersteller: The Boeing Company, Defence & Space Group, Seattle, Washington, Werk St. Louis, Missouri, USA.

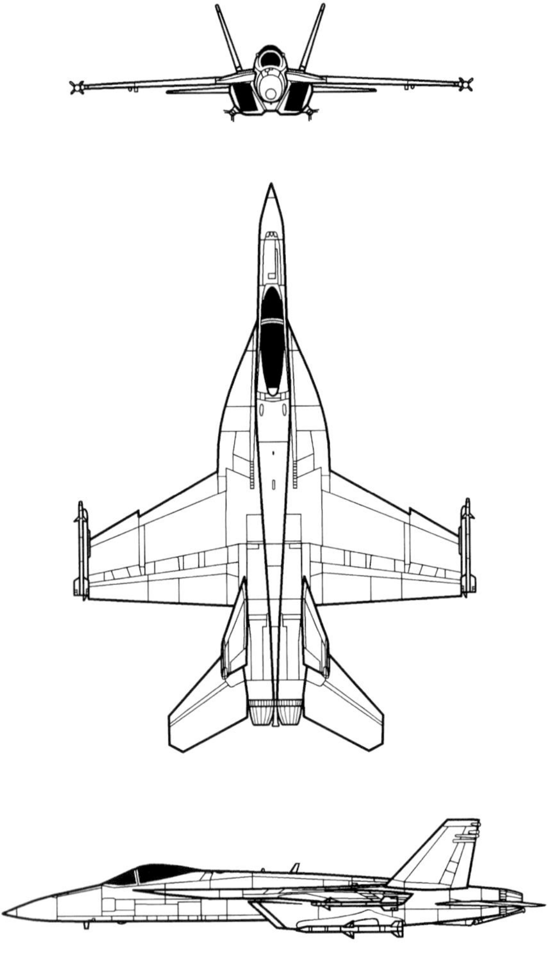

Abmessungen:
Spannweite 13,70 m,
Länge 18,40 m,
Höhe 4,88 m,
Flügelfläche 46,45 m².

BOEING F/A-18E/F SUPER HORNET

Ursprungsland: USA.
Kategorie: Einsitziges und zweisitziges bord- und landgestütztes Mehrzweckkampfflugzeug.
Triebwerke: Zwei Mantelstromtriebwerke General Electric F414-GE-400 von je 6470 kp (63,4 kN) Standschub ohne und 9978 kp (97,86 kN) mit Nachverbrennung.
Leistungen: Höchstgeschwindigkeit auf optimaler Höhe Mach 1,8+; Dienstgipfelhöhe 15240 m; Radius als Abfangjäger mit je zwei Luft-Luft-Lenkwaffen Sidewinder und AMRAAM 760 km, bei Tiefangriffseinsätzen mit vier 450-kg-Bomben, zwei Sidewinders und zwei 1818-l-Außentanks (hoch-tief-tief-hoch) 722 km.
Gewichte (F/A-18E/F): Leergewicht 14580/14905 kg; norm. Startgewicht 23541 kg, max. 29964 kg.
Bewaffnung: Eine 20-mm-Revolverkanone M61A2 und eine Waffenlast verschiedenster Auslegung von 8050 kg.
Entwicklungsstand: Der erste Prototyp flog erstmals am 29. November 1995. Ursprünglich beschaffte die USN 563 Maschinen, aufgeteilt in 292 F/A-18E und 271 F/A-18F. Australien erhielt 24 F/A-18F Block II Super Hornets, Kuwait bekommt 28. Nachdem die USN vor einigen Jahren zusätzliche 78 Super Hornets Block III bestellt hat, ist 2024 der Auftrag um weitere 12 FA-18E und 12FA-18F aufgestockt worden. Somit ist die Produktion bis 2027 gesichert. Ein Erprobungsmuster der Advanced Super Hornet flog erstmals am 5. August 2013, erste Ablieferungen an die USN Mitte Juni 2021. Bestehende F/A-18E/F Block II werden in die Version Block III umgebaut.
Bemerkungen: Die F/A-18E/F Super Hornet ist eine leistungsfähigere Weiterentwicklung der F/A-18C/D Hornet. Die Hauptflügel sind größer, der Rumpf wurde um eine zusätzliche Sektion von 86 cm verlängert. Rund ein Drittel der Zelle besteht aus Verbundwerkstoffen, vorwiegend Karbonfaser. Die Triebwerkeinläufe sind rechteckig gestaltet. Gegenüber dem Ausgangsmuster ist die Super Hornet um rund 25 % größer. Im Übrigen sind alle Konturen möglichst reflektionsarm ausgelegt, um die Radarsignatur klein zu gestalten. Dank um rund 35 % stärkeren Triebwerken und einer um einen Drittel erhöhten Treibstoffkapazität resultieren in allen Bereichen wesentlich bessere Flugleistungen und insbesondere eine deutlich erhöhte Reichweite. Alle ab 2005 gebauten Super Hornets erhalten in einer neu konfigurierten Rumpfnase das wesentlich leistungsfähigere Radar vom Typ APG-79 AESA. Die »Stealth«-Weiterentwicklung Advanced Super Hornet Block III der F/A-18F erhält stärkere Triebwerke, rumpfkonforme Waffen-Zusatzbehälter und Zusatztanks, überarbeitetes Cockpit, Avionik mit erhöhter Netzwerkfähigkeit, Infrarot-Such- und Verfolgungssensor usw.
Hersteller: The Boeing Company, Defence & Space Group, Seattle, Washington, Werk St. Louis, Missouri, USA.

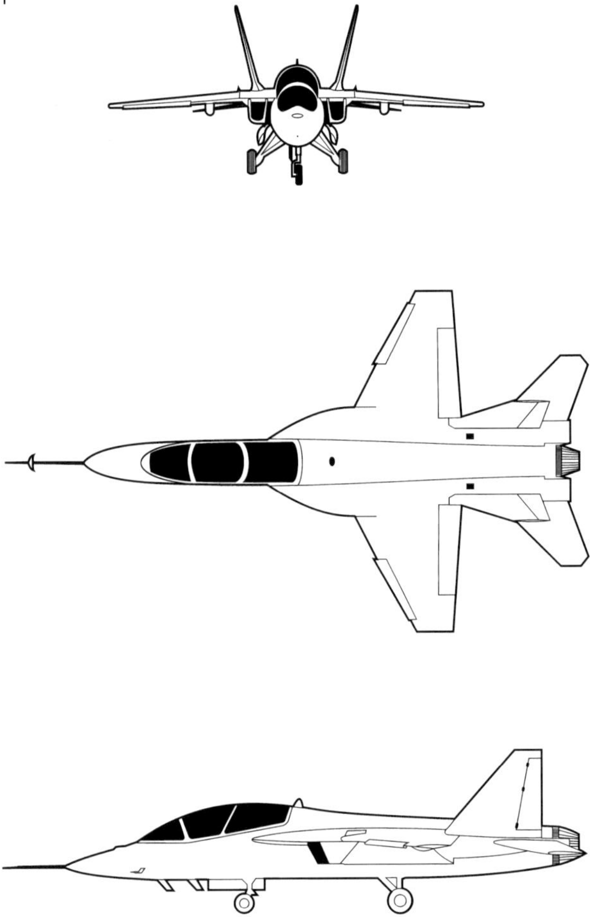

Abmessungen:
Spannweite 9,32 m,
Rumpflänge 14,30 m,
Höhe 4,11 m.

BOEING T-7A RED HAWK

Ursprungsland: USA/Schweden.
Kategorie: Zweisitziger Fortgeschrittenentrainer.
Triebwerke: Ein Strahltriebwerk General Electric F404-GE-103 mit einer Leistung von 5000 kp (49 kN) ohne bzw. 8000 kp (79 kN) mit Nachbrenner.
Leistungen (nach Angaben des Herstellers): Höchstgeschwindigkeit 1300 km/h; Anfangssteiggeschwindigkeit 170 m/Sek; Dienstgipfelhöhe 15000 m; Reichweite 1800 km.
Gewichte: Leergewicht 3250 kg; maximales Startgewicht 5500 kg.
Bewaffnung: Zum aktuellen Zeitpunkt ist keine vorgesehen.
Entwicklungsstand: Der erste von fünf Prototypen nahm die Flugerprobung am 21. Dezember 2016 auf, der letzte am 12. Dezember 2024. Mittlerweile wurde auch das erste Serienflugzeug fertig gestellt. Insgesamt sollen für die USAF 351 Einheiten und zusätzlich 46 Simulatoren angeschafft werden. Mit Optionen könnte die Bestellung sogar auf 475 T-7A steigen. Als nächster Schritt werden fünf Vorserienflugzeuge gebaut. 2023 ist die Serienfertigung angelaufen. Die Programmkosten belaufen sich auf US $ 9,2 Mrd., der Stückpreis liegt unter US $ 20 Mio., wobei es während der Erprobung zu Problemen kam, welche mit Verzögerungen und Kostenüberschreitungen verbunden sind, so dass sich die Indienststellung auf 2026 verzögert.
Bemerkungen: Beim als Boeing T-7A bezeichneten Fortgeschrittenentrainer handelt es sich um einen in Zusammenarbeit mit der schwedischen Saab vollständig neu entwickelten Typ. Dabei sind aber Elemente der Saab Gripen (siehe Seiten 260/261) eingeflossen. Die T-7A ist, wie heute üblich, Teil eines gesamten Training-Systems, basierend einerseits auf dem Flugzeug aber auch auf Bodensystemen, wie Simulatoren. Gemäß Hersteller sind die neuesten Systeme eingebaut und beim Bau sollen die modernsten Produktionsmethoden zur Anwendung kommen. Dank nur eines Triebwerks und weiteren technologischen Neuerungen soll die T-7A sehr wartungsfreundlich sein und wirtschaftlich betrieben werden können. Sie verfügt über eine Fly-By-Wire-Steuerung und über eine moderne, schnell umprogrammierbare Avionik. Boeing plant die T-7 zu einem leichten Erdkämpfer weiterzuentwickeln. Auch sind Überlegungen im Gange, eine trägergestützte Version T-7B für die USN zu bauen. Noch sind sehr wenige technische Daten bekannt.
Hersteller: Boeing Defence, USA und Saab AB, Schweden, Produktionsstandort in den USA noch offen.

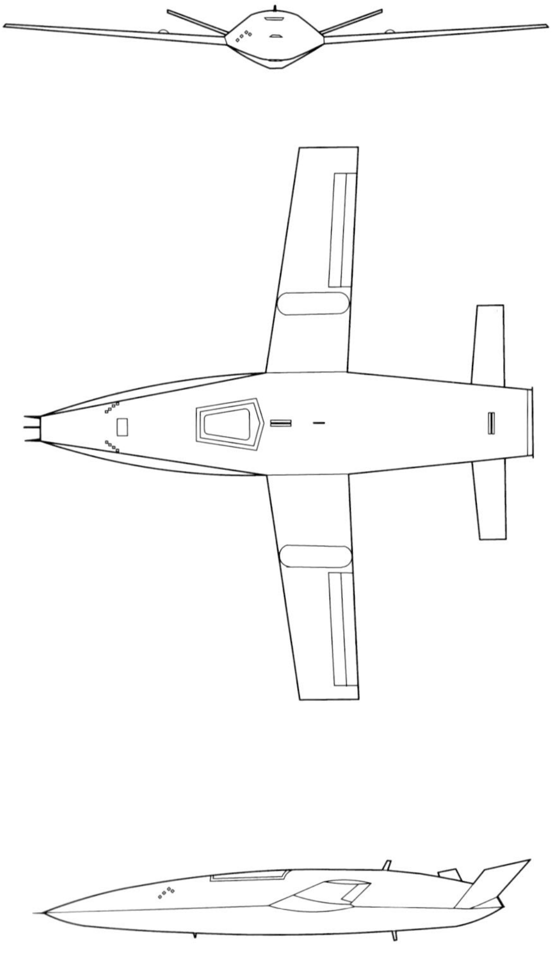

Abmessungen:
Spannweite 22,86 m, mit gefalteten Flügeln 9,54 m,
Länge 15,54 m,
Höhe 3,00 bzw. mit gefalteten Flügeln 4,78 m.

BOEING MQ-25 STINGRAY

Ursprungsland: USA.
Kategorie: Unbemanntes bordgestütztes Tankflugzeug.
Triebwerke: Ein Mantelstromtriebwerk Rolls-Royce AE3007N mit einem Standschub von 4500 kp (44,12 kN).
Leistungen: Einzig bekannt ist, dass bei einer Treibstoffabgabe von 6800 kg ein Aktionsradius von 930 km erzielt wird.
Gewichte: Startgewicht ca. 21800 kg.
Zuladung/Bewaffnung: Die MQ-25 soll in der Lage sein, 6800 l Flugbenzin an andere Flugzeuge in der Luft abzugeben. Unter den Flügeln könnten an zwei Aufhängepunkten auch Waffen mitgeführt werden. Ein Prototyp wurde mit einer Anti-Schiffslenkwaffe AGM-158C LRASM gesichtet.
Entwicklungsstand: Der Prototyp nahm die Flugerprobung am 19. September 2019 auf. Weitere Vorserienmaschinen folgten. Erste Erprobungen auf einem Flugzeugträger wurden 2025 durchgeführt. Die USN will bis zu 76 Stingrays beschaffen. Neun Seriendrohnen sind mittlerweile bestellt, die ab 2026 zu liefern sind. Technisch sind aber neue Probleme aufgetaucht, welche den geplanten Ablieferungstermin gefährden.
Bemerkungen: Die Entwicklung der MQ-25 Stingray geht auf das UCLASS-Programm (**U**nmanned **C**arrier-**L**aunched **A**irborne **S**urveillance and **S**trike) zurück. Nachdem dieses aber eingestellt wurde und die USN neu ein unbemanntes Tankflugzeug »UCAAS« (**U**nmanned **C**arrier **A**viation **A**ir **S**ystem) verlangte, hat der Hersteller das Projekt entsprechend angepasst. Dabei griff Boeing auf das frühere Entwicklungsmuster Phantom Ray (siehe Ausgabe 2013) zurück. Außer den publizierten Bildern fehlen bis heute zuverlässige Angaben über Leistungen, Konstruktion, Masse und Gewichte. Es handelt sich bei der MQ-25 aber um eine relativ große Drohne mit Abmessungen ähnlich einer FA-18. Man kann davon ausgehen, dass modernste Werkstoffe und Technologien verwendet werden. Quellen zufolge soll die Stingray der FA-18E/F Super Hornet (siehe Seiten 84/85) ermöglichen, den Aktionsradius dank Luftbetankung von 830 km auf über 1300 km zu steigern. Bereits erfolgten erste Betankungsversuche mit verschiedenen Typen der US Navy. Es ist zu vermuten, dass in späteren Jahren die MQ-25 für zusätzliche Aufgaben weiterentwickelt wird.
Hersteller: The Boeing Company, Defence & Space Group, Werk St. Louis, Missouri, USA.

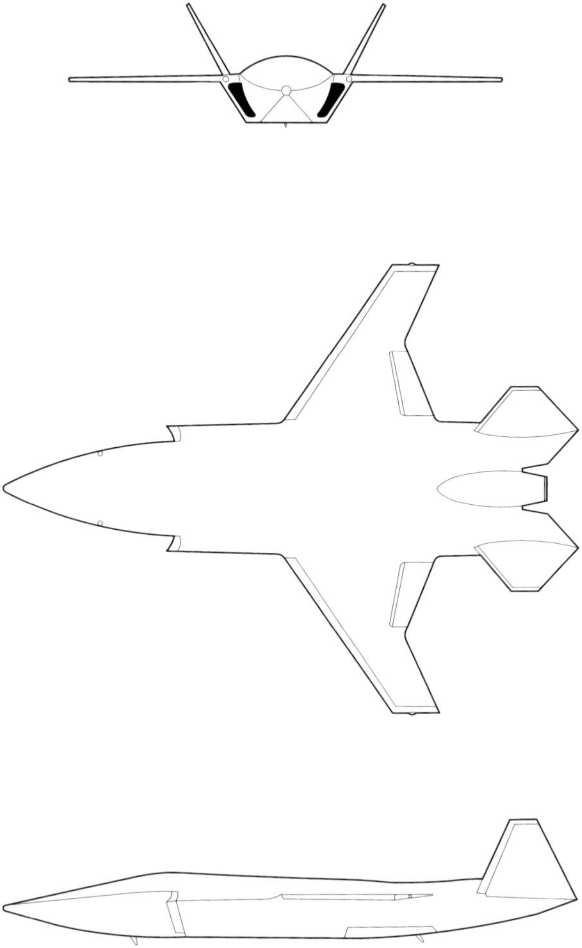

Abmessungen:
Spannweite 7,30 m,
Länge 11,70 m,
Höhe 1,5 m.

BOEING MQ-28A GHOST BAT

Ursprungsland: Australien/USA.
Kategorie: Drohne zum Ausschalten von gegnerischen Zielen sowie für weitere Aufgaben.
Triebwerke: Ein Mantelstromtriebwerk Williams Fj33 von 840 kp (8,23 Kn) Standschub.
Leistungen: Höchstgeschwindigkeit offenbar Mach 0,9; maximale Reichweite mehr als 3700 km.
Gewichte: Leergewicht 1500 kg.
Zuladung/Bewaffnung: Maximale Nutzlast 500 kg. Was konkret mitgeführt werden kann ist noch nicht bekannt.
Entwicklungsstand: Ein Modell des Loyal Wingmans wurde im Februar 2019 vorgestellt. Vorher wusste man nichts über dieses Projekt. Der Erstflug des ersten von drei Erprobungsträgern fand am 1. März 2021 statt. Zehn Einheiten hat die RAAF bereits bestellt. Weitere Aufträge werden erwartet. Wann die Einsatzbereitschaft erreicht wird, ist noch offen.
Bemerkungen: Erstmals entwickelte die Boeing-Tochtergesellschaft in Australien eine eigenständige Drohne. Wie der frühere Name Loyal Wingman (treuer Flügelmann) aussagt, soll er primär Kampfflugzeuge ins Zielgebiet begleiten und risikoreiche Ziele angreifen unter Inkaufnahme des Verlustes der Drohne. Mittlerweile wurde dieser Typ neu in MQ-28A Ghost Bat umbenannt. Es werden Systeme unter Einbezug von sog. Artifical Intelligence eingesetzt. Aber auch andere Aufgaben sind vorgesehen. Dazu kann die Ausrüstung jeweils dementsprechend angepasst werden, beispielsweise für Überwachungs-, Aufklärungs- und ECM-Aufgaben. Es ist für Boeing das erste Muster, welches außerhalb der USA entwickelt wurde. Dabei hat man die Methode des »collaborative approach« angewandt, um schnell und kostengünstig eine einsatzbereite Drohne zu erhalten. Dank Stealth-Eigenschaften und Jagdflugzeug-ähnlichen Flugleistungen soll eine hohe Überlebensrate erzielt werden. Die Struktur besteht aus Verbundwerkstoffen. Aktuell wird an einer Version Block II gearbeitet, mit wesentlichen Anpassungen an Rumpf und Flügeln, ausgerüstet mit einem neuen GPS-System und der Möglichkeit, Luft-Luft-Lenkwaffen mitzuführen.
Hersteller: Boeing Australia, Werk Wellcamp Aerospace and Defence Precinct, Wellcamp Airport, Toowoomba, Queensland, Australien.

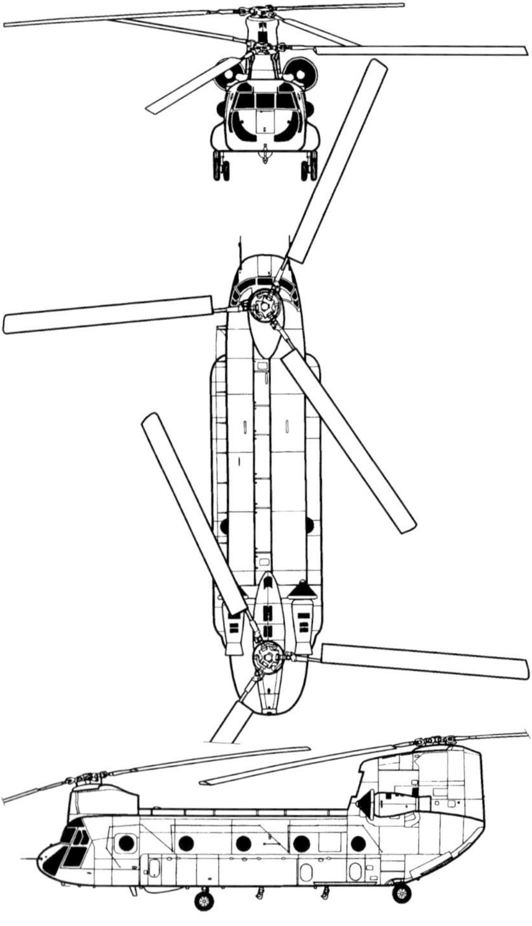

Abmessungen:
Durchmesser jedes der beiden Rotoren 18,29 m,
Rumpflänge 15,88 m,
Rumpfhöhe ohne Rotor 5,20 m, über Rotor 5,68 m.

BOEING CH-47F CHINOOK

Ursprungsland: USA.
Kategorie: Schwerer Transporthubschrauber.
Triebwerke (Block II): Zwei Gasturbinen Honeywell T55-GA-714A von je 4777 WPS (3569 kW) Leistung.
Leistungen (Block II): Höchstgeschwindigkeit 302 km/h auf Meereshöhe; Reisegeschwindigkeit 291 km/h; (Block I) max. Schrägsteiggeschwindigkeit 9,38 m/Sek; Schwebehöhe mit Bodeneffekt 1837 m, ohne Bodeneffekt 1675 m; (Block II) max. Flughöhe 6030 m; Einsatzradius 306 km; Überführungsreichweite 1902 km.
Gewichte (Block II): Leer 11550? kg; max. Startgewicht 24494 kg.
Zuladung (Block II): Zwei Piloten und 45 Personen; als Ambulanzhubschrauber 24 Patienten plus zwei Sanitäter. Max. Außenlasten 12565 kg.
Entwicklungsstand: Der Erstflug der Ausführung CH-47SD bzw. CH-47F fand am 25. August 1999 statt. Seit Juli 2006 erhält die US Army insgesamt 478 CH-47F sowie 88 MH-47G, davon 46 neue MH-47G Block II. Bei rund der Hälfte handelt es sich um neue Hubschrauber, die restlichen sind Umbauten aus der Version CH-47D. Fünfzehn weitere Luftwaffen haben diese Version bestellt, u. a. Australien 10, Deutschland 60, Indien 15, Italien 16, Kanada 15, Niederlande 20, Saudi-Arabien 48, Spanien 17, Türkei 11 und UAE 22. Die neueste Ausführung Block II startete am 29. März 2010 zum Erstflug. Ab Juli 2024 erhält die US Army insgesamt 465 umgebaute CH-47F. Jüngste Bestellung: Japan 17 Block II, US Army insgesamt 50 MH-47G und weitere 18 CH-47F Block II.
Bemerkungen: Die CH-47F ist eine wesentlich weiterentwickelte Ausführung und weist folgende wichtigsten Neuerungen auf: Stark verbesserte Avioniksysteme mit einem MIL-STD-1553-Databus und ein voll integriertes Glascockpit, welches für NVG-Einsätze geeignet ist. Die Triebwerke erzeugen eine um rund 22% höhere Leistung. Zudem werden größere Treibstofftanks eingebaut. Zur Erhöhung der Lebensdauer und zur Senkung des Vibrationspegels ist die Zelle verstärkt und versteift. Schließlich gelangen neue Elastomerlager an den Rotorköpfen zur Anwendung. Damit steigt die Zuverlässigkeit und sinkt der Wartungsaufwand. Eine Weiterentwicklung Block II lässt dank weiteren Verstärkungen am Rumpf, neuen Rotorblättern aus Verbundwerkstoff sowie eines verbesserten Getriebes ein auf 24000 kg erhöhtes Abfluggewicht zu. Eine neue Tankkonfiguration führt zu einer Senkung der Leermasse.
Hersteller: The Boeing Company, Helicopters Division, Philadelphia, Pennsylvania, USA.

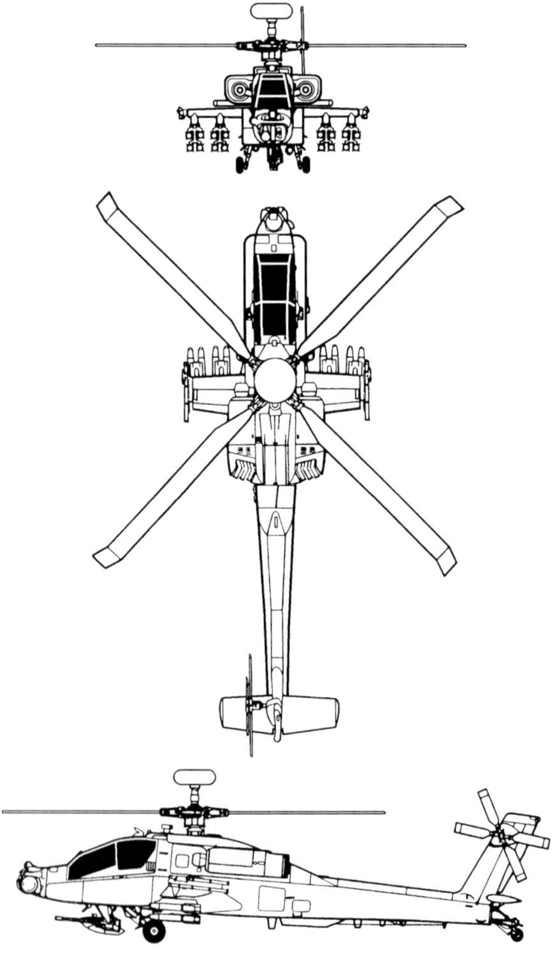

Abmessungen:
Rotordurchmesser 14,63 m,
Rumpflänge 14,70 m,
Höhe inkl. Mastvisier 4,90 m.

BOEING AH-64E APACHE GUARDIAN

Ursprungsland: USA.
Kategorie: Zweisitziger Kampf- und Aufklärungshubschrauber.
Triebwerke: Zwei Gasturbinen General Electric T700-701D von je 1994 WPS (1500 kW) Leistung.
Leistungen: Höchstgeschwindigkeit 300 km/h; typische Einsatzgeschwindigkeit bei 7158 kg 275 km/h; max. Schrägsteiggeschwindigkeit 12,7 m/Sek; Dienstgipfelhöhe 6400 m; Schwebehöhe mit Bodeneffekt 5246 m, ohne Bodeneffekt 4124 m; Aktionsradius mit max. interner Treibstoffzuladung 476 km, Überführungsreichweite 1701 km.
Gewichte: Leergewicht 5165 kg; max. Startgewicht 10433 kg.
Bewaffnung: Eine einläufige 30-mm-Kanone unter dem Vorderrumpf sowie bis zu 16 lasergelenkte Hellfire-Panzerabwehrraketen oder 76 ungelenkte 70-mm-Raketen. Als Defensivbewaffnung können Luft-Luft-Lenkwaffen wie Stinger, Sidewinder oder Mistral mitgeführt werden.
Entwicklungsstand: Die neueste Ausführung AH-64E fliegt seit 4. Dezember 2009. Bisher sind für die US Army 617 bestehende AH-64D umgebaut sowie 51 neu produziert worden. Seit Februar 2014 befindet sich die erste Staffel im Einsatz. Weitere Besteller dieser Version: Australien 29, Großbritannien 50, Indien 28, Indonesien 8, Marokko 24, Niederlande 28, Qatar 24, Polen 96, Saudi-Arabien 48, Süd-Korea 36, Taiwan 29, UAE 9. Von allen AH-64-Varianten sind bisher rund 2700 von 20 Luftwaffen erworben worden. Neueste Aufträge: Ägypten 43?, Kuwait 8. Aktuell werden jährlich rund 30 Hubschrauber neu produziert.
Bemerkungen: Bei praktisch unverändertem Äußeren weist die AH-64E erhebliche Verbesserungen auf, u. a. leistungsfähigere Triebwerke, verstärktes Getriebe, längere Rotorblätter aus Verbundwerkstoff und ein reduziertes Strukturgewicht. Eine Folge davon sind verbesserte Flugleistungen und eine größere Überlebensfähigkeit. Völlig neu ist die Avionik. Sie besitzt eine sog. offene Systemarchitektur. Die AH-64E ist zudem in der Lage, unbemannte Drohnen zu steuern und deren Bilder zu empfangen. Aktuell wurde ein Update 6 von Hard- und Software entwickelt, welches die Erkennungsleistungen über Meer und jene von Drohnen verbessert. Update 6.5 (Erstflug 11. Oktober 2023, Ablieferung ab 2026) liefert ein Open Interface System. Ein Prototyp wird mit dem neuen Triebwerk T901 erprobt. Dieses liefert 50% mehr Leistung bei 25% geringerem Treibstoffkonsum.
Hersteller: The Boeing Company, Helicopters Division, Philadelphia, Pennsylvania, Werk Mesa, Arizona, USA.

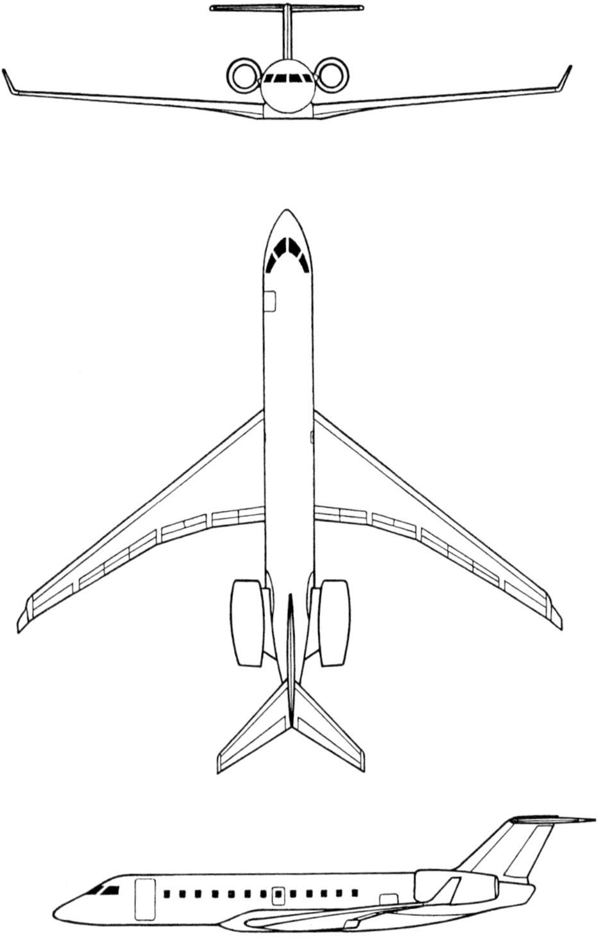

Abmessungen (5500/6500):
Spannweite inkl. Winglets 28,65 m,
Länge 29,51/30,30 m,
Höhe 7,77 m,
Flügelfläche 94,85 m².

BOMBARDIER GLOBAL 5500/6500

Ursprungsland: Kanada.
Kategorie: Langstrecken-Firmenflugzeug.
Triebwerke: Zwei Mantelstromtriebwerke Rolls-Royce Pearl 15 von je 6860 kp (67,30 kN) Standschub.
Leistungen (5500/6500): Höchstgeschwindigkeit 950 km/h (Mach 0,9); max. Reisegeschwindigkeit 935 km/h (Mach 0,88); normale Reisegeschwindigkeit 904 km/h (Mach 0,85); Dienstgipfelhöhe 15440 m; Reichweite 10556/12223 km.
Gewichte (5500/6500): Leergewichte 23070/23691 kg; max. Startgewichte 41957/45132 kg.
Zuladung (5500/6500): Zwei Piloten im Cockpit und je nach Innenausstattung 10 bis 16 bzw. 17 Passagiere; max. Nutzlast 3238/2617 kg.
Entwicklungsstand: Unter der Bezeichnung 5500/6500 lancierte Bombardier 2018 die Weiterentwicklungen der Global 5000/6000 (siehe Ausgabe 2016). Die Zulassung erfolgte im September 2019. Über den Auftragsbestand dieser Versionen ist im Moment nichts bekannt. Am 24. Juni 2020 erhielt der erste Kunde eine Global 5500. Neu beschafft die Luftwaffe Kanadas sechs 6500.
Bemerkungen: Bei den neuesten Ausführungen Global 5500 und 6500 handelt es sich primär um Weiterentwicklungen der Ursprungsmuster Global Express 5000 und 6000. Den Hauptunterschied macht das völlig neue Triebwerk von Rolls-Royce aus. Gemäß Hersteller soll es sich um das aktuell fortschrittlichste aller Businessjet-Triebwerke handeln, welches viele technologische Innovationen umfasst. Leistungsparameter, Wirtschaftlichkeit und Wartungsintervalle sind deutlich besser. Auch eine Avionik der nächsten Generation Bombardier Vision ist eingebaut, umfassend u. a. vier große Displays, Head-Up-Displays, MultiScan-Wetterradar und eine High-Speed-SATCOM-Verbindung. Um eine bessere Aerodynamik zu erreichen, hat man den Hauptflügel überarbeitet. Er soll für ein komfortableres Flugverhalten verantwortlich sein. Auch die Inneneinrichtung wurde modernisiert. Die Basisausführungen kosten US$ 46 bzw. 56 Mio. Derzeit werden für die US Army zwei militärische Varianten der 6500 gebaut, eine für sog. Hades-(**H**igh **A**ccuracy **D**etection and **E**xploitation **S**ystem) und eine für IRS-Einsätze. Drei bzw. zwei sind bestellt. Südkorea beschafft 4 Einheiten einer AEW&C-Version der Global 6500.
Hersteller: Bombardier Aerospace, Montreal, Werk Montreal-Mirabel, Quebec, Kanada.

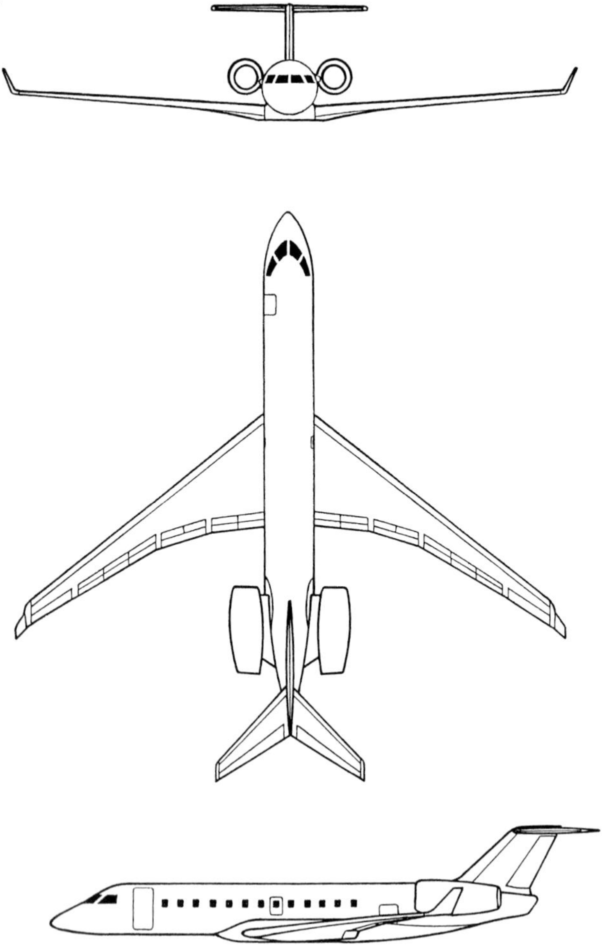

Abmessungen (7500/8000):
Spannweite inkl. Winglets 31,79 m,
Länge 33,83,
Höhe 8,14 m,
Flügelfläche 116,5 m².

BOMBARDIER GLOBAL 7500/8000

Ursprungsland: Kanada.
Kategorie: Langstrecken-Firmenflugzeug.
Triebwerke: Zwei Mantelstromtriebwerke General Electric Passport 20 von je 8580 kp (84,16 kN) Standschub.
Leistungen: Höchstgeschwindigkeit 982 km/h (Mach 0,925); normale Reisegeschwindigkeit 955 km/h (Mach 0,90); (8000: Mach 0,92); Langstrecken-Reisegeschwindigkeit 902 km/h (Mach 0,85), Dienstgipfelhöhe 15545 m; Reichweite bei Mach 0,85 mit zwölf Passagieren (7500) 13700, (8000) 14631 km.
Gewichte: Rüstgewicht 30617 kg; max. Startgewicht 52095 kg.
Zuladung: Zwei Piloten im Cockpit und je nach Innenausstattung (7500/8000) 10 bis 19 bzw. 8 bis 19 Passagiere.
Entwicklungsstand: Ein erster von vier noch als Version 7000 bezeichneter, später in 7500 umbenannter Prototyp, nahm am 4. November 2016 die Flugerprobung auf. Die Indienststellung erfolgte Ende 2018. Ein Prototyp hat im Mai 2022 als erster Businessjet der Welt während der Erprobung die Schallmauer durchbrochen. Bisher wurden über 200 Einheiten abgeliefert. Größte Betreiber sind die NetJets und die VistaJet. Die Version 8000 ist ab November 2025 erhältlich. Rund 35 Einheiten sollen jährlich gebaut werden. Die Schweiz hat eine 7500 als Staatsflugzeug beschafft. Ein unbekannter Besteller hat 2025 von allen Challenger-/Global-Ausführungen neu 50 fest bestellt und ist für weitere 70 eine Option eingegangen.
Bemerkungen: Ausgehend von der Global Express 5500/6500 werden zwei neue Versionen angeboten, die 7500 und die 8000. Beide nutzen das General Electric-Triebwerk Passport 20 neuester Technologie, welches bezüglich Treibstoffverbrauch, Lärmemissionen und Abgaswerte neue Bestwerte verspricht. Im vergrößerten Flügel wird die Treibstoffkapazität erhöht, so dass sehr große Distanzen überwunden werden können. Völlig neu wurde das Raumkonzept gestaltet. So sind im Grundangebot vier voneinander trennbare Abteile vorgesehen. Dank größerer Fenster ist die Sicht nach außen verbessert. Die Avionik umfasst u. a. das neue Bombardier Vision Flight Deck mit vier großen LCD-Screens, Sidesticks sowie ein Head-Up-Display. Gesteuert wird die Global 7500 mittels Fly-By-Wire-Technologie. Der Preis für die Basisversion 7500 beläuft sich auf rund US $ 73 Mio., jener für die 8000 auf US $ 78 Mio. Die Bombardier 8000 ist der schnellste Businessjet mit der momentan größten Reichweite. Der Hersteller plant, die Version 7500 vollständig durch die 8000 in der Produktion zu ersetzen, wobei die heutige 7500 in die 8000 umgebaut werden kann.
Hersteller: Bombardier Aerospace, Montreal, Quebec, Werk Toronto Pearson Airport, Ontario, Kanada.

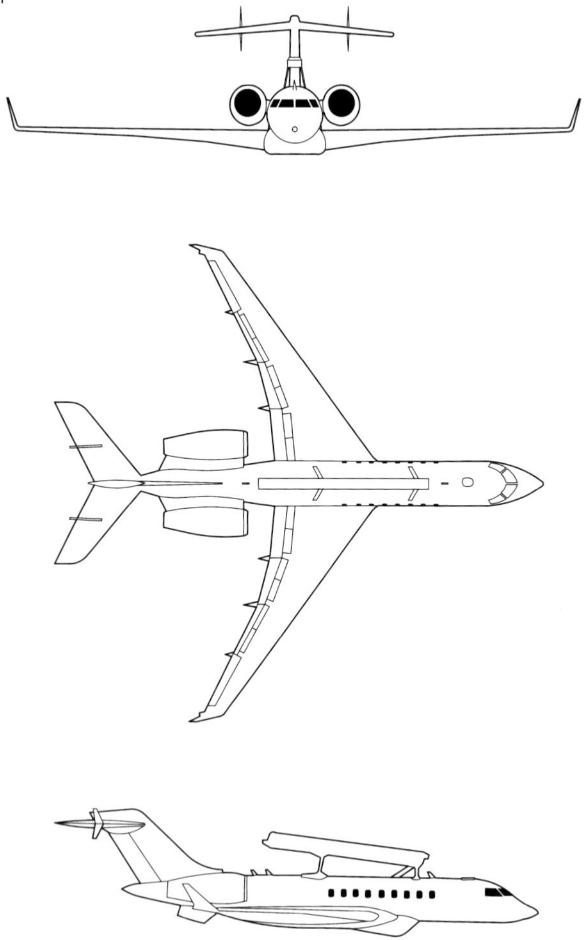

Abmessungen:
Spannweite inkl. Winglets 28,65 m,
Länge 30,30 m,
Höhe 7,77 m,
Flügelfläche 94,85 m².

BOMBARDIER GLOBAL 6000/6500AEW&C GLOBALEYE

Ursprungsland: Kanada/Schweden/USA.
Kategorie: Fliegende Radar- und Kommandostation für Langstrecken sowie für Spezialeinsätze.
Triebwerke: (6000): Zwei Mantelstromtriebwerke BMW/Rolls-Royce BR710-48A2-20 von je 6690 kp (65,6 kN) Standschub, (6500) Rolls-Royce Pearl 15 von je 6860 kp (67,30 kN).
Leistungen (6000/6500 GlobalEye): Max. Reisegeschwindigkeit 944/956 km/h (Mach 0,89/0,90); Langstrecken-Reisegeschwindigkeit 880 km/h; max. Anfangssteiggeschwindigkeit 18,3 m/Sek; Dienstgipfelhöhe 15545 m; Reichweite 11120/12223 km; norm. Einsatzdauer 11 Std., max. (6500) 17 Std.
Gewichte (6000): Max. Startgewicht 45132 kg.
Zuladung (GlobalEye): Zwei Piloten im Cockpit und drei bis sechs Systemoperateure in der Kabine.
Entwicklungsstand: Die erste der diversen Spezialversionen GlobalEye nahm die Flugerprobung am 14. März 2018 auf. Fünf AEW&C-Einheiten bestellte die Luftwaffe der Vereinigten Arabischen Emirate (UAE) gefolgt von Schweden mit drei und neu Frankreich mit zwei (+ zwei Optionen) und Südkorea mit vier. Neun als E-11A bezeichnete Global Express betreibt die USAF, zwei weitere sind bestellt. Drei als Pegasus bezeichnete GlobalEyes erhält die Bundesluftwaffe für sog. SIGINT-Aufgaben. Seit 27. August 2021 fliegt eine Aufklärungs- und ECM-Version ARES, bestimmt für die US Army.
Bemerkungen: Abgeleitet von der Global Express 6000 bzw. 6500 sind in den letzten Jahren und aktuell diverse Versionen für militärische Zwecke entwickelt worden. Unter der Bezeichnung »Project Dolphin« betreibt die Luftwaffe der UAE eine Weiterentwicklung für nicht näher bezeichnete Spezialaufgaben. Äußerlich sichtbar ist unter dem Rumpf ein langes SAR-Radar sowie eine Vielzahl von Antennen und Sensoren auf dem Dach. Für die gleiche Luftwaffe wurde eine AEW&C-Version GlobalEye entwickelt mit einem Saab-Überwachungsradar Erieye ER auf zwei Tripods über dem Rumpf, einem Seaspray 7500E-Radar von Leonardo unter dem Vorderrumpf sowie diversen hochentwickelten Sensoren. Sie ist gleichermaßen für Luft-, Boden- wie Seeüberwachung geeignet. Das Radar soll bei einer Flughöhe von 10000 m eine Reichweite bis zu 450 km haben. Weiter gibt es noch die E-11 als Fliegende Kommando- und Kommunikationszentrale (»wi-fi in the sky«) über einem Konfliktherd. Die ARES- bzw. HADES-Version basiert auf der Global 6500 und ersetzt in der US Army neu unter der Bezeichnung ME-11B die Beech RC-12. Siehe auch militärische Versionen der Global 6500 Seiten 96/97.
Hersteller: Bombardier Aerospace, Montreal, Werk Montreal-Mirabel, Quebec, Kanada.

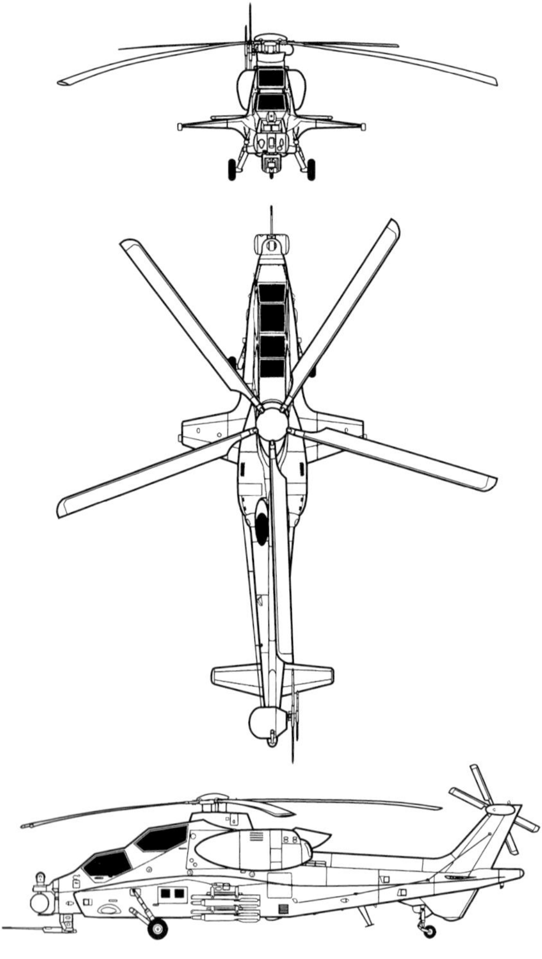

Abmessungen:
Rotordurchmesser 12,00 m,
Rumpflänge 14,15 m,
Höhe bei drehendem Heckrotor 4,44 m.

CAIC/CHANGHE Z-10/WZ-10

Ursprungsland: Volksrepublik China.
Kategorie: Zweisitziger Kampfhubschrauber.
Triebwerke: Zwei Gasturbinen WoZhou-9 (WZ-9) von je 1283 WPS (957 kW) Leistung.
Leistungen: Höchstgeschwindigkeit 270 km/h; Reisegeschwindigkeit 230 km/h; Schrägsteigleistung 10 m/Sek; Reichweite 800 km.
Gewichte: Rüstgewicht 5100 kg, max. Startgewicht 7000 kg.
Bewaffnung: An der Rumpfspitze eine Kanone mit einem Kaliber von 23 mm sowie an vier Auslegern seitlich am Rumpf bis zu acht Antitank-Lenkwaffen des neuen chinesischen Typs HJ-10. Alternativ können aber auch ungelenkte Raketen für den Erdkampf sowie infrarot-gesteuerte Luft-Luft-Lenkwaffen TY-90 mitgeführt werden. Waffenlast insgesamt 1500 kg.
Entwicklungsstand: Der erste Prototyp flog erstmals am 29. April 2003. Danach folgten etwa acht weitere Prototypen bzw. Vorserienhubschrauber. Die Produktion begann Anfang 2011. Schätzungen zufolge sind bisher rund 300 Einheiten gebaut und an die Chinesische Luftwaffe abgeliefert worden. Neu hat auch die Pakistanische Luftwaffe eine noch unbekannte Zahl von Z-10ME beschafft.
Bemerkungen: Bei der Z-10 bzw. WZ-10 (oder auch als Zhisheng bzw. Zhi-10 bezeichnet) handelt es sich um den ersten von China selbständig entwickelten Kampfhubschrauber. Die Hauptaufgabe des Musters ist die Bekämpfung von mechanisierten Verbänden, Kampffeld-Aufklärung sowie in zweiter Linie Einsätze gegen gegnerische Hubschrauber. Dabei wurde eine ähnliche Konzeption wie bei westlichen Mustern gewählt. Der Rumpf ist schlank mit einem Tandemcockpit für Piloten und Waffenoperateur. Zur Reduktion der Radarabstrahlung weist er verschiedene Verwinklungen auf. Die zwei Triebwerke treiben einen Fünfblatt-Hauptrotor und einen Vierblatt-Heckrotor an. Der Hubschrauber soll ein Fly-By-Wire-Kontrollsystem und ein modernes Cockpit mit Multifunktions-Displays aufweisen. Die elektronische Ausrüstung umfasst u.a. ein FLIR sowie diverse ECM-Komponenten wie Infrarot-Jammer, Laser Warngerät und Chaff-/Flare-Werfer. Da dieser Kampfhubschrauber mit dem WZ-9-Triebwerk untermotorisiert ist, wird nun eine leistungsstärkere Variante mit einer Leistung von etwa 1600 WPS (1200 kW) gebaut. Diese wurde 2018 als Z-10ME bekannt. Sie verfügt über eine stärkere Panzerung, aktive und passive Abwehrsysteme und die Triebwerks-Austrittsöffnungen wurden neu gezeichnet, um die Infrarotabstrahlung zu verringern.
Hersteller: CAIG Changhe Aircraft Industries Group, Ingdezhen, Jiangxi-Provinz, Volksrepublik China.

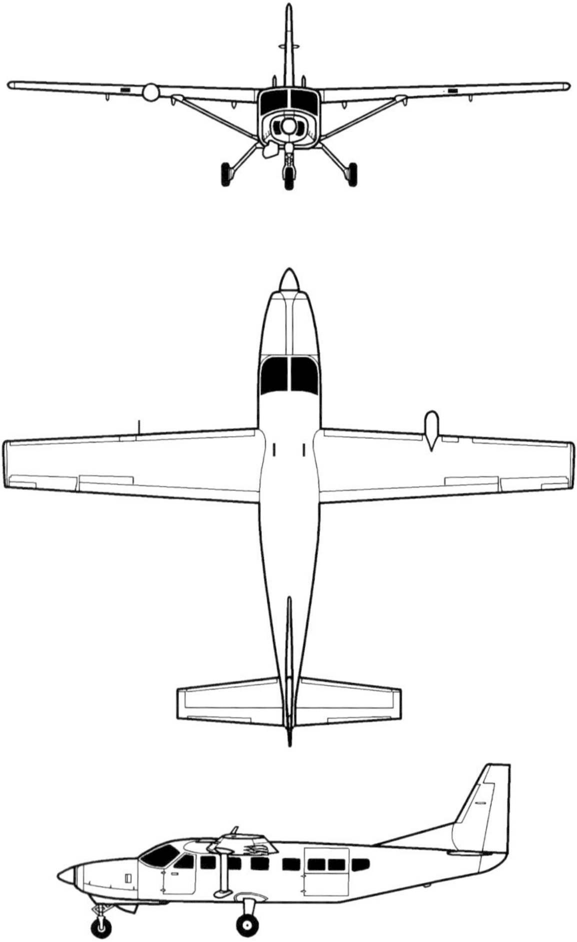

Abmessungen:
Spannweite 15,87 m,
Länge 12,67 m,
Höhe 4,71 m,
Flügelfläche 25,96 m².

CESSNA 208B GRAND CARAVAN EX

Ursprungsland: USA.
Kategorie: Mehrzweckflugzeug.
Triebwerke: Eine Propellerturbine Pratt & Whitney Canada PT6A-140 von 867 WPS (646 kW) Leistung.
Leistungen: Max. Reisegeschwindigkeit mit Pod unter dem Rumpf 343 km/h auf 3050 m, 328 km/h auf 6095 m; ohne Pod erhöht sich die Reisegeschwindigkeit um ca. 20 km/h; Anfangssteiggeschwindigkeit 6,5 m/Sek; Dienstgipfelhöhe 7620 m; max. Reichweite mit 45 Min. Reserven 1467 km auf 3050 m.
Gewichte: Leergewicht 2336 kg; max. Startgewicht 3995 kg.
Zuladung: Ein bis zwei Piloten und in der Standardausführung neun Passagiere, maximal jedoch 14 Passagiere oder 1602 kg Fracht.
Entwicklungsstand: Die ersten Auslieferungen der Grand Caravan EX begannen Anfang 2013. Nebst dieser Ausführung als Land- oder Amphibienflugzeug bietet Cessna gegenwärtig auch noch die Super Cargomaster EX an. In über 30 Jahren Produktionszeit wurden bisher weit über 3000 Einheiten hergestellt. Aktuell werden jährlich rund 70 Einheiten gebaut. Neueste größere Bestellung: Surf Air 100 + 50 Optionen.
Bemerkungen: Als eigentliches »Arbeitspferd« wird die Caravan für die verschiedensten Aufgaben eingesetzt, sei es als Frachter über militärische Aufgaben bis hin zum Passagierflugzeug mit VIP-Einrichtung. Die neueste Ausführung Grand Caravan EX bleibt in den Außenabmessungen gleich, wird jedoch mit dem um fast 25% stärkeren Triebwerk PT6A-140 angetrieben. Damit verbessern sich alle Leistungsmerkmale wesentlich, besonders in hoch gelegenen und heißen Gebieten. Die Reisegeschwindigkeit ist um rund 20 km/h höher, die Steigleistungen nehmen um 20% zu. Zum 30jährigen Produktionsjubiläum 2015 wurde die Inneneinrichtung, insbesondere die Sitze, überarbeitet. Die Cessna Caravan wird auch bewaffnet für sog. ISR-Aufgaben (**I**ntelligence, **S**urveillance, **R**econnaissance) eingesetzt. Afghanistan, Irak, Kenya, Mali, Mauretanien, Ruanda, Niger und Tunesien erhielten entsprechend ausgerüstete Maschinen. Diese Version ist auch mit sog. Hardpoints für Waffen unter den Flügeln erhältlich. Seit Mai 2020 fliegt ein Prototyp, umgebaut von Ampaire, mit einem MagniX Magni 500-Elektromotor, welcher eine Leistung von 750 PS abgibt. Die Batterie wiegt 1000 kg. Am 18. November 2022 flog sie erstmals unter voll integriertem hybrid-elektrischen Antrieb, bisher sind rund 75 Umbauten bestellt. Seit Juli 2023 fliegt zudem ein Prototyp, ausgerüstet für autonomes Fliegen ohne Piloten.
Hersteller: Cessna Aircraft Company, ab 2017: Werke Independence, Kansas, USA und Shijiazhuang, Volksrepublik China.

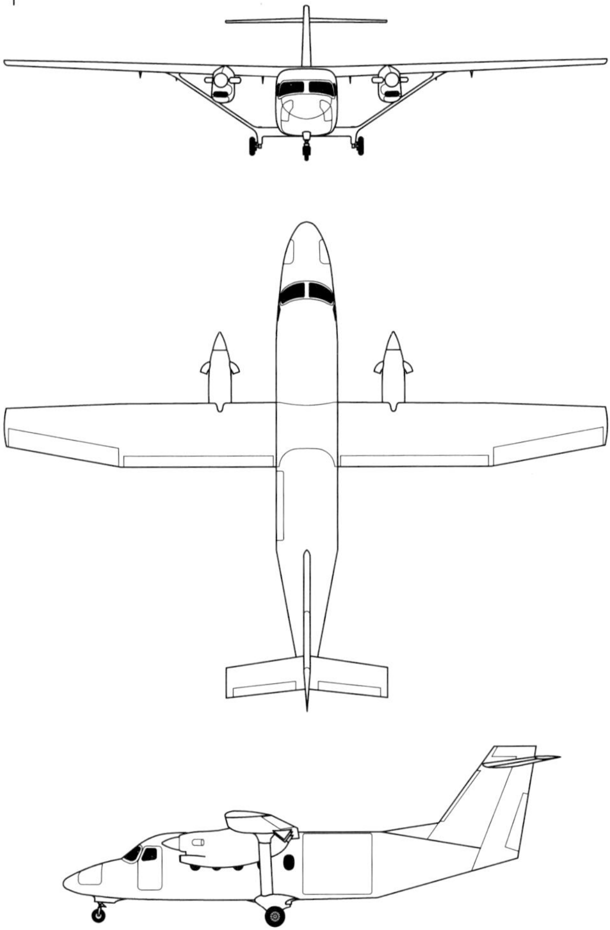

Abmessungen:
Spannweite 22,02 m,
Länge 16,80 m,
Höhe 6,30 m,
Flügelfläche 40,97 m².

CESSNA 408 SKYCOURIER

Ursprungsland: USA.
Kategorie: Leichter Frachter und Pakettransporter sowie Commuterflugzeug.
Triebwerke: Zwei Propellerturbinen Pratt & Whitney Canada PT6A-65SC von je 1110 WPS (827 kW) Leistung.
Leistungen: Max. Reisegeschwindigkeit 389 km/h; Dienstgipfelhöhe 7620 m; Reichweite mit einer Nutzlast von 2250 kg 740 km, max. Reichweite 1741 km.
Gewichte: Leergewicht Frachter/Passagierversion 5080/5775 kg; max. Startgewicht 8618 kg.
Zuladung: Ein oder zwei Mann Cockpitbesatzung und eine Frachtzuladung von 2720 kg. Als Commuter bis zu 19 Passagiere in Dreierreihen mit Mittelgang.
Entwicklungsstand: Der erste von drei Prototypen nahm die Flugerprobung am 17. Mai 2020 auf. Das erste Serienflugzeug fliegt seit Februar 2022, Zulassung im März 2022. Im Mai 2022 fand die erste Ablieferung an FedEx statt. Primär wurde die 408 SkyCourier für den Paketverteiler FedEx entwickelt. Dieser beschafft vorerst 50 Einheiten und hat eine Option für weitere 50 SkyCourier unterzeichnet. Die erste Passagierversion wurde Mitte 2023 an Western Aircraft abgeliefert. Eine Passagier-/Frachtversion erhielt 2025 die Zulassung. Der aktuelle Bestellungsstand ist unbekannt.
Bemerkungen: FedEx betreibt aktuell eine Flotte von rund 290 Flugzeugen im Feinverteiler der Pakete. Diese gilt es mit der Zeit zu ersetzen. Gefordert war dabei ein möglichst einfach konstruiertes, sehr wirtschaftliches Flugzeug, welches auch von kurzen und nur halbvorbereiteten Pisten starten und landen kann. Entscheidend dabei ist u. a., dass sehr kurze Bodenzeiten für Ein- und Auslad und für die Betankung erzielt werden. Deshalb wird der SkyCourier mit Einpunkt-Druckbetankung ausgerüstet. Als Frachter mit kastenförmigem Rumpf mit einer Länge von 7,11 m, Breite von 1,96 m und Höhe von 1,80 m kann er dank einer großen Frachttüre und vollständig ebenem Boden bis zu drei LD3-Container mitführen. Von der Konstruktion her ist der Schulterdecker sehr einfach und konventionell aus Aluminium ausgelegt und mit bewährten Triebwerken ausgestattet. Das Fahrwerk ist nicht einziehbar. Im Cockpit wird die Avionik Garmin G1000 eingebaut. Neu sind auch eine Passagier- und eine Militärversion im Angebot. Letztere beispielsweise für Spezial- und Ambulanzeinsätze. Cessna gibt neu für die Frachtversion einen Listenpreis von US$ 7,75 Mio. an.
Hersteller: Cessna Aircraft Company, Tochtergesellschaft der Textron Aviation, Werk Independence, Kansas, USA.

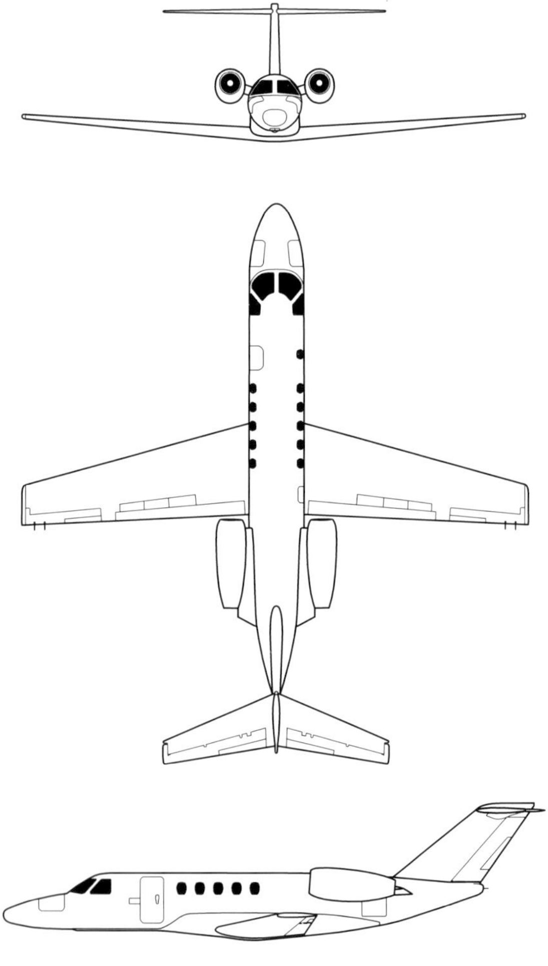

Abmessungen (CJ3/CJ4 Gen3):
Spannweite 16,26/15,77 m,
Länge 15,60/16,26 m,
Höhe 4,60/4,69 m,
Flügelfläche 27,32/30,66 m^2.

CESSNA 525B CITATION CJ3/4 GEN2/3

Ursprungsland: USA.
Kategorie: Firmenflugzeug.
Triebwerke (CJ3/CJ4 Gen3): Zwei Mantelstromtriebwerke Williams Rolls-Royce FJ44-3/4A von je 1279/1642 kp (12,54/16,11 kN) Standschub.
Leistungen (CJ3/CJ4 Gen3): Max. Reisegeschwindigkeit 770/838 km/h; Anfangssteiggeschwindigkeit 22,75/19,58 m/Sek; Dienstgipfelhöhe 13716 m; max. Reichweite 3778/4010 km.
Gewichte (CJ3/CJ4 Gen3): Rüstgewicht 3874/4672 kg; max. Startgewicht 6291/7761 kg.
Zuladung (CJ3/CJ4 Gen2): Pilot und Copilot/Passagier im Cockpit und sechs bis acht Passagiere; Nutzlast bei voller Treibstoffzuladung 372/454 kg, max. 894/961 kg.
Entwicklungsstand: Am 5. Mai 2008 startete der Prototyp CJ4 zum Erstflug, gefolgt vom ersten Serienmuster am 19. August 2008. Mit den Auslieferungen begann Cessna im März 2010. Rund 400 befinden sich aktuell im Einsatz. Bis zur Produktionseinstellung 2018 hat Cessna von der CJ1, CJ2 und CJ3 weit über 1000 Einheiten gebaut, von allen Citations zusammen rund 5900.
Bemerkungen: Die Familie der CitationJet wird kontinuierlich erweitert und modernisiert. Nach dem Ausgangsmuster CJ1 (siehe Ausgabe 2002), der verlängerten CJ2 (siehe Ausgabe 2003), der abermals gestreckten CJ3 (siehe Ausgabe 2007) lancierte Cessna 2008 die CJ4. Der Rumpf der CJ4 wurde um weitere 0,93 m verlängert. Völlig neu ist der Flügel mit leichter Pfeilung. Die Triebwerke sind gegenüber der CJ3 wesentlich leistungsfähiger. Obwohl es sich um ein kleines Firmenflugzeug handelt, ist die Passagierkabine mit einer Länge ohne Cockpit von 5,29 m, einer Breite von 1,47 m und einer Höhe von 1,45 m recht geräumig. Analog zur Citation M2 Gen2 (siehe Ausgabe 2022) wurde 2021 die Citation CJ4 Gen 2 lanciert, welche ebenfalls über eine verbesserte Innenausstattung verfügt. Die CJ3+ ist neu mit einem Wireless Media Server ausgestattet. Damit wird im Flug auch high-speed Internet möglich. Dieses Muster ist für den Einpilotenbetrieb zugelassen. Ganz neu sind die Ausführungen CJ3/4 Gen3. Die wesentlichsten Unterschiede betreffen die nochmals verbesserte Inneneinrichtung. Eingebaut ist die Avionik Garmin G3000 PRIME. Der Preis für eine Cessna CJ3+/CJ4 Gen3 wird mit US $ 8,95 bzw. 10 Mio. angegeben.
Hersteller: Cessna Aircraft Company, Wichita, Kansas, USA.

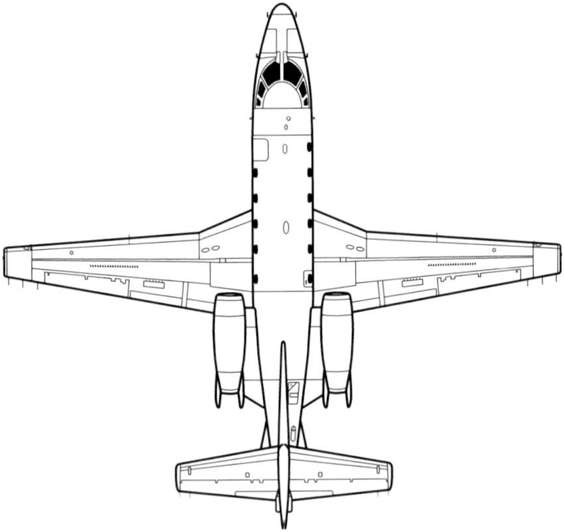

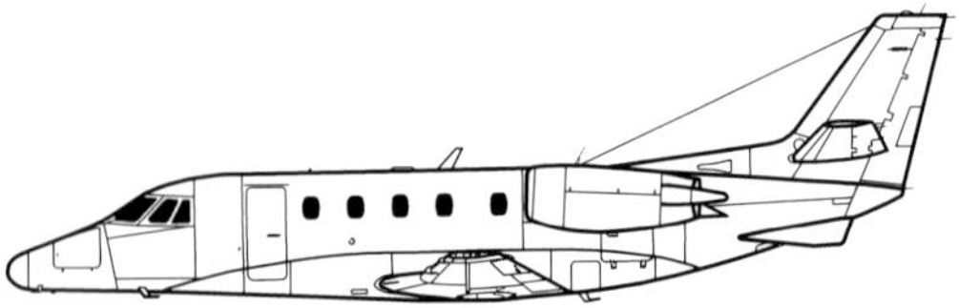

Abmessungen:
Spannweite 17,17 m,
Länge 15,78 m,
Höhe 5,24 m,
Flügelfläche 34,35 m².

CESSNA 561 CITATION XLS GEN 2/ASCEND

Ursprungsland: USA.
Kategorie: Firmenflugzeug.
Triebwerke (XLS Gen2/Ascend): Zwei Mantelstromtriebwerke Pratt & Whitney Canada PW545C/PW545D von je 1868/1910 kp (18,32/18,74 kN) Standschub.
Leistungen: Max. Reisegeschwindigkeit 815 km/h auf 9550 m; Steigzeit auf 13715 m 25 Min; Dienstgipfelhöhe 13715 m; (XLS Gen2) Reichweite mit fünf Passagieren 3889 km.
Gewichte (XLS Gen2/Ascend): Leergewicht 5625/5947 kg; max. Startgewicht 9162/9299 kg.
Zuladung: Zwei Mann Cockpitbesatzung und normalerweise sechs Passagiere in Einzelsitzen, bei enger Bestuhlung bis zu zwölf Personen. Nutzlast bei voller Tankfüllung (XLS Gen2/Ascend) 390/408kg.
Entwicklungsstand: Der Erstflug der Variante Citation XLS+ fand Anfang August 2007 statt. Die Citation XLS Gen 2 wurde 2021 lanciert. Von allen XLS-Varianten sind mittlerweile über 1000 Einheiten produziert worden. Die neue Version Ascend nahm die Flugerprobung am 13. Juni 2024 auf. Ende 2025 wurde mit der Auslieferung der ersten Einheiten begonnen. Der Bestellungstand ist unbekannt.
Bemerkungen: Seit 2021 bietet der Hersteller die XLS Gen 2 mit folgenden Anpassungen an: Verbesserungen an der Kabine, Zugang vom Passagierraum zum Gepäckraum; sog. »intuitives« Kabinen Management-System; beleuchtete Passagiertreppe. Der Basis-Kaufpreis beträgt US $ 15,5 Mio. Mit der Mitte 2023 lancierten Cessna Ascend löst der Hersteller die erfolgreiche Citation XLS/XLS+ ab. Von den Dimensionen und der Struktur baut sie auf der XLS auf. Sie erhält aber neue Triebwerke PW545D, die leistungsmäßig nur wenig stärker sind, jedoch treibstoffeffizienter betrieben werden können sowie längere Wartungsintervalle ermöglichen. Zudem erlauben sie eine 50%ige Beimischung von sog. »Sustainable Aviation Fuel« (SAF) zum herkömmlichen Jet-A-Kerosin. Die neue Avionik baut auf dem System Garmin G5000 auf. Größere Veränderungen finden in der Kabine statt. Der Boden ist im Gegensatz zur XLS eben, dafür wurden in der Raumhöhe 20 cm geopfert. Die Sitze sind drehbar und erlauben eine größere Beinfreiheit. Schließlich sind die Fensterflächen um 25% größer.
Hersteller: Cessna Aircraft Company, Wichita, Kansas, USA.

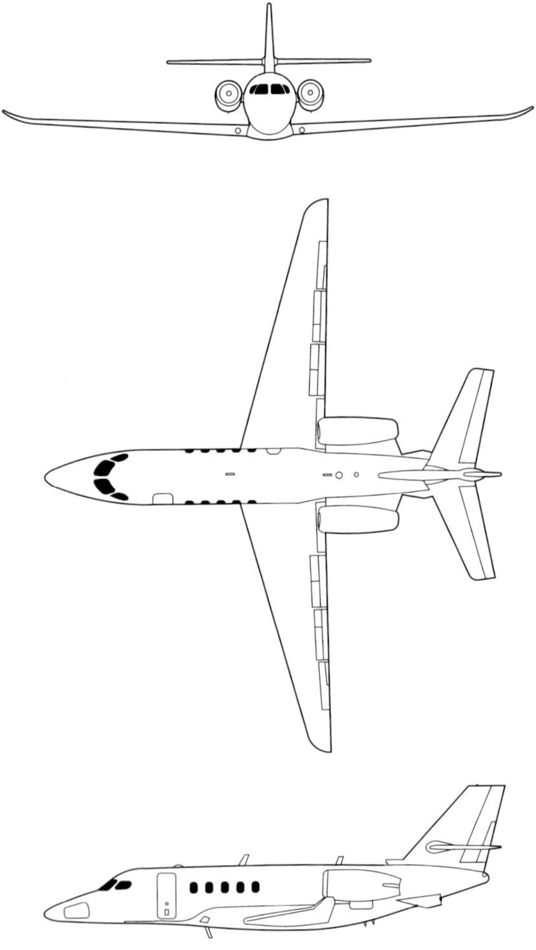

Abmessungen:
Spannweite 22,05 m,
Länge 18,97 m,
Höhe 6,38 m,
Flügelfläche 50,40 m^2.

CESSNA 680A LATITUDE

Ursprungsland: USA.
Kategorie: Firmenflugzeug.
Triebwerke: Zwei Mantelstromtriebwerke Pratt & Whitney PW306D1 von je 2679 kp (26,27 kN) Standschub.
Leistungen: Maximale Reisegeschwindigkeit 826 km/h (Mach 0,80); Dienstgipfelhöhe 13700 m; max. Reichweite 5278 km.
Gewichte: Leergewicht 8462 kg; max. Startgewicht 13971 kg.
Zuladung: Zwei Piloten und je nach Inneneinrichtung bis zu neun Passagiere; max. Nutzlast 1258 kg, bei vollen Treibstofftanks 454 kg.
Entwicklungsstand: Ein erster von insgesamt vier Prototypen nahm die Flugerprobung am 18. Februar 2014 auf. Mit den Auslieferungen hat man im dritten Quartal 2015 begonnen. Vorderhand größter Einzelbesteller ist NetJets mit 175 Einheiten. Jährlich werden etwa 40 Latitudes gebaut, bisher über 400. NetJets wird in den nächsten Jahren zwischen Ascend, Latitude und Longitude rund weitere 1500 Einheiten beschaffen.
Bemerkungen: Mit der Latitude füllt Cessna die Lücke im Angebot zwischen der Cessna Citation-Reihe und der Sovereign (siehe Ausgabe 2016) aus, d. h. konkret das mittlere Segment von Geschäftsreiseflugzeugen. Dieses ist bereits durch Konkurrenzmuster, wie beispielsweise der EMBRAER Praetor 500/600 (siehe Seiten 156/157) prominent besetzt. Flügel, Heckstruktur und Triebwerkaufhängung stammen von der Sovereign, der Rumpf ist dagegen eine völlige Neukonstruktion. Wesentliche Teile der Struktur von Rumpf und Flügel sind aus Aluminium. Auf eine möglichst komfortable Kabine mit den Innenmaßen von Länge 6,63 m, Breite 1,96 m und Höhe 1,83 m wurde besonders geachtet. Sie weist einen ebenen Boden auf und ermöglicht Stehhöhe. Erstmals in einem Businessjet sind Airbags in der Kabine integriert. Eingebaut ist die neueste Cockpit-Generation Garmin G5000. Der Hersteller gibt den Basispreis für die Latitude mit US$ 19,10 Mio. an.
Hersteller: Cessna Aircraft Company, Werk Wichita, Kansas, USA.

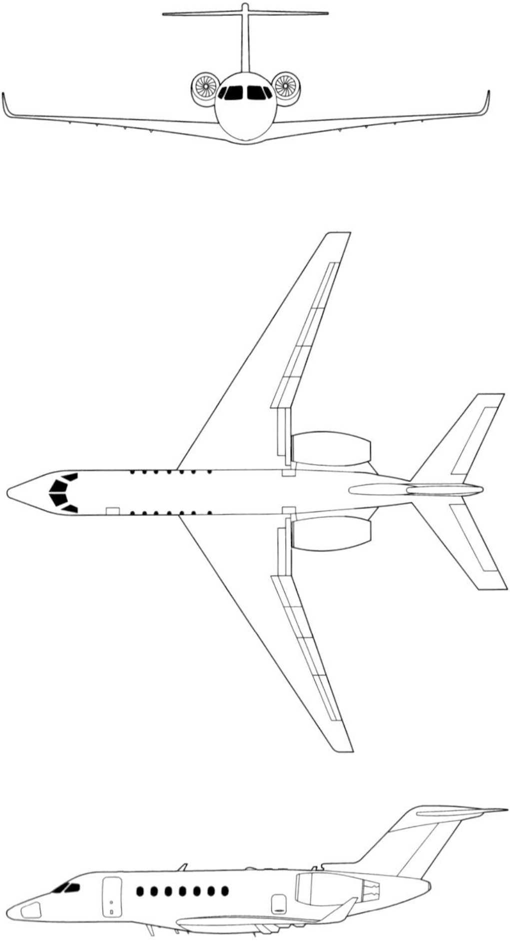

Abmessungen:
Spannweite 21,01 m,
Länge 22,30 m,
Höhe 5,91 m,
Flügelfläche 49,91 m².

CESSNA 700 LONGITUDE

Ursprungsland: USA.
Kategorie: Mittelstrecken-Firmenflugzeug.
Triebwerke: Zwei Mantelstromtriebwerke Honeywell HTF7700L von je 3477 kp (34,10 kN) Standschub.
Leistungen: Max. Reisegeschwindigkeit 895 km/h (Mach 0,84); Steigzeit auf 13715 m 22 Min; Dienstgipfelhöhe 13715 m; Reichweite mit vier Passagieren 6480 km, voll beladen 6150 km.
Gewichte: Rüstgewicht 10630 kg; max. Startgewicht 17917 kg.
Zuladung: Zwei Piloten im Cockpit und je nach Innenausstattung normalerweise acht, aber bis zu 12 Passagiere; Nutzlast bei max. Tankfüllung 725 kg.
Entwicklungsstand: Ein erster Prototyp nahm die Flugerprobung am 8. Oktober 2016 auf, gefolgt vom zweiten bereits dem Serienstandard entsprechenden am 19. November 2016. Die Zulassung erfolgte im September 2019. Anschließend begannen die ersten Auslieferungen an Kunden. Eine Großbestellung über 175 Einheiten gab NetJets Ende 2018 bekannt. Weitere Longitudes werden beschafft. Im Mai 2023 wurde die 100. Einheit fertiggestellt.
Bemerkungen: Bei der Longitude handelt es sich um Cessna's erste vollständige Neuentwicklung seit langem und keine Verbesserung bestehender Typen. Zusammen mit der Latitude (siehe Seiten 112/113) weist die Longitude von allen Cessna-Modellen den größten Rumpfquerschnitt mit Innenbreite von 1,96 m und Innenhöhe von 1,83 m auf. Die Kabinenlänge beläuft sich auf 7,67 m. Auch bezüglich des Komforts sollen Bestwerte erzielt werden. Jeder Passagiersitz verfügt über einen Touchscreen, mit welchem man u.a. die Beleuchtung, die Fensterverdunkelung, das Unterhaltungssystem und die dynamische Realtime-Karte bedienen kann. Hinten in der Kabine ist eine kleine Küche eingebaut. Das Cockpit verfügt über die Avionik Garmin G5000 mit Synthetic Vision Technology. Eingebaut ist eine Fly-By-Wire-Steuerung. Der Kaufpreis bewegt sich in der Größenordnung von US $ 30 Mio. Ursprünglich hätte die Longitude mit dem Safran Silvercrest-Triebwerk ausgerüstet werden sollen. Da sich dessen Entwicklung erheblich verspätete, wurde es durch das schwächere HTF7700L ersetzt. 2022 kündigte Cessna an, eine Seeaufklärerversion der Longitude zu entwickeln. Womit sie ausgerüstet sein wird, ist noch nicht bekannt. Sie soll aber in der Lage sein, Einsätze bis zu 8 Std. zu absolvieren.
Hersteller: Cessna Aircraft Company, Wichita, Kansas, USA.

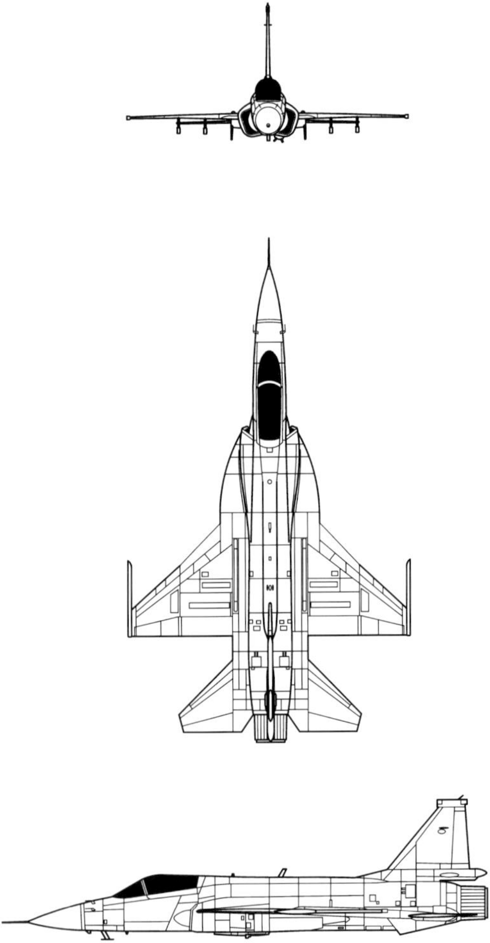

Abmessungen:
Spannweite 9,46 m,
Länge 14,26 m,
Höhe 4,77 m,
Flügelfläche 24,40 m².

CHENGDU JF-17 SUPER 7

Ursprungsland: Volksrepublik China/Pakistan.
Kategorie: Einsitziger Luftüberlegenheitsjäger und Erdkämpfer.
Triebwerke (JF-17A Block 1): Ein Mantelstromtriebwerk Klimow RD-93 von 5040 kp (49,4 kN) ohne und 8300 kp (81,4 kN) mit Nachverbrennung.
Leistungen (JF-17A Block 1): Höchstgeschwindigkeit ohne Außenlasten 1600 km/h (Mach 1,6); Dienstgipfelhöhe 16700 m; Aktionsradius als Jäger 1200 km, als Erdkämpfer 700 km; Reichweite mit internem Kraftstoff 1800 km; Überführungsreichweite 3000 km.
Gewichte: Leergewicht 6585 kg; maximales Startgewicht 12400 kg.
Bewaffnung: Eine doppelläufige 23-mm-Kanone GSh-223-2 links unter dem Rumpf und Luft-Luft- bzw. Luft-Boden-Lenkwaffen sowie Bomben an vier Stationen unter den Flügeln, zwei an den Flügelspitzen und einer unter dem Rumpf. Max. Waffenladung 3600 kg, (Block 2) 4300 kg.
Entwicklungsstand: Das erste Erprobungsmuster nahm die Flugerprobung am 25. August 2003 auf; Erstablieferung an die Pakistanische Luftwaffe im März 2007. Pakistan beschafft 200 Einheiten (je 50 Block 1 und 2, 26 JF-17B, vorläufig 50+ JF-17C Block 3) (Lizenzbau), Vermutlich sind etwa 180 davon bisher abgeliefert worden. Derzeit wird nur die Version Block 3 gebaut, Ablieferung ab 2022. Myanmar hat 16, Nigeria vorläufig 3 JF-17A Block 2. Neueste Bestellung: Aserbaidschan 40 Block 3. Die Doppelsitzerausführung JF-17B flog erstmals am 27. April 2017.
Bemerkungen: Das chinesisch-pakistanische Gemeinschaftsprojekt FC-1/JF-17 wurde in enger Zusammenarbeit mit der russischen MAPO mit dem Ziel entwickelt, ein preisgünstiges Mehrzweck-Kampfflugzeug anzubieten. In der Auslegung ist es recht konventionell. Rumpf wie Flügel bestehen aus Aluminium. Die Steuerung ist noch vollständig Servo-betrieben. Eingebaut wurde eine chinesische Avionik mit dem Mehrzweckradar KLJ-7. Damit ist die JF-17 eines der wenigen Kampfflugzeuge, welches keinerlei US-Systeme verwendet. Nach Ablieferung der letzten Block 1-Version, wurde die Block 2-Ausführung gebaut mit folgenden Verbesserungen: Größere Waffenlast, aktualisierte Avionik und Elektronik sowie Möglichkeit der Luft-Luft-Betankung. Die neueste Version JF-17C Block 3 (Erstflug 15. Dezember 2019, siehe Foto), besitzt ein AESA-Radar, ein Infrarot-Zielverfolgungssystem, vermutlich ein neues leistungsfähigeres Triebwerk. Teile der Struktur sind aus Verbundwerkstoffen. Sie soll modernste Abstandswaffen mitführen können, neuerdings aber auch chinesische Antischiffs-Lenkwaffen CM-400 AKG.
Hersteller: CAC Chengdu Aircraft Industrial Corp., Chengdu, Sichuan, Volksrepublik China bzw. Pakistan Aeronautical Complex, Kamra, Pakistan.

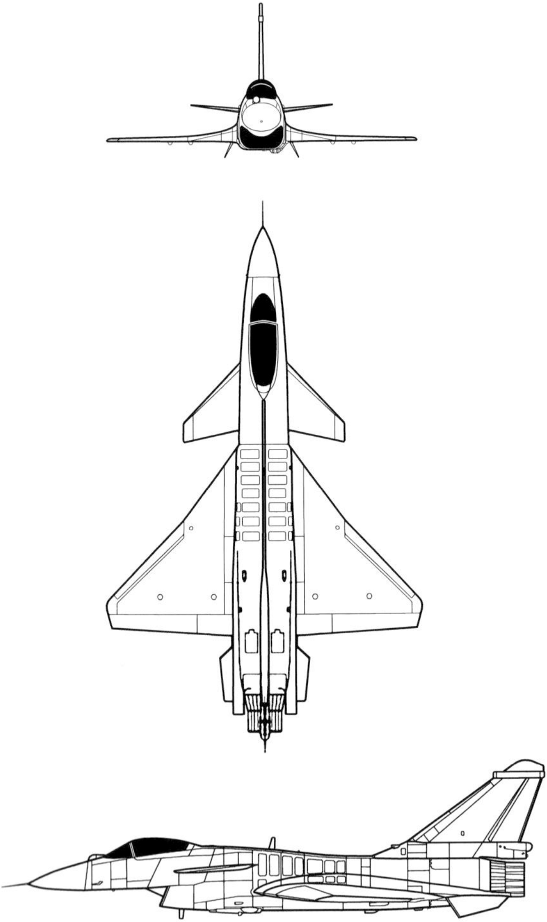

Abmessungen:
Spannweite Hauptflügel 9,75 m, Vorflügel 5,30 m,
Länge 16,43 m,
Höhe 5,43 m,
Fläche Hauptflügel 39,00 m², Vorflügel 4,70 m².

CHENGDU J-10

Ursprungsland: Volksrepublik China.
Kategorie: Einsitziger Mehrzweckjäger und zweisitziger Einsatztrainer.
Triebwerke (J-10C): Ein Mantelstromtriebwerk Shenyang WS-10B von 9090 kp (89,17 kN) Standschub ohne und 14680 kp (144 kN) mit Nachverbrennung.
Leistungen (J-10C): Höchstgeschwindigkeit Mach 1,8 – 2,0 in großen Höhen, auf Meereshöhe Mach 1,2; Anfangssteiggeschwindigkeit 300 m/Sek; Dienstgipfelhöhe 17000 m; Aktionsradius 660+ km; Reichweite ohne Zusatzbehälter 1850 km.
Gewichte (J-10C): Leergewicht 9750 kg; max. Startgewicht 19200 kg.
Bewaffnung: Eine Kombination von Kurzstrecken-Luft-Luft-Lenkwaffen PL-8, Mittelstrecken- bzw. Langstrecken-Luft-Luft-Lenkwaffen PL-10/11/15 und Zusatztanks/Luft-Boden-Raketen/Bomben an bis zu elf Waffenstationen; max. Waffenlast rund 6600 kg. Zudem ist eine 23-mm-Kanone eingebaut.
Entwicklungsstand: Der erste Prototyp J-10A führte am 24. März 1998 seinen Erstflug aus, der doppelsitzige Prototyp J-10S folgte am 26. Dezember 2003. Seit 2004 ist die J-10 bei der Luftwaffe der VR China im Einsatz. Vermutlich sind bisher über 600 Exemplare gebaut worden. Derzeit produziert der Hersteller nur noch die Varianten J-10B (Erstflug 23. Dezember 2008) und J-10C (Erstflug Dezember 2013); Einsatzreife ab 2015 bzw. 2018. Pakistan hat bei einem Gesamtbedarf von 50 J-10CP deren 44 bestellt. Ägypten beschafft eine unbekannte Anzahl der Version J-10CE, neuerdings auch Bangladesch 20 und Indonesien 42.
Bemerkungen: Beim Mehrzweckjäger J-10 sind alle Systeme chinesischer Provenienz. Sie verfügt über eine digitale Fly-By-Wire-Steuerung. Seit 2011 ist auch die Marineversion J-10AH in Einsatz gelangt. Sie unterscheidet sich primär durch eine fix montierte Betankungssonde. Die J-10B weist folgende Verbesserungen auf: Überarbeiteter Triebwerkseinlauf, umkonstruierte Rumpfnase zur Aufnahme eines neuen AESA-X-Band-Radars, verstärke Zelle, vergrößertes Seitenleitwerk, Infrarot-Zielsuchsystem. Zudem befinden sich zwei weitere Waffenaufhängepunkte unter den Flügeln. Die J-10C (siehe Foto) besitzt ein nochmals verbessertes AESA-Radar und ist mit einem stärkeren Triebwerk ausgerüstet. Erstmals wurde diese Version 2021 gesichtet. Ganz neu hört man von einer J-10D, vermutlich ausgerüstet mit einem nochmals verstärkten Triebwerk eventuell mit Vektor-Steuerung, elektrooptischem Zielsystem sowie Stealth-Eigenschaften.
Hersteller: CAC Chengdu Aircraft Industrial Corporation, Chengdu, Sichuan, Volksrepublik China.

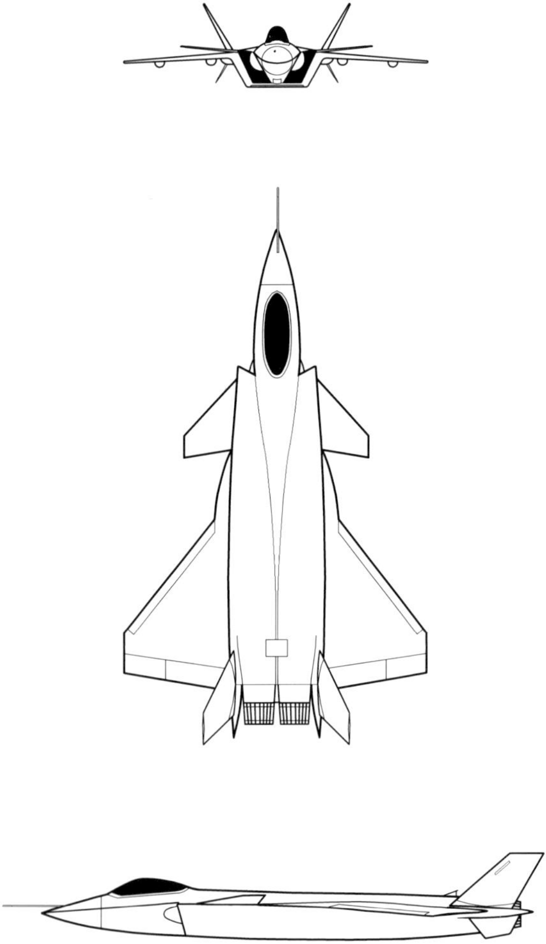

Abmessungen:
Spannweite 13,50 m,
Länge 21,20 m,
Höhe 4,69 m,
Flügelfläche 73 m².

CHENGDU J-20A/B WEILONG

Ursprungsland: Volksrepublik China.
Kategorie: Luftüberlegenheitsjäger und Mehrzweck-Kampfflugzeug.
Triebwerke: (J-20) Zwei Mantelstromtriebwerke Saturn AL-31FN Series 3 von je 13500 kp (132,40 kN) mit Nachverbrennung, (J-20A) zwei Shenyang WS-10C Mantelstromtriebwerke mit einer Leistung von etwa 145 kN mit Nachverbrennung.
Leistungen (J-20): Höchstgeschwindigkeit Mach 2,0; Anfangssteiggeschwindigkeit 300 m/Sek; Dienstgipfelhöhe 20000 m; Einsatzradius 2000 km; Überführungsreichweite 5500 km.
Gewichte (nach unbestätigten Angaben): Leergewicht 17000 kg; Startgewicht normal 25000 kg, maximal 37000 kg.
Bewaffnung: Die J-20 kann im Waffenschacht unter dem Rumpf und den zwei seitlich angeordneten Schächten vor allem moderne Abfang- und Angriffslenkwaffen mitführen, darunter die neue Luft-Luft-Kurzstreckenlenkwaffe PL-10 und die Langstreckenlenkwaffe PL-15. Aber auch an Aufhängepunkten unterhalb des Rumpfes und der Flügel können Waffen oder Zusatztanks montiert werden. Maximale Waffenlast 11000 kg.
Entwicklungsstand: Am 11. Januar 2011 nahm der erste einsitzige Prototyp J-20 die Flugerprobung auf. Mittlerweile sollen ab 2017 über 300 J-20 bei der Luftwaffe der Volksrepublik China im Einsatz sein. Der Zweisitzer flog erstmals Ende 2021, gefolgt von der verbesserten einsitzigen Version J-20A im Dezember 2022. Über die jährlichen Produktionszahlen zirkulieren sehr unterschiedliche Angaben.
Bemerkungen: Die Chengdu J-20 ist das erste Flugzeug chinesischer Produktion, das über sog. Stealth-Eigenschaften verfügt. Es handelt sich um einen Deltaflügler mit Canards. Die doppelt vorhandenen Seitenleitwerke sind nach außen abgewinkelt und voll beweglich, die rautenförmigen Lufteinlässe liegen am Bug an und sind als **D**iverterless **S**upersonic **I**nlets (DSI) ausgeführt. Vermutlich wird das Flugzeug durch ein Fly-By-Wire-System gesteuert. Eingebaut dürfte ein AESA-Radar des Typs 1475/KLJ5 sein. Es existiert auch eine Version der J-20 mit WS-10C-Triebwerken als Interimslösung. 2021 wurde erstmals ein Doppelsitzer J-20S gesichtet. Diese Ausführung soll als eine Art »Kommandoflugzeug« vorgesehen sein. Seit 2024 zirkulieren Bilder einer Version J-20A mit WS-15-Triebwerken, erhöhtem Cockpit, zusätzlicher Avionik, überarbeiteter Nase usw. Offenbar soll es sich dabei um die definitive Ausführung handeln. Weiterhin sind aber dazu keinerlei verlässliche Angaben vorhanden.
Hersteller: CAC Chengdu Aircraft Industrial Corporation, Chengdu, Sichuan, Volksrepublik China.

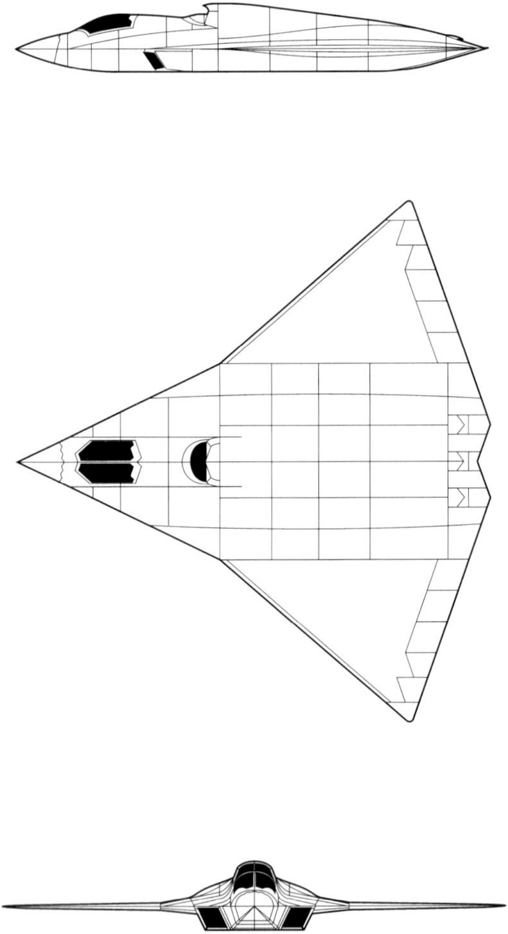

Abmessungen:
Noch keine Angaben erhältlich.

CHENGDU J-36

Ursprungsland: Volksrepublik China.
Kategorie: Vermutlich Jäger bzw. Jagdbomber für sog. Überlegenheitseinsätze mit Stealtheigenschaften.
Triebwerke: Drei Mantelstromtriebwerke vermutlich des Typs Shenyang WS-15 in der Größenordnung von 180 kN Leistung mit Lufteinlässen über den Flügeln.
Leistungen (geschätzt): Vermutlich erreicht die J-36 Überschallgeschwindigkeit; Aktionsradius 3500 km. Weitere Leistungsangaben sind noch nicht erhältlich.
Gewichte: Noch keine Angaben erhältlich.
Bewaffnung: In drei internen Waffenschächten können beispielsweise Langstrecken-Luft-Boden- bwz. Luft-Luft-Lenkwaffen mitgeführt werden.
Entwicklungsstand: Unscharfe Bilder dieses Musters wurden erstmals Ende 2024 gesichtet. Offenbar sollen mindestens zwei Prototypen bereits fliegen. Entsprechende Bilder wurden publiziert. Ob und wann – wenn überhaupt – die Serienfertigung beginnt ist noch völlig offen. Gewisse Quellen schätzen die Einsatzbereitschaft nicht vor 2035.
Bemerkungen: Bisher gibt es zur J-36 nur unscharfe Bilder und manche Spekulationen, wer der Hersteller ist und welche Aufgaben dieses Musters erfüllen muss. Es zeichnet sich ab, dass die J-36 dem Hersteller Chengdu zugeschrieben werden muss. Was man bisher vermutet bzw. weiß ist, dass es sich um eine recht große Entwicklung mit drei Triebwerken und Doppel-Deltaflügeln handelt. Ob es sich um ein Jagdflugzeug oder eher um einen Jagdbomber der sog. 6. Generation handelt, ist noch nicht klar. Dieses voraussichtlich mit Stealth-Eigenschaften versehene Modell dürfte Überschalleigenschaften aufweisen. In der Auslegung als Deltaflugzeug mit je fünf Landeklappen/Vorflügel bzw. Luftbremsen pro Flügel und fehlendem Seitenleitwerk gleicht es der Northrop Grumman B-21, aber mit geringeren Abmessungen (siehe Seiten 246/247). Viele hier gemachten Angaben sind noch mit Vorsicht zu genießen, sie basieren teilweise auf recht spekulativen Aussagen.
Hersteller: CAS Chengdu Aircraft Industrial Corporation, Chengdu, Sichuan, Volksrepublik China.

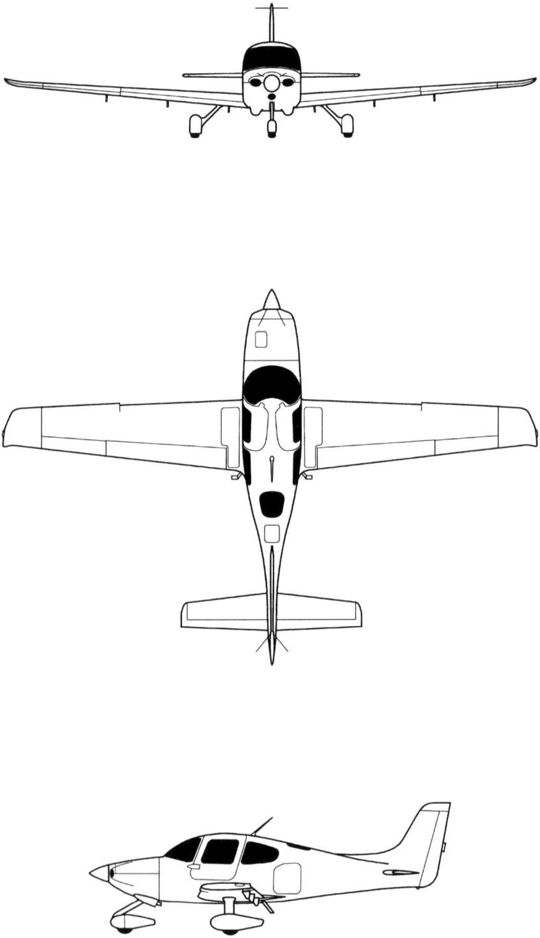

Abmessungen:
Spannweite 11,68 m,
Länge 7,92 m,
Höhe 2,71 m,
Flügelfläche 13,46 m².

CIRRUS SR20/SR22/SR22T

Ursprungsland: USA.
Kategorie: Sport- und Reiseflugzeug.
Triebwerke (SR20): Ein luftgekühlter Vierzylinder-Boxermotor Continental IO-390-C3B6 von 215 PS (162 kW), (SR22T): Ein luftgekühlter turbogeladener Sechszylinder-Boxermotor Continental TSIO-550-K von 315 PS (235 kW).
Leistungen (SR20/22T): Max. Reisegeschwindigkeit 285/394 km/h; Anfangssteiggeschwindigkeit 3,97/6,10 m/Sek; Dienstgipfelhöhe 5334/7620 m, max. Reichweite mit IFR-Reserven 1150/1500 km.
Gewichte (SR20/22T)**:** Leergewicht 958/1064 kg; max. Startgewicht 1383/1632 kg.
Zuladung (SR20/SR22T): Pilot und drei Passagiere bzw. ab Generation 5 vier Passagiere, max. Nutzlast rund 390/569 kg.
Entwicklungsstand: Im Januar 2024 wurde die aktuellste Ausführung der SR20/22-Familie, die G7 bzw. 2026 die Generation 7+ vorgestellt. Derzeit sind die Versionen SR20, SR22 und SR22T erhältlich. Die mittlerweile zahlreiche Familie der Cirrus-Propellerflugzeuge wurde in früheren Ausgaben von »Flugzeuge der Welt« vorgestellt. Von allen Varianten werden derzeit jährlich rund 400 Maschinen gebaut, die Produktion soll allerdings wegen der großen Nachfrage verdreifacht werden. Im Dezember 2025 wurde die 11000. Einheit abgeliefert. Die Lufthansa-Flugschule hat für die Anfängerschulung 25 Cirrus SR20 beschafft.
Bemerkungen: Die Modellvielfalt der Cirrus nimmt weiter zu und das Ausgangsprodukt wird konsequent weiterentwickelt. Die neueste Ausführung ist die G7 mit folgenden Anpassungen: Überarbeiteter Innenraum, aktualisierte Elektronik und Anzeigen bester Auflösung. Eingebaut ist die Avionik Garmin Cirrus Perspective Touch+. Diese soll die Arbeit insbesondere für nicht professionelle Piloten erleichtern, da in der Bedienung intuitiv. Weitere der Sicherheit dienende Verbesserungen wurden ebenfalls eingefügt. Nach Angaben des Unternehmens beginnen die US-Preise für das G7-Modell der SR-20 bei rund US$ 640'00, der SR-22 bei US$ 844'900 sowie bei der SR-22G7+ bei US$ 1,2 Mio. Eine Besonderheit ist das Cirrus Aircraft Parachute System. In einem Notfall wird ein Fallschirm ausgelöst, welcher das Flugzeug sicher auf den Boden zurückbringt.
Hersteller: Cirrus Design Corp. (seit 2011 Tochtergesellschaft der CAIGA, China Aviation Industry General Aircraft Co. Ltd., VR China), Duluth, Minnesota, USA.

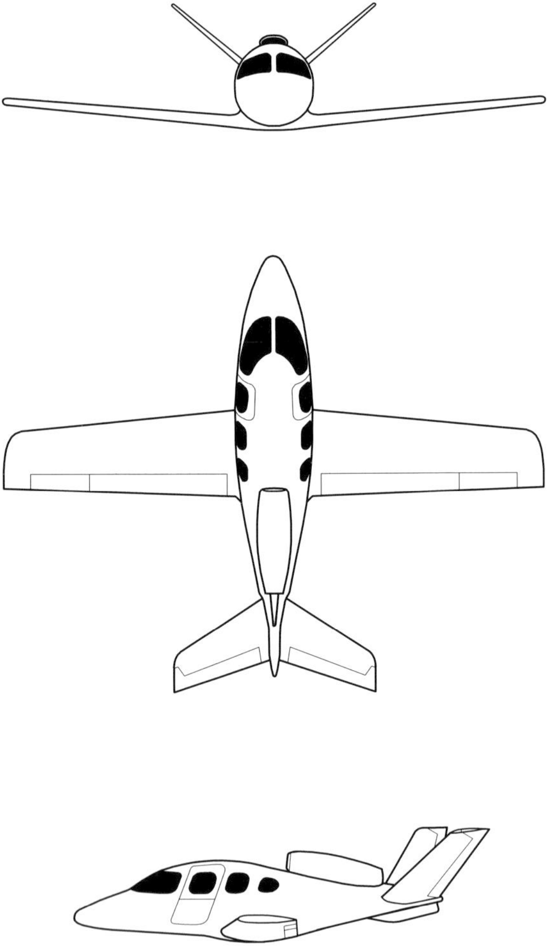

Abmessungen:
Spannweite 11,79 m,
Länge 9,42 m,
Höhe 3,32 m,
Flügelfläche ca. 18,18 m².

CIRRUS VISION SF50 G2+

Ursprungsland: USA.
Kategorie: Leichtes düsengetriebenes Sport- und Reiseflugzeug.
Triebwerke: Ein Mantelstromtriebwerk Williams International FJ33-5A von 840 kp (8,24 kN) Standschub.
Leistungen: Maximale Reisegeschwindigkeit 575 km/h (Mach 0,53); normale Reisegeschwindigkeit 555 km/h; max. Steiggeschwindigkeit 8,20 m/Sek; Dienstgipfelhöhe 9450 m; normale Reichweite 1850 km, maximal 2360 km.
Gewichte: Rüstgewicht 1678 kg; max. Startgewicht 2722 kg.
Zuladung (G2+): Ein Pilot und normal vier, maximal bis zu sechs Passagiere; Nutzlast bei vollen Treibstofftanks 205 kg, max. Nutzlast 545 kg.
Entwicklungsstand: Ein Erprobungsträger flog erstmals am 3. Juli 2008. Der Produktionsprototyp C-Zero startete am 24. März 2014 zum Erstflug, gefolgt vom zweiten C-One am 26. November 2014. Nach längeren Verzögerungen erhielt die Vision im Oktober 2016 die Zulassung. Jährlich werden nun rund 100 SF50 produziert. Die 600. lief Anfang 2025 vom Band.
Bemerkungen: In mehreren Belangen ist das erste Flugzeug mit Strahlantrieb von Cirrus eine echte Innovation. Im Gegensatz zu den meisten ähnlichen Konstruktionen fokussiert dieses Muster nicht auf den Taxiflugmarkt, sondern auf jenen der Privatpiloten, welche ihr einmotoriges Sportflugzeug durch ein höherwertiges Düsenflugzeug ersetzen möchten. Die Vision soll besonders einfach zu fliegen sein. Die Cockpitausrüstung sieht sehr futuristisch aus. Dem Passagierkomfort wird größte Beachtung geschenkt. So bietet die Kabine mehr Raum pro Person als einige Konkurrenzmuster an. Die Konstruktion besteht vollständig aus Verbundwerkstoffen, wobei das V-förmige Höhenruder besonders auffällt. Einmalig für Jets ist das Rettungssystem mit Fallschirm. Markant ist auch das oben am Rumpf angebrachte Triebwerk, welches für dieses Muster diverse Vorteile bringen soll. Der Wirtschaftlichkeit wird große Beachtung geschenkt. So sind die Betriebskosten für ein Strahlflugzeug sehr tief. 2021 wurde eine aufdatierte Version G2+ vorgestellt, u. a. mit Verbesserungen in der Avionik, und im Komfort, verstärkter Struktur, einem Autothrottle-System und leistungsfähigerem Triebwerk für verbesserte Höhenleistungen. Kosten US$ 2,98 Mio.
Hersteller: Cirrus Design Corp. (seit 2011 Tochtergesellschaft der CAIGA, China Aviation Industry General Aircraft Co. Ltd., VR China), Duluth, Minnesota, USA.

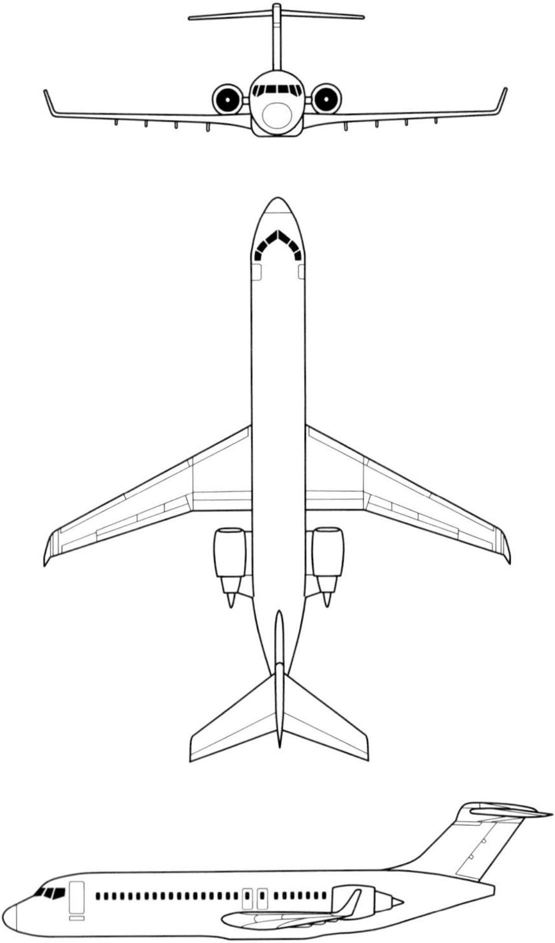

Abmessungen:
Spannweite 27,28 m,
Länge (C909-700 bzw. 900) 33,46 bzw. 36,36 m,
Höhe 8,44 m,
Flügelfläche 79,86 m².

COMAC C909

Ursprungsland: Volksrepublik China.
Kategorie: Kurz- und Mittelstrecken-Verkehrsflugzeug.
Triebwerke: Zwei Mantelstromtriebwerke General Electric CF34-10A von je (C909-700/900) 6954 kp (68,20 kN) bzw. 7737 kp (75,88 kN) Standschub.
Leistungen: Max. Reisegeschwindigkeit Mach 0,82; normale Reisegeschwindigkeit Mach 0,78; Dienstgipfelhöhe 11900 m; Reichweite (C909-700STD/900STD) 2225 km, (C909-700ER/900ER) 3750/3334 km.
Gewichte: Leergewichte (C909-700STD/ER, 900STD/ER) 24955 kg, 26270/26770 kg; max. Startgewichte (C909-700STD/ER, 900STD/ER) 40500/43500 kg, 43616/47182 kg.
Zuladung: Zwei Mann Cockpitbesatzung und (C909-700) zwischen 70 und 80 bzw. (C909-900) zwischen 90 und 100 Passagiere in einer klassischen Kabinenaufteilung mit vier bzw. fünf Sitzen pro Reihe. Max. Nutzlast 11246 kg.
Entwicklungsstand: Der erste noch als ARJ-21 bezeichnete Prototyp startete am 28. November 2008 zum Erstflug, gefolgt vom zweiten am 1. Juli 2009. Nach erheblichen technisch bedingten Verzögerungen wurde die erste Serienmaschine im Dezember 2015 an die Chengdu Airlines ausgeliefert. Primär von chinesischen Luftfahrt- und Leasinggesellschaften lagen Ende 2025 Bestellungen für über 500 Maschinen vor, alle der Version C909-700. Davon abgeliefert waren etwa 200. Vier VIP-Ausführungen bestellte die Regierung von Kongo. Mittlerweile werden jährlich rund 35 Exemplare gebaut.
Bemerkungen: Beim ARJ21 (**A**dvanced **R**egional **J**et), nun aber als C909 bezeichnet, handelt es sich um das erste düsengetriebene Regionalflugzeug, welches vollständig in der Volksrepublik China entwickelt und dort gebaut wird. Von der Kategorie her ist dieses Muster mit der EMBRAER-Reihe 170 bis 195 (siehe Ausgabe 2021) und der Yakowlew/Suchoj Superjet 100 (siehe Ausgabe 2025) vergleichbar. Zwei Passagiervarianten bietet der Hersteller an: Die Basisausführung C909-700 sowie der verlängerte C909-900. Beide gibt es als Normalvariante STD und für längere Strecken als ER. 2023 ist die erste auf der C909-700 basierende Frachtversion C909F abgeliefert worden, die fünf sog. LD7-Container aufnehmen kann. Es existiert auch eine Ambulanz-Version. Eine Businessjet-Version mit 20 Sitzplätzen wird ebenfalls gebaut. Soweit bekannt sind fünf Exemplare bestellt. Der C909 hat bewiesen, dass er ab dem weltweit höchst gelegenen Flugplatz von 4411 m operieren kann.
Hersteller: COMAC Commercial Aircraft Corporation of China Ltd., Endmontage bei Shanghai Aircraft Manufacturing Co. Ltd., Shanghai, Volksrepublik China.

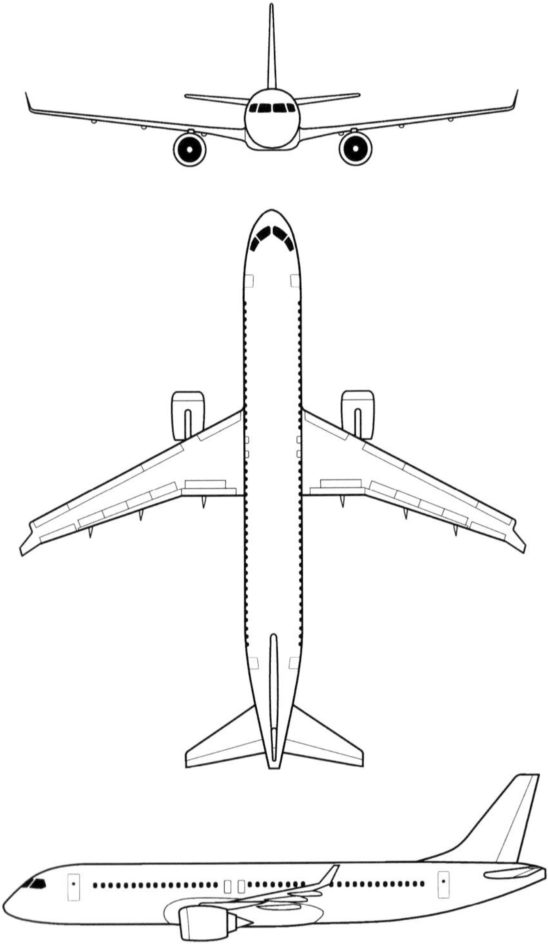

Abmessungen:
Spannweite 33,60 m,
Länge 38,90 m,
Höhe 11,95 m,
Flügelfläche 129,15 m².

COMAC C919

Ursprungsland: Volksrepublik China.
Kategorie: Kurz- und Mittelstrecken-Verkehrsflugzeug.
Triebwerke: Zwei Mantelstromtriebwerke CFM International Leap-1C von je 13000 kp (133,00 kN) Leistung.
Leistungen: Max. Reisegeschwindigkeit Mach 0,785; normale Reisegeschwindigkeit 834 km/h; Dienstgipfelhöhe 12100 m; Reichweite je nach Ausführung zwischen 4139 und (-ER) 5576 km.
Gewichte: Leergewicht 42100 kg; max. Abfluggewicht (-ER) 78900 kg.
Zuladung: Zwei Mann Cockpitbesatzung und in Einklassenausstattung bis zu 174 Passagiere in Sechserreihen, normalerweise aber 156 Passagiere in zwei Klassen. Max. Nutzlast 18900 kg.
Entwicklungsstand: Ein erster von sechs Prototypen startete am 5. Mai 2017 zum Erstflug. Die chinesische Zulassung konnte nach langen Verzögerungen im September 2022 erzielt und der Liniendienst Mitte 2023 aufgenommen werden. Was den effektiven Bestellungsstand angeht, gibt es unterschiedlichste Aussagen. Je nach Quelle werden Festbestellungen von über 1000 Einheiten zuzüglich 700 Kaufabsichten genannt; dies fast ausschließlich von chinesischen Airlines bzw. Leasinggesellschaften. Wegen Lieferproblemen bleibt die jährliche Produktion einstweilen auf rund 30 Einheiten begrenzt, soll später aber auf 75 C919 erhöht werden.
Bemerkungen: Mit diesem Flugzeugprogramm wagte die Volksrepublik China den Eintritt in den schwierigen, von Airbus und Boeing weitgehend kontrollierten Markt der 100- bis 170-Sitzer. Vorerst sollen zwei Varianten angeboten werden, die sich primär durch die Reichweitenleistungen unterscheiden. Die ersten Muster werden einstweilen nur mit dem Leap-1C-Triebwerk angeboten, später sollen alternative Antriebe, z.B. das chinesische CJ-1000A, hinzukommen. Die ganze Struktur ist weitgehend aus Aluminium-Lithium, an einzelnen Stellen gelangen Composite-Werkstoffe zum Einbau. Der Rumpfdurchmesser wurde gegenüber den westlichen Konkurrenzmustern etwas breiter konzipiert und lässt somit den Passagieren besseren Komfort zukommen. Fast alle chinesischen Flugzeugproduzenten beteiligen sich an diesem Projekt. Nachdem die C919 voraussichtlich weniger durch technologische Spitzenwerte punkten wird, dürfte vermutlich der günstige Preis das Muster durchaus auch für Kunden außerhalb Chinas attraktiv erscheinen lassen. Comac prüft derzeit die Entwicklung einer verkürzten wie auch verlängerten Variante der C919, sowie einer für Einsätze auf hochgelegenen Flugplätzen. Tibet Airlines soll von letzterer Version 40 Einheiten bestellt haben.
Hersteller: COMAC Commercial Aircraft Corporation of China Ltd., Endmontage bei Shanghai Aircraft Manufacturing Co. Ltd., Shanghai, Volksrepublik China.

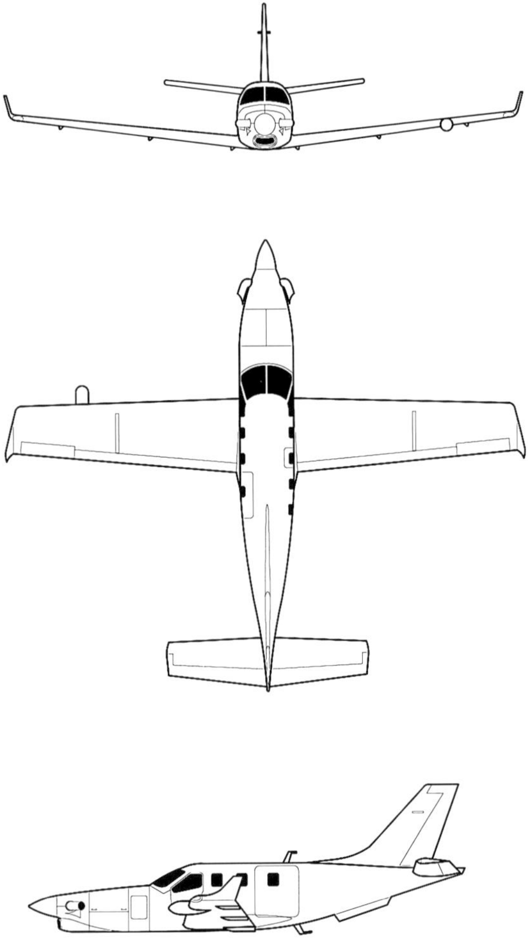

Abmessungen:
Spannweite 12,83 m,
Länge 10,73 m,
Höhe 4,35 m,
Flügelfläche 18,00 m².

DAHER TBM 910/960

Ursprungsland: Frankreich.
Kategorie: Leichtes Mehrzweckflugzeug.
Triebwerke: Eine Propellerturbine Pratt & Whitney Canada (910) PT6A-66D von 1825 auf 850 WPS (633 kW) reduzierter Leistung, (960) PT6E-66XT von 1844 WPS ebenfalls auf 850 WPS (633 kW) reduziert.
Leistungen: Maximale Reisegeschwindigkeit 611 km/h auf 8530 m; normale Reisegeschwindigkeit 537 – 570 km/h; Anfangssteiggeschwindigkeit 11,7 m/Sek; Dienstgipfelhöhe 9449 m; Reichweite mit max. Treibstoffzuladung bei 467 km/h 3304 km, (960) 3204 km.
Gewichte (910/960): Leer 2097/2179 kg; max. Startgewicht 3354/3454 kg.
Zuladung: Ein bis zwei Piloten und bis zu sechs Passagiere. »Club«-Version mit vier Passagiersitzen und Mittelgang. Nutzlast bei max. Reichweite 404 kg, max. Nutzlast 636 kg, (960) 656 kg.
Entwicklungsstand: Die bereits lange Reihe der TBM-Familie wurde 2017 durch die TBM 910, 2019 durch die TBM 940 und 2022 durch die TBM 960 ergänzt. Ab 2022 bietet der Hersteller nur noch die Versionen TBM 910 und 960 an. Das Ausgangsmuster TBM 850 flog erstmals im Februar 2005, gefolgt vom ersten Serienflugzeug im Januar 2006. Bisher sind rund 1300 von allen Versionen der TBM-Reihe, davon 600 der 900-Reihe (900, 910, 930, 940 und 960) hergestellt worden, dies bei einer jährlichen Produktion von rund 50 Einheiten.
Bemerkungen: Die günstigere Variante TBM 910 verfügt über eine Garmin-Avionik der nächsten Generation G1000NXi, verbesserte Netzwerkkonnektivität und Anpassungen an der Inneneinrichtung. Mit der TBM 960 wurde ein neues voll-digitalisiertes Triebwerk mit Fünfblattpropeller eingeführt. Sie kann wirtschaftlicher betrieben werden. Dank einer neuen Avionik G3000 einschließlich Wetterradar GWM8000 ist die Bedienung vereinfacht worden, was die Arbeitsbelastung für den Piloten weiter reduziert. Kosten für die Basisversionen US$ (910) 3,9 Mio. bzw. (960) ab 4,6 Mio. Am 29. November 2023 nahm der auf der TBM940 basierende Erprobungsträger Daher EcoPulse die Flugerprobung auf. Nebst der bisherigen Pratt & Whitney-Propellerturbine verfügt er an den Flügeln verteilt über sechs Elektromotoren Safran mit je einer Leistung von 45 kW, vier angetrieben durch 300 kW-Batterien und zwei durch solche mit einer Leistung von 100 kW. Damit will man erproben, ob in Zukunft ein Mischantrieb zwischen konventionellen und neuen Antrieben technisch wie wirtschaftlich machbar wird.
Hersteller: Daher S.A., Werke Tarbes, Suresnes, Frankreich und neu Stuart, Florida, USA.

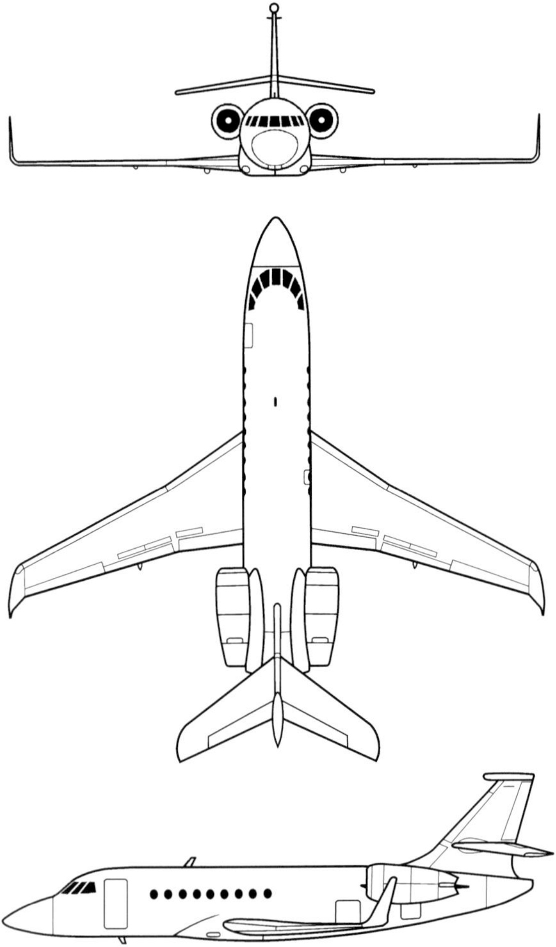

Abmessungen (LSX/S):
Spannweite 21,38 m,
Länge 20,23 m,
Höhe 7,06 m,
Flügelfläche 49,02 m².

DASSAULT FALCON 2000LXS/S/ALBATROS

Ursprungsland: Frankreich.
Kategorie: Firmenflugzeug, Seeaufklärer und Plattform für COMINT/SIGINT-Aufgaben.
Triebwerke: Zwei Mantelstromtriebwerke Pratt & Whitney Canada PW308C von je 3175 kp (31,13 kN) Standschub.
Leistungen (LXS/S): Max. Reisegeschwindigkeit auf 11890 m 903 km/h (Mach 0,85); Anfangssteiggeschwindigkeit 17,4 m/Sek; Dienstgipfelhöhe 14300 m; Reichweite mit sechs Passagieren und NBAA-Reserven 7410 km bzw. 6200 km.
Gewichte (LXS/S): Rüstgewicht 11250/11227 kg; max. Startgewicht 19142/18688 kg.
Zuladung: Zwei Piloten im Cockpit und je nach Innenausstattung acht bis zwölf Passagiere in der Kabine, bei enger Bestuhlung 19 Passagiere; (LXS) Nutzlast bei maximaler Treibstoffzuladung 993 kg. Version Albatros: Zwei Piloten und zwei Operators.
Entwicklungsstand: Erstflug des Erprobungsmusters Falcon 2000 am 4. März 1993. Zulassung und Beginn der Ablieferungen an Kunden im Februar 1995; bisher rund 700 Einheiten gebaut. Seitdem wurde die Falcon 2000 weiterentwickelt. Aktuell bietet der Hersteller die Ausführung LXS an. Die Aéronavale beschafft zwölf Einheiten einer von der Version LXS abgeleiteten Seeüberwachungs- und SAR-Version genannt Falcon 2000 Albatros. Die Erstablieferung ist für 2026 vorgesehen. Südkorea kaufte 2021 vier Falcon 2000S, welche für COMINT/SIGINT-Aufgaben ausgebaut werden.
Bemerkungen: Die Falcon 2000 verfügt über den gleichen komfortablen Rumpfquerschnitt mit durchgehender Stehhöhe wie die Falcon 900 (siehe Ausgabe 2015). Die Kabine ist aber mit 9,46 m Länge etwas kürzer. Alle seit 2004 gebauten Falcon 2000 sind mit dem interaktiven Cockpit-Management-System »EASy« versehen. Als Option ist ein HUD erhältlich. Die Seeaufklärer-Version Albatros wird u.a. über ein Multifunktionsradar unter dem Rumpf, einen einziehbaren Elektro-optischen Turm, Rettungsausrüstung sowie über zwei große Beobachtungsfenster verfügen. Unter den Flügeln können Waffen, ECM-Pods oder eine Zielschlepperausrüstung mitgeführt werden.
Hersteller: Dassault Falcon Jet Corporation, Werk Bordeaux-Mérignac, St. Cloud, Frankreich.

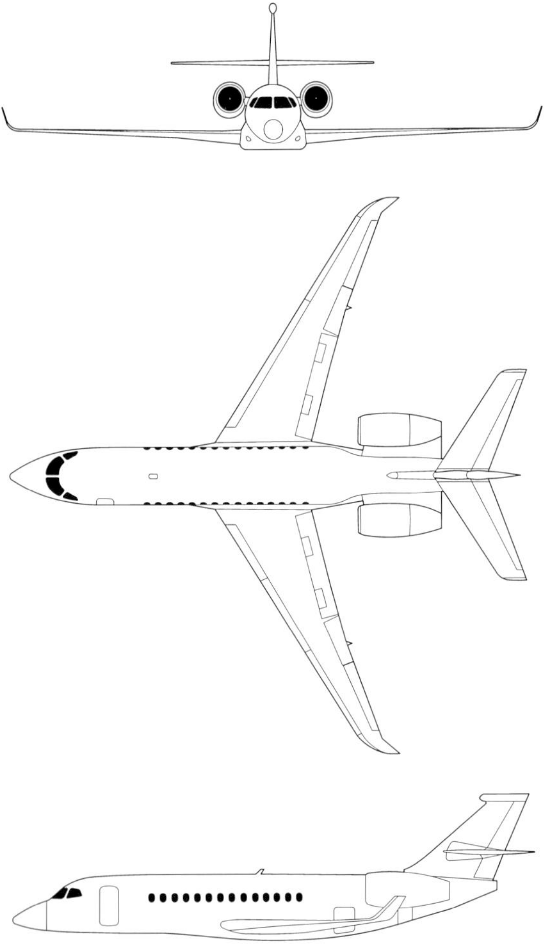

Abmessungen:
Spannweite 25,94 m,
Länge 25,68 m,
Höhe 7,47 m,
Flügelfläche 70,07 m².

DASSAULT FALCON 6X

Ursprungsland: Frankreich.
Kategorie: Firmenflugzeug.
Triebwerke: Zwei Mantelstromtriebwerke Pratt & Whitney PW812D von je 6100 kp (59,90 kN) Standschub.
Leistungen: Max. Reisegeschwindigkeit 956 km/h (Mach 0,90); normale Reisegeschwindigkeit 850 – 904 km/h (Mach 0,80 - 0,85); Dienstgipfelhöhe 15545 m; maximale Reichweite 10200 km.
Gewichte: Rüstgewicht 19170 kg; max. Startgewicht 35135 kg.
Zuladung: Zwei Piloten im Cockpit und je nach Innenausstattung acht bis 16 Passagiere bei dichter Bestuhlung.
Entwicklungsstand: Nachdem das Projekt der Falcon 5X (siehe Ausgabe 2018) aufgegeben werden musste, entwickelte der Hersteller eine neue, vergrößerte Variante, die Falcon 6X. Der erste von drei Prototypen nahm am 10. März 2021 die Flugerprobung auf. Mit den Auslieferungen an Kunden begann man leicht verzögert gegen Ende 2023. Das erste Muster erhielt die schweizerische Cat Aviation (siehe Foto). Die Regierungen Irlands und Serbiens haben je eine 6X als Staatsflugzeug bestellt. Noch ist der Auftragsbestand unbekannt, Ende 2025 waren rund 20 Einheiten hergestellt.
Bemerkungen: Im Segment der höherpreisigen mittelgroßen Businessjets will Dassault mit der 6X eine neue Qualität anbieten. Ein wesentlicher Faktor ist der vergrößerte Rumpfquerschnitt. So beträgt die Kabinenhöhe nun 1,98 m, die Breite 2,58 m. Die Länge beläuft sich auf 12,30 m. Besonderes Augenmerk ist der Kabine gewidmet. Sie soll ausgesprochen komfortabel und luxuriös ausfallen. 29 große Fenster ermöglichen einen guten Ausblick. In der Kabine werden die neuesten technischen Entwicklungen eingebaut, besonders was die Kommunikation angeht. Flügel und das Fly-By-Wire Digital Flight Control System sind neu, beides Eigenentwicklungen von Dassault. Honeywell liefert eine neue, voll digitalisierte Generation des EASy-Systems der vierten Generation mit Head-Up-Display von Elbit. Alle technologischen Maßnahmen zusammen sollen einen sehr wirtschaftlichen Betrieb ermöglichen. Dassault gibt als Kaufpreis für die Basisversion US$ 47 Mio. an. Später soll eine Variante mit längerer Reichweite angeboten werden.
Hersteller: Dassault Falcon Jet Corporation, Werk Bordeaux-Mérignac, St. Cloud, Frankreich.

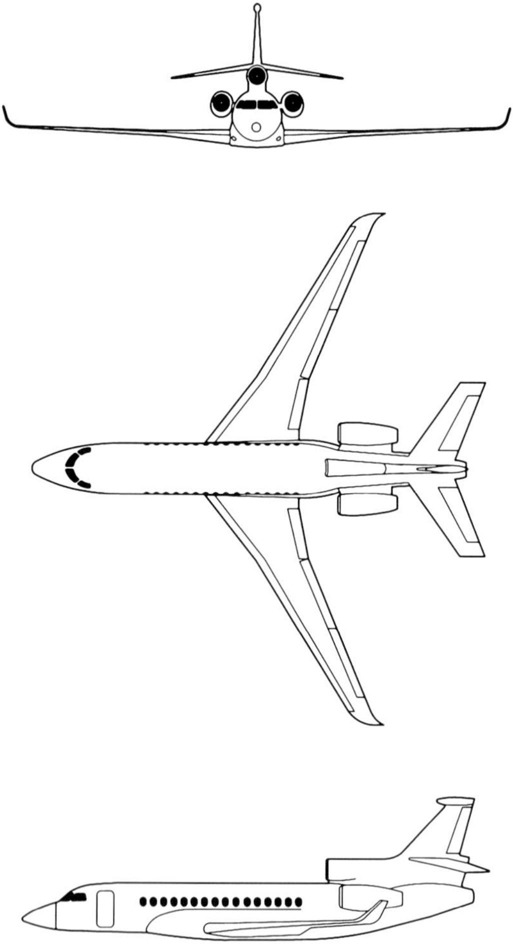

Abmessungen:
Spannweite 26,29 m,
Länge 24,46 m,
Höhe 7,94 m,
Flügelfläche 70,70 m².

DASSAULT FALCON 8X

Ursprungsland: Frankreich.
Kategorie: Langstrecken-Firmenflugzeug.
Triebwerke: Drei Mantelstromtriebwerke Pratt & Whitney Canada PW307D von je 3050 kp (29,90 kN) Standschub.
Leistungen: Max. Reisegeschwindigkeit Mach 0,90; Langstreckenreisegeschwindigkeit Mach 0,80; Dienstgipfelhöhe 15554 m; Reichweite mit acht Passagieren und NBAA-Reserven bei Mach 0,80 11945 km.
Gewichte: Rüstgewicht 16410 kg; max. Startgewicht 33113 kg.
Zuladung: Zwei bis drei Piloten im Cockpit und je nach Innenausstattung acht bis zwölf Passagiere in der Kabine, bei enger Bestuhlung 19 Passagiere.
Entwicklungsstand: Der erste von drei Prototypen startete am 6. Februar 2015 zum Erstflug. Dassault lieferte die erste Falcon 8X im Oktober 2016 aus. Der aktuelle Bestellungsstand ist nicht bekannt. Fast 100 Einheiten waren Ende 2025 ausgeliefert. Erstflug der Version Archange am 8. August 2025.
Bemerkungen: Bei der Falcon 8X wurde der Rumpf gegenüber der Falcon 7X (siehe Ausgabe 2023) um 1,27 m verlängert. Dies kommt vor allem der Kabine zugute, deren Innenlänge bei gleichem Durchmesser 13,00 m beträgt. Besondere Beachtung wurde der Inneneinrichtung geschenkt und dadurch neue Standards gesetzt. So sind die neuesten technischen Errungenschaften eingebaut. Je nach Kundenwunsch können bis zu 30 verschiedene Einrichtungsvarianten bestellt werden, einschließlich einer mit einer Dusche. Dank insgesamt 34 größeren Fenstern ist der Blick nach außen besser. Eingebaut ist eine verbesserte Version des Triebwerks der Falcon 7X. Zusammen mit den Optimierungen am Flügel soll eine gegenüber Konkurrenzmustern bessere Wirtschaftlichkeit erzielt werden. Auch das Cockpit wurde mit dem Falcon EASy III-System aktualisiert und verfügt nun über ein Head-Up-Display. Die Falcon 8X kommt mit einer Startstrecke von nur rund 1800 m aus und kann somit auf deutlich mehr Flugplätzen starten und landen als andere Muster der gleichen Kategorie. Dank Einbau eines Zusatztanks im Rumpf erzielt die 8X auch leicht bessere Reichweiten als die 7X. Der Kaufpreis soll bei US $ 57 Mio. liegen. Die Armée de l'Air wird drei als Falcon 8X Archange für SIGINT-Aufgaben beschaffen, ausgerüstet u. a. mit einem Überwachungssystem Thales DMS und SIX.
Hersteller: Dassault Falcon Jet Corporation, Werk Bordeaux-Mérignac, St. Cloud, Frankreich.

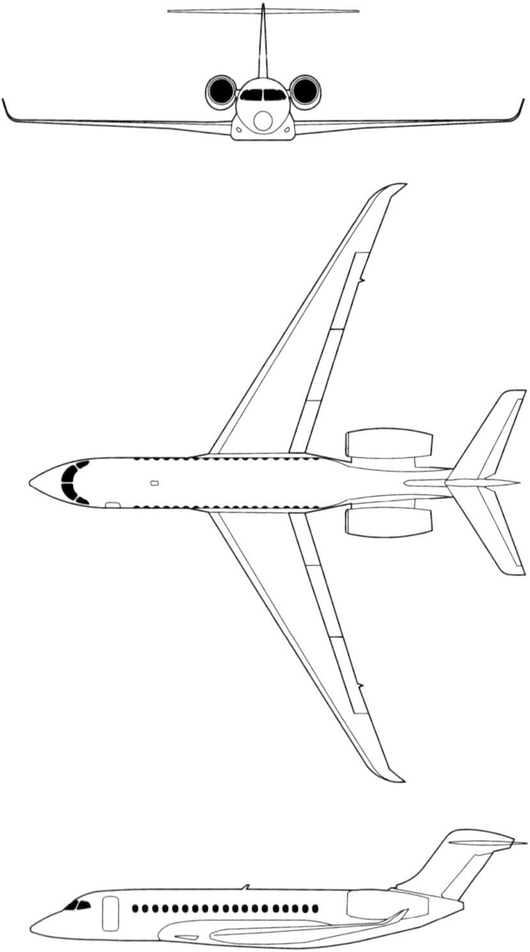

Abmessungen:
Spannweite 33,60 m,
Länge 33,40 m,
Höhe 8,40 m,
Flügelfläche ca. 122,60 m².

DASSAULT FALCON 10X

Ursprungsland: Frankreich.
Kategorie: Langstrecken-Firmenflugzeug.
Triebwerke: Zwei Mantelstromtriebwerke Rolls Royce Pearl 10X von je 8165 kp (80 kN) Leistung.
Leistungen (Angaben des Herstellers): Reisegeschwindigkeit zwischen 903 und 983 km/h (Mach 0,85 und 0,925); Dienstgipfelhöhe 15545 m; Reichweite maximal 13900 km.
Gewichte: Rüstgewicht 27805 kg; max. Startgewicht 52163 kg.
Zuladung: Zwei Piloten im Cockpit und je nach Innenausstattung in Modulbauweise eine unterschiedliche Zahl von Passagieren.
Entwicklungsstand: Der Erstflug des Prototyps verzögert sich ein weiteres Mal und soll nun Anfang 2026 stattfinden. Deshalb wird mit der Indienststellung frühestens 2027 gerechnet. Bisher ist über die Auftragslage nichts bekannt.
Bemerkungen: Mit der Falcon 10X lanciert der Hersteller das aktuell größte Modell seiner Businessjet-Reihe. Sie steht klar in Konkurrenz zur Bombardier 7500/8000 (siehe Seiten 98/99) und zur Gulfstream 700/800 (siehe Seiten 176/177). Ein Wettbewerbsvorteil ist sicherlich die in vier Zonen unterteilte Kabine mit einer Länge von 16,40 m, 2,77 m Breite bzw. 2,03 m Höhe. Durch 50% größere Fenster als beispielsweise bei der 8X (siehe Seiten 138/139) kommt mehr Licht hinein. Die Druckkabine ist bei 12500 m auf rekordtiefe 900 m ausgelegt. Erstmals bei Dassault besteht der Flügel vollständig aus Karbonfasern. Die Steuerung mittels Sidesticks erfolgt via Fly-By-Fire. Im Cockpit wird ein neues FalconEye-System eingebaut sein, ausgerüstet mit einem Head-Up-Display, abgeleitet von der Militärtechnologie. Generell soll die Bedienung so weit wie möglich automatisiert erfolgen, so dass zwei Piloten bis zu 15 Std. eingesetzt werden können. Die Triebwerke sind von Anfang an zum Betrieb von 100 Prozent nachhaltigen Flugkraftstoffen vorbereitet und werden über nur einen Schubhebel (Smart Throttle) bedient. Der Basispreis dürfte sich in der Region von US$ 75 Mio. bewegen. Später besteht die Möglichkeit, dass von der Falcon 10X eine Seeaufklärungsvariante abgeleitet wird.
Hersteller: Dassault Falcon Jet Corporation, Werk Bordeaux-Mérignac, St. Cloud, Frankreich.

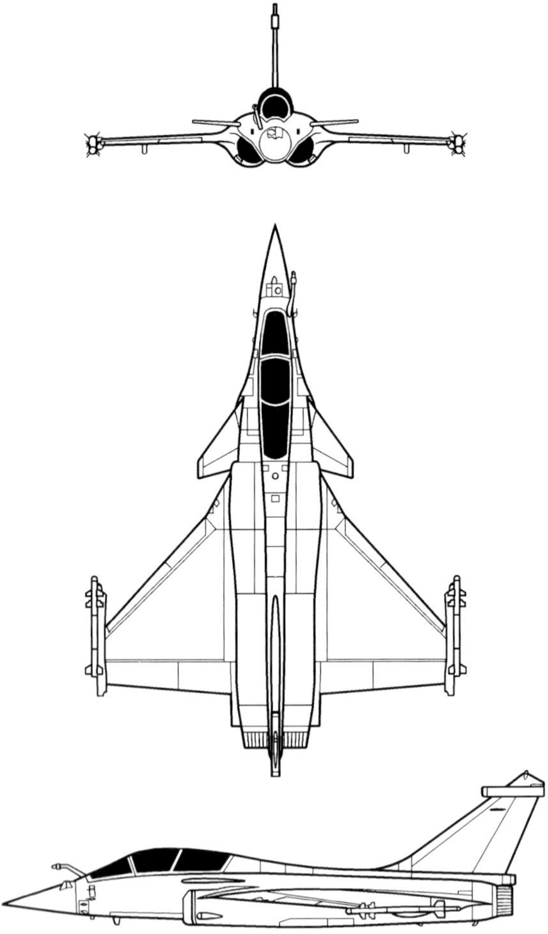

Abmessungen:
Spannweite inkl. Lenkwaffen an den Flügelspitzen 10,90 m,
Länge 15,30 m,
Höhe 5,34 m,
Flügelfläche 45,70 m^2.

DASSAULT RAFALE F3/F4

Ursprungsland: Frankreich.
Kategorie: Zweisitziges Mehrzweckkampfflugzeug B, einsitziger bordgestützter oder landgestützter Abfangjäger M bzw. C.
Triebwerke: Zwei Mantelstromtriebwerke SNECMA M88-4E von je 5100 kp (50,04 kN) Standschub ohne und 7711 kp (75,61 kN) mit Nachbrenner.
Leistungen: Höchstgeschwindigkeit 2124 km/h über 10975 m (Mach 2,0), 1390 km/h im Tiefflug (Mach 1,15); Anfangssteiggeschwindigkeit 305 m/Sek; Dienstgipfelhöhe 16775 m; taktischer Einsatzradius mit acht Mica Luft-Luft-Lenkwaffen, einem Zusatztank von 1700 l unter dem Rumpf und je einem von 1300 l unter den Flügeln 1853 km.
Gewichte: Rüstgewicht (C) 9100 kg, (B) 10000 kg, (M) 9700 kg; max. Startgewicht 19500 bis 24500 kg.
Bewaffnung: Eine 30-mm-GIAT-DEFA-Kanone 791B und eine Waffenlast von max. 9500 kg, verteilt auf (Rafale M) 13, (Rafale C/B) 14 Aufhängepunkte unter Rumpf und Flügeln sowie an den Flügelenden.
Entwicklungsstand: Erstflug des ersten Prototyps am 19. Mai 1991. Die Armée de l'Air und die Aéronavale erhalten zusammen 286+ Rafales aller Versionen. Weitere Aufträge: Ägypten 54, Griechenland 24, Indien Luftwaffe 36, Marine 26 Rafale M, Indonesien 42, Kroatien 12 ex. Armée de l'Air, Qatar 36, Serbien 12, UAE 80, Ukraine ev. 100. Die Monatsproduktion beläuft sich aktuell auf drei Einheiten und soll auf vier erhöht werden. Die 300. Rafale wurde im Oktober 2025 abgeliefert.
Bemerkungen: Fast die gesamte Zelle ist aus Verbundwerkstoffen hergestellt, Rumpfspitze und Heck bestehen aus Kevlar. Die Steuerung erfolgt nach dem Fly-By-Wire-Prinzip. Alle seit 2009 produzierten Maschinen entsprechen dem Standard F3, welche primär dank verbesserter Software umfassende Multi-Role-Kapazität aufweisen und neu entwickelte Waffen mitführen können, u. a. seit 2011 auch einen Aufklärungsbehälter AREOS Reco. Im September 2012 wurde die erste Rafale F3 mit dem neuen zweidimensionalen Breitbandradar AESA RBE-2 mit aktiv elektronisch scannender Antenne ausgeliefert. Unter der Bezeichnung Rafale F3R entwickelt Dassault eine neue Version, welche primär Verbesserungen in den Waffensystemen aufweist. Aktuell wird an einer Version F4 gearbeitet, die u. a. um 20% leistungsfähigere Triebwerke erhalten soll. Eine Zwischenversion F4.1 flog erstmals 2023 und wird derzeit ausgeliefert. Ab 2033 soll eine wesentlich verbesserte Version F5 abgeliefert werden, ausgerüstet mit neuem AESA-Radar RBE2 XG und Rumpftanks über den Flügeln.
Hersteller: Dassault Défense, Vaucresson, Frankreich.

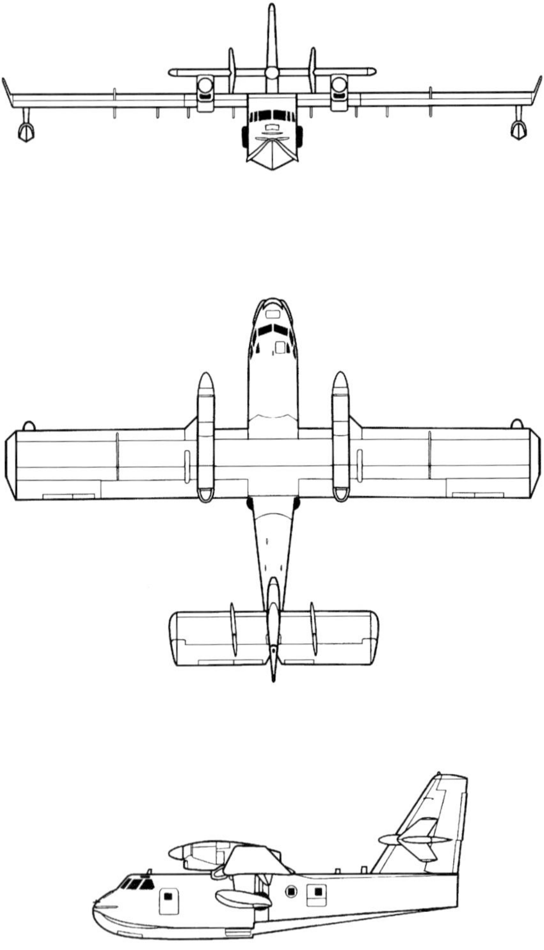

Abmessungen:
Spannweite 28,60 m,
Länge 19,82 m,
Höhe (an Land) 8,98 m,
Flügelfläche 100,33 m².

DE HAVILLAND CANADAIR (VIKING) 515 FIREFIGHTER

Ursprungsland: Kanada.
Kategorie: Mehrzweck-Amphibium und Löschflugzeug.
Triebwerke: Zwei Propellerturbinen Pratt & Whitney Canada PW123AF von je 2380 WPS (1775 kW) Leistung.
Leistungen (CL-415): Max. Reisegeschwindigkeit bei 14741 kg 375 km/h auf 1525 m; normale Reisegeschwindigkeit 287 km/h; Patrouillengeschwindigkeit bei 15876 kg 204 km/h auf Meereshöhe; Anfangssteiggeschwindigkeit bei 20865 kg 7,0 m/Sek; Überführungsreichweite 2427 km.
Gewichte (CL-415): Rüstgewicht für Mehrzweckaufgaben 11789 kg, als Wasserbomber 12043 kg; max. Startgewicht an Land 19800 kg, im Wasser 17100 kg; max. Fluggewicht nach Wasseraufnahme von bis zu 7000 l 21000 kg.
Zuladung: Zwei Mann Besatzung und als Transporter 32 bis 35 Passagiere. Maximale Nutzlast von 4790 kg in Mehrzweckkonfiguration, (DHC-515) 7000 kg als Wasserbomber.
Entwicklungsstand: Die neuste Ausführung DHC-515 soll verspätet 2026 erstmals fliegen und ab 2028 verfügbar sein. Erstbesteller ist Indonesien mit sechs Einheiten, gefolgt von der Provinz Manitoba über deren drei. Einige Länder in Europa, u. a. Frankreich, Griechenland, Italien, Kroatien, Portugal, haben zusammen eine Absichtserklärung zur Beschaffung von 22 DHC-515 unterzeichnet.
Bemerkungen: Die neueste Variante CL-515 basiert auf der CL-415/415 mr (siehe Ausgabe 2012). Der neue Eigentümer De Havilland of Canada hat die Entwicklung dieser verbesserten Version wieder aufgenommen. Gegenüber der CL-415 unterscheidet sie sich u. a. durch Verwendung neuer Materialien und Technologien. Als Avionik wird ein System Collins Pro Line Fusion® eingebaut. Zudem hat man Maßnahmen getroffen, um die Zuverlässigkeit zu erhöhen, einige bisherige Nachteile zu beseitigen und eine bessere Wirtschaftlichkeit zu erzielen. Die CL-515 ist als Mehrzweck-Plattform ausgelegt. Sie kann mit wenig Aufwand für die verschiedensten Aufgaben umgebaut werden, beispielsweise Evakuierungseinsätze, Ölwehr, Pestizidbekämpfung, allgemeine Transporte usw. Die primäre Aufgabe ist aber jene als Löschflugzeug. Dazu wurde die Tankkapazität gegenüber der CL-415 erhöht. Dank eines vergrößerten Frachttores können umfangreichere Transportgüter mitgeführt werden.
Hersteller: (New) De Havilland of Canada Ltd. (ex. Viking, ex. Bombardier bzw. Canadair), Werk Wheatland County, Calgary, Alberta, Kanada.

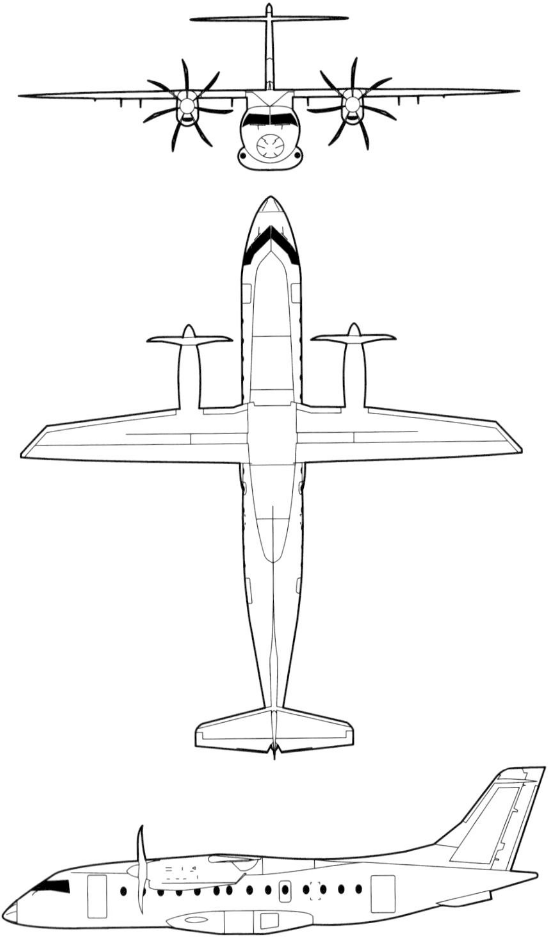

Abmessungen:
Spannweite 20,98 m,
Länge 23,31 m,
Höhe 7,24 m,
Flügelfläche 40,00 m².

DEUTSCHE AIRCRAFT D328ECO

Ursprungsland: Deutschland.
Kategorie: Regionalverkehrsflugzeug.
Triebwerke: Zwei Propellerturbinen Pratt & Whitney Canada PW127XT-S von je 2475 WPS (1845 kW) Startleistung.
Leistungen (nach Angaben des Herstellers): Reisegeschwindigkeit 600 km/h; Dienstgipfelhöhe 9145 m; normale Reichweite 1500 km, maximal 3400 km.
Gewichte (nach Angaben des Herstellers): Leergewicht 10150 kg; max. Startgewicht 15660 kg.
Zuladung: Zwei Piloten und 40, max. 43 Passagiere; Nutzlast 4200 kg.
Entwicklungsstand: Ein erster Prototyp D328eco ist im Bau, hatte den Roll-out noch ohne Triebwerke am 28. Mai 2025; Datum des Erstflugs noch offen. Gemäß Hersteller sind bisher Kaufabsichten über 34 Einheiten eingegangen. Mit den Ablieferungen an Kunden soll 2027 begonnen werden. Das Ursprungsmuster 328-100 flog erstmals am 6. Dezember 1991 und wurde in 217 Exemplaren gebaut.
Bemerkungen: Der neue Hersteller will die vor Jahren produzierte und mittlerweile nur noch wenig im Einsatz stehende ehemalige Dornier 328-100 reaktivieren und den heutigen Anforderungen anpassen. Nebst der hier beschriebenen D328eco soll auch eine neue Version der D328Jet (siehe für die Do328JET Ausgabe 2002) angeboten werden. Die D328eco ist als günstiges, energieeffizientes und umweltfreundliches Flugzeug konzipiert. Basis ist die erwähnte 328-100, der Rumpf ist um 2,20 m verlängert. Ein neues energieeffizientes Triebwerk mit speziell entwickelten Propellern ist vorgesehen. Das Muster kann auch mit Sustainable Aviation Fuel (SAF) betrieben werden. Eingebaut wird ein neues Glascockpit mit der Avionik G5000 von Garmin. Der Hersteller verspricht gegenüber dem Ausgangsmuster einen um 40 % geringeren Treibstoffverbrauch. Zudem ist unter der Bezeichnung 328ALPHA ein viermotoriger Erprobungsträger für alternative Antriebe in Entwicklung. Es soll dabei untersucht werden, welche unterschiedlichen Energieträger am besten die Elektromotoren antreiben sollen.
Hersteller: Deutsche Aircraft GmbH, Tochtergesellschaft der Sierra Holding Company, Werk Flughafen Leipzig/Halle, Hauptsitz Flughafen Oberpfaffenhofen/Wessling, Bayern, Deutschland.

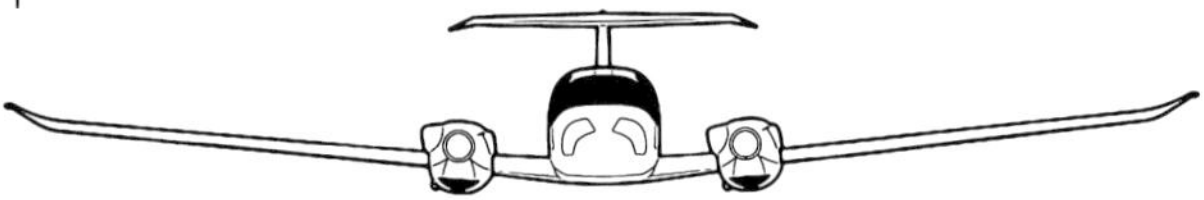

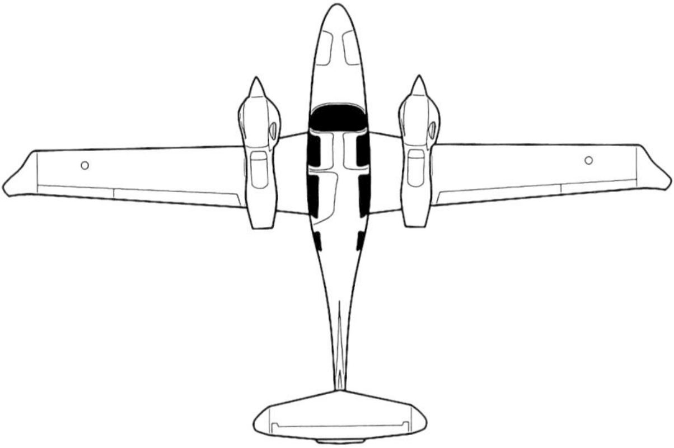

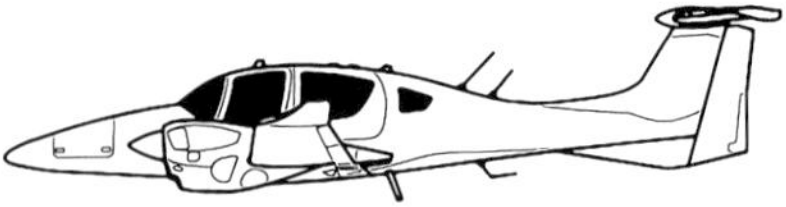

Abmessungen:
Spannweite 14,55 m,
Länge 9,19 m,
Höhe 2,82 m,
Flügelfläche 17,10 m².

DIAMOND DA62

Ursprungsland: Österreich.
Kategorie: Sport- und Reiseflugzeug.
Triebwerke: Zwei flüssigkeitsgekühlte Turbodieselmotoren mit Common-Rail Einspritzung Austro Engines AE330 Jet A1 von je 180 PS (134 kW) Leistung.
Leistungen: Maximale Reisegeschwindigkeit 356 km/h auf 4872 m; normale Reisegeschwindigkeit bei 75% Leistung 340 km/h; Anfangssteiggeschwindigkeit 5,2 m/Sek; Dienstgipfelhöhe 6097 m; maximale Reichweite mit Zusatztank 2376 km.
Gewichte: Leergewicht 1598 kg; max. Startgewicht 2000 bzw. 2300 kg (DA62 MPP 2360 kg).
Zuladung: Vier bis sieben Personen einschließlich des Piloten; max. Zuladung 700 kg.
Entwicklungsstand: Ein erstes noch als DA52 bezeichnetes Erprobungsmuster flog erstmals am 3. April 2014. Zwei Prototypen hat der Hersteller gebaut. Die Zulassung wurde Ende 2015 erteilt. Bisher sind über 270 Einheiten gebaut worden. Nigeria hat von der Version DA62 MPP vier Einheiten bestellt, die Armee Argentiniens eine unbekannte Anzahl.
Bemerkungen: Die DA62 verbindet die Flügel der DA42 mit dem Rumpf der einmotorigen DA50 (siehe Ausgabe 2024). Ein Vorteil der DA62 sind die besseren Platzverhältnisse. Das großzügig gestaltete Interieur ermöglicht ein angenehmes Raumgefühl und mehr Beinfreiheit. Auf beiden Seiten des Rumpfes ist gegenüber der DA42 ein weiteres Fenster eingebaut. Die DA62 erzielt zudem deutlich bessere Flugleistungen. Der gesamte Rumpf besteht aus Fiber-Verbundwerkstoffen und zeichnet sich durch eine hohe Dauerhaftigkeit und Sicherheit aus. Im Cockpit ist die neueste Garmin G1000-Avionik eingebaut. Zwei Varianten mit unterschiedlichem Abfluggewicht werden angeboten, jene mit dem höheren Wert primär für den US-Markt. Als Kaufpreis für die Basisversion werden US$ 1,2 Mio. genannt. Vier Exemplare wurden an die britische Flight Calibration Services als Kalibrierungsflugzeug für Flughäfen geliefert. Von der DA62 ist auch eine MPP-Version (**M**ulti **P**urpose **P**latform) erhältlich, ausgerüstet mit neuesten Tracking- und Sensorsystemen. Erstablieferung an GeoFly im Februar 2021. Mitte 2024 lancierte der Hersteller die DA62 MPP Guardian als sog. state-of-the-art Aufklärungs-Plattform, beispielsweise für Seeüberwachung, Grenzschutz und andere staatliche Missionen. Dazu sind Systeme eingebaut, welche eine ultrahochauflösende Bildgebung mit neuester Augmented-Reality-Kartierung in Echtzeit und schneller Kommunikations- und Datenübertragung erlauben.
Hersteller: Diamond Aircraft Industries GmbH, Tochtergesellschaft der Wanfeng Aviation Industry Co., Hangzhou, VR China, Flugplatz Wiener-Neustadt Ost, Österreich.

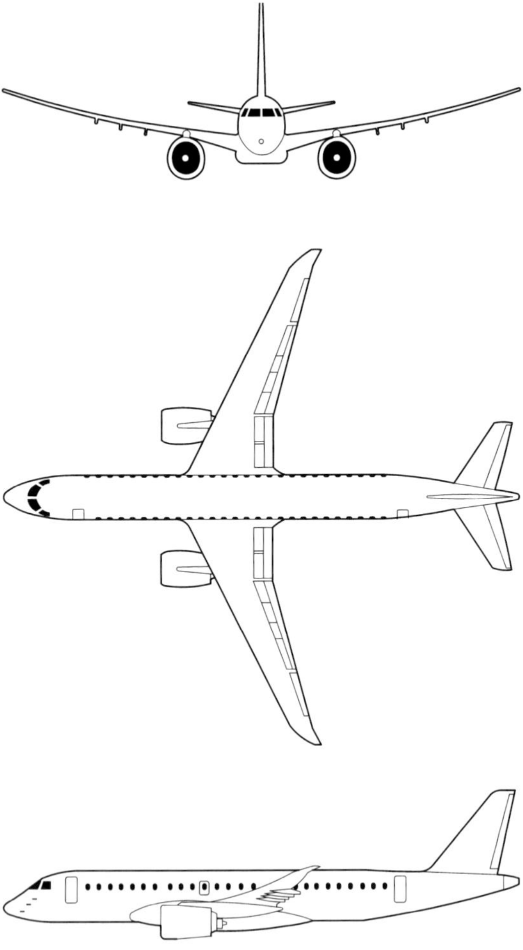

Abmessungen:
Spannweite (175-E2) 31,40 m, (190-E2) 33,70 m, (195-E2) 35,10 m, Länge (175-E2) 32,40 m, (190-E2) 36,24 m, (195-E2) 41,50 m, Höhe (175-E2) 9,98 m, (190-E2) 10,69 m, (195-E2) 10,90 m, (190-E2) Flügelfläche 103,0 m², (175-E2) 82,0 m².

EMBRAER 175-E2/190-E2/195-E2

Ursprungsland: Brasilien.
Kategorie: Regionalverkehrsflugzeug.
Triebwerke: Zwei Mantelstromtriebwerke Pratt & Whitney PW1700G (175-E2) von je 6800 kp (67,00 kN), PW1900G (190-E2) von je 8618 kp (84,50 kN) bzw. (195-E2) 10432 kp (102,30 kN) Standschub.
Leistungen (175-E2/190-E2/195-E2): Max. Reisegeschwindigkeit 870 km/h (Mach 0,82); Dienstgipfelhöhe 12500 m; Reichweite bei voller Passagierzahl 3815/5330/4815 km.
Gewichte (175-E2/190-E2/195-E2): Max. Startgewichte 44800/56400/61500 kg.
Zuladung (175-E2/190-E2/195-E2): Zwei Piloten und bei Zweiklassenbestuhlung 80/97/120 bzw. mit Einheitsklasse maximal 90/114/146 Passagiere in Viererreihen mit Mittelgang. Max. Nutzlast 10600/13080/16150 kg.
Entwicklungsstand: Der erste Prototyp 190-E2 nahm die Flugerprobung am 23. Mai 2016 auf, die Version 195-E2 folgte am 29. März 2017 und die E175-E2 am 12. Dezember 2019. Erste Auslieferungen der Variante 190-E2 fanden im April 2018 statt. Von den verschiedenen E2-Versionen waren bis Ende 2025 334 (+ Optionen) bestellt, davon etwa 159 abgeliefert. Nachdem SkyWest 60 Einheiten bestellt hat, wird nun die Version 175-E2 definitiv gebaut. 2025 konnte der Hersteller einige Großbestellungen für diese Reihe verzeichnen. Insgesamt sind bisher über 1800 E-Jets gebaut worden.
Bemerkungen: Mitte 2013 lancierte EMBRAER die Weiterentwicklungen der E-Jet-Reihe, E2 genannt. Angeboten werden basierend auf ihren jeweiligen Ursprungsvarianten drei Modelle: E175-E2, E190-E2, E195-E2. Neu bei allen sind die Triebwerke neuester Technologie sowie ein völlig überarbeiteter Flügel aus Aluminium mit angepassten Flügelenden. Hauptsächlich diese Maßnahmen sind für eine Reduktion des Treibstoffverbrauchs von zwischen 16 und 23% verantwortlich. Die bisherige Avionik wird im Cockpit durch Honeywell's Primus Epic 2 ersetzt. Für ältere E190/195 bietet der Hersteller neu ein Umbauprogramm zu Frachtern an, Nutzlast 13,5 t. Erstauslieferung an Kunden im Oktober 2024.
Hersteller: EMBRAER (Emprêsa Brasileira de Aeronautica SA), Sao José dos Campos, Brasilien.

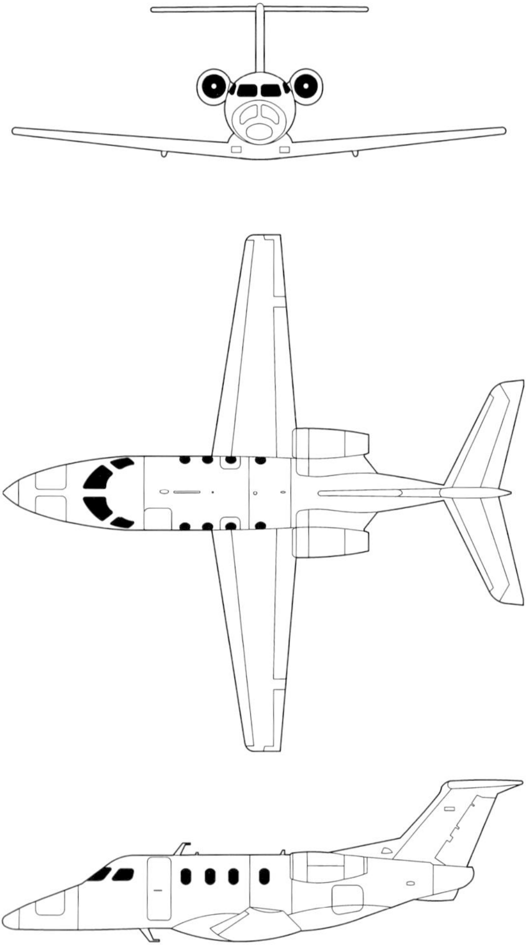

Abmessungen:
Spannweite 12,30 m,
Länge 12,82 m,
Höhe 4,35 m,
Flügelfläche 18,80 m².

EMBRAER PHENOM 100 E/EV

Ursprungsland: Brasilien.
Kategorie: Leichtes Firmenflugzeug.
Triebwerke (100 EV): Zwei Mantelstromtriebwerke Pratt & Whitney Canada PW617F1-E von je 783 kp (7,70 kN) Standschub.
Leistungen (100 EV): Max. Reisegeschwindigkeit 750 km/h (Mach 0,70); max. Steiggeschwindigkeit 14,9 m/Sek; Dienstgipfelhöhe 12500 m; Reichweite mit vier Passagieren unter IFR-Bedingungen 2180 km, unter VFR-Bedingungen 2450 km.
Gewichte (100 EV): Rüstgewicht 3320 kg; max. Startgewicht 4855 kg.
Zuladung (100 EV): Ein bis zwei Piloten im Cockpit und vier bzw. (100 E) fünf Passagiere in der Kabine; max. Nutzlast 805 kg, bei vollen Tanks 293 kg.
Entwicklungsstand: Die Phenom 100 erhob sich erstmals am 26. Juli 2007 in die Lüfte. Die Erstauslieferungen begannen nach Erhalt der Zulassung im November 2008. Ende 2025 waren rund 430 Maschinen fertig gestellt. In Melbourne, Florida, USA, besteht ein zweites Montagewerk. Im Oktober 2025 konnte EMBRAER den 2000. Businessjet – eine Phenom 100E – herstellen.
Bemerkungen: Mit den leichten und kostengünstigen Modellen Phenom 100 und 300 hat sich EMBRAER im unteren Segment der Firmen- und Taxiflugzeuge mit neuen Lösungen eingebracht. Die Konstruktion entspricht dem heute üblichen Standard, wobei man dem Komfortaspekt große Beachtung schenkt. So verfügt die Phenom 100 über die größte Kabine in ihrer Klasse. Der Querschnitt beläuft sich auf 1,55 m Breite und 1,50 m Höhe. Dank vergleichsweise großen Fenstern ist der Innenraum besonders hell. Im Cockpit gelangt die Avionik Garmin G1000 zum Einbau. 2016 lancierte der Hersteller eine weiter verbesserte Version Phenom 100 EV (Evolution) mit der Garmin G3000-Avionik. Dank reduziertem Leergewicht und um rund 15 kp stärkeren Triebwerken verbessern sich insbesondere die Steigleistungen auf hoch gelegenen Flugplätzen. Sie ist voll ausgerüstet für US $ 5,2 Mio. erhältlich. Ganz neu wird seit 2023 die Version EX angeboten mit leichten Anpassungen im Cockpit und in der Inneneinrichtung.
Hersteller: EMBRAER (Emprêsa Brasileira de Aeronautica SA), Sao José dos Campos, Brasilien und 2. Montagewerk in Melbourne, Florida, USA.

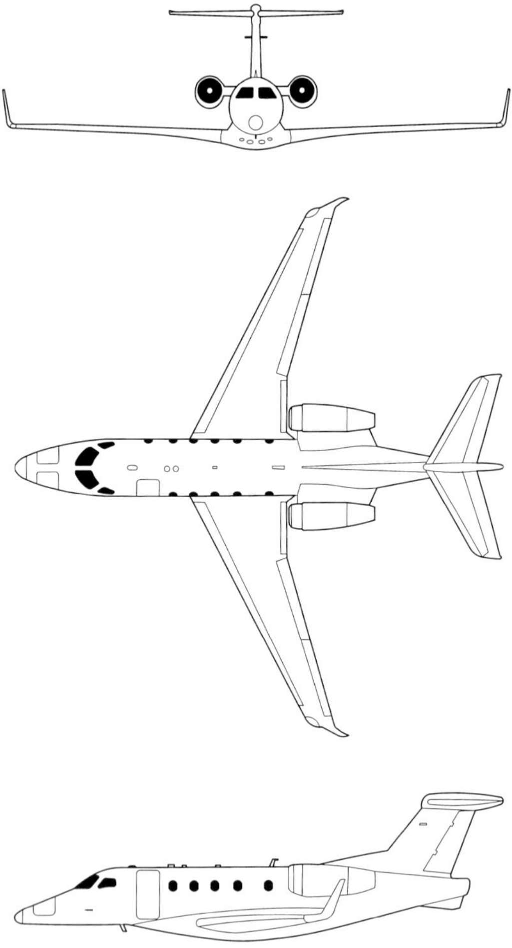

Abmessungen:
Spannweite 15,91 m,
Länge 15,64 m,
Höhe 5,10 m,
Flügelfläche 28,50 m².

EMBRAER PHENOM 300/300E

Ursprungsland: Brasilien.
Kategorie: Leichtes Firmenflugzeug.
Triebwerke (300/300E): Zwei Mantelstromtriebwerke Pratt & Whitney Canada PW535-E/E1 von je 1525 kp (15,00 kN)/ 1575 kp (15,50 kN) Standschub.
Leistungen: Max. Reisegeschwindigkeit 838 km/h (Mach 0,78); Zeit um 10668 m zu erreichen 12 Min., Dienstgipfelhöhe 13716 m; Reichweite mit sechs Personen unter IFR-Bedingungen 3645 km.
Gewichte: Rüstgewicht 5265 kg, max. Startgewicht (300/300E) 8340/8415 kg.
Zuladung: Ein bis zwei Piloten im Cockpit und sechs Passagiere in der Kabine, einschließlich einer Galley und einer Toilette. Maximal ist Platz für neun Personen vorhanden. Nutzlast bei vollen Tanks 708 kg.
Entwicklungsstand: Die Phenom 300 nahm die Flugerprobung am 29. April 2008 auf. Mit der Erstauslieferung begann der Hersteller Anfang 2010. Als größter Besteller hat die NetJets insgesamt 225 Maschinen (Bestellungen + Optionen) in Auftrag gegeben. Wie die Phenom 100 (siehe Seiten 152/153) wird auch die Phenom 300 zusätzlich in Melbourne, Florida, gebaut. Mittlerweile sind über 830 Phenom 300 abgeliefert. Die Jahresproduktion beläuft sich auf etwa 70 Einheiten.
Bemerkungen: Die Konstruktion der Phenom 300 entspricht dem heute üblichen Standard, wobei man dem Komfortaspekt große Beachtung schenkt. So verfügt sie mit einer Länge von 5,23 m über die größte Kabine in ihrer Klasse. Der Querschnitt beläuft sich analog zur Phenom 100 auf 1,55 m Breite und 1,50 m Höhe. Dank vergleichsweise großen Fenstern ist der Innenraum besonders hell. Die Inneneinrichtung entstand in Zusammenarbeit mit BMW Group Design Work. Im Cockpit gelangt die Avionik Garmin G1000 zum Einbau. Seit Oktober 2017 ist die verbesserte Phenom 300E (**E**nhanced) erhältlich, versehen mit einer komfortableren Kabine und einem überarbeiteten Inflight-Entertainment-System. Der Verkaufspreis wurde von EMBRAER auf US$ 9,5 Mio. angesetzt. Unter der Bezeichnung 300MED offeriert der Hersteller neu eine Ambulanzversion.
Hersteller: EMBRAER (Emprêsa Brasileira de Aeronautica SA), Sao José dos Campos, Brasilien und 2. Montagewerk in Melbourne, Florida, USA.

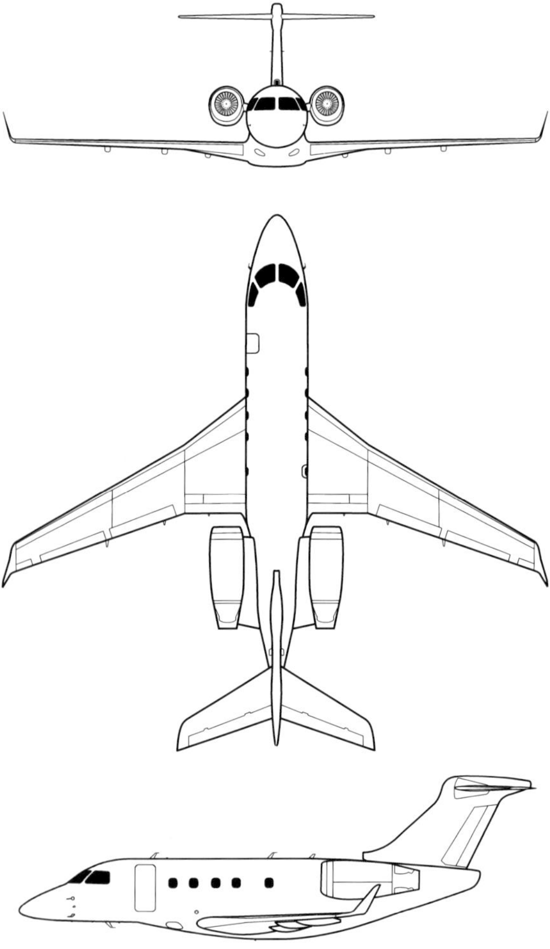

Abmessungen:
Spannweite 21.50 m,
Länge (500) 19,68 m, (600) 20,74 m,
Höhe 6,44 m,
Flügelfläche 44,85 m².

EMBRAER PRAETOR 500/600

Ursprungsland: Brasilien.
Kategorie: Mittelstrecken-Firmenflugzeuge.
Triebwerke: Zwei Mantelstromtriebwerke Honeywell HFT7500E von je (500) 2970 kp (29,14 kN), (600) 3414 kp (33,47 kN) Standschub.
Leistungen (500/600): Max. Reisegeschwindigkeit 863 km/h (Mach 0,83); Zeit um 13100 m zu erreichen 22 Min., Dienstgipfelhöhe 13716 m; Reichweite mit vier Personen unter IFR-Bedingungen (500/600) 6185/7441 km.
Gewichte: Rüstgewichte (500/600) 10750/11503 kg; max. Startgewichte (500/600) 17040/19440 kg.
Zuladung: Ein bis zwei Piloten im Cockpit und (500) sechs, (600) acht Passagiere in der Kabine, einschließlich einer Galley und einer Toilette. Maximal ist Platz für zwölf Personen vorhanden; Nutzlast (500/600) 1270/1497 kg, bei max. Treibstoffzuladung 726/1149 kg.
Entwicklungsstand: Die erste Praetor 500 nahm die Flugerprobung am 13. September 2018 auf, die Zulassung folgte im August 2019. Die Versionen Legacy 450/500 (siehe Ausgabe 2020) werden nicht mehr angeboten. Einstweilen größter Einzelbesteller ist FlexJet mit 182 Einheiten beider Versionen. Neu will der Konkurrent zur FlexJet, die NetJets, bis zu 250 Praetor 500 beschaffen. Der aktuelle Auftragsbestand ist nicht bekannt, 2025 wurden von beiden Versionen 69 gebaut.
Bemerkungen: Die Praetor 500 und 600 schließen die Lücke im mittleren Segment des Angebots an Business Jets von EMBRAER. Beide Versionen sind von neuester Konstruktion und mit modernster Avionik Pro Line Fusion von Collins, Fly-By-Wire-Steuerung, vier Flachbildschirmen im Cockpit mit besonders hoher Auflösung, Synthetic Vison System, Head-Up-Display, Sidesticks zum Steuern usw. ausgerüstet. Die komfortable Kabine weist gegenüber Mitbewerbern in der gleichen Klasse den größten Querschnitt mit einer Breite von 2,08 m und einer Höhe von 1,83 m auf. Die 500 und 600 unterscheiden sich sonst nur durch die verschiedenen Rumpflängen und die Leistungswerte der Triebwerke. Laut EMBRAER sollen die Praetor 500/600 ab US$ 17 bzw. 21 Mio. kosten. Der Hersteller plant von der Praetor eine AEW&C-Version zu entwickeln.
Hersteller: EMBRAER (Emprêsa Brasileira de Aeronautica SA), Sao José dos Campos, Brasilien und zweites Montagewerk in Melbourne, Florida, USA.

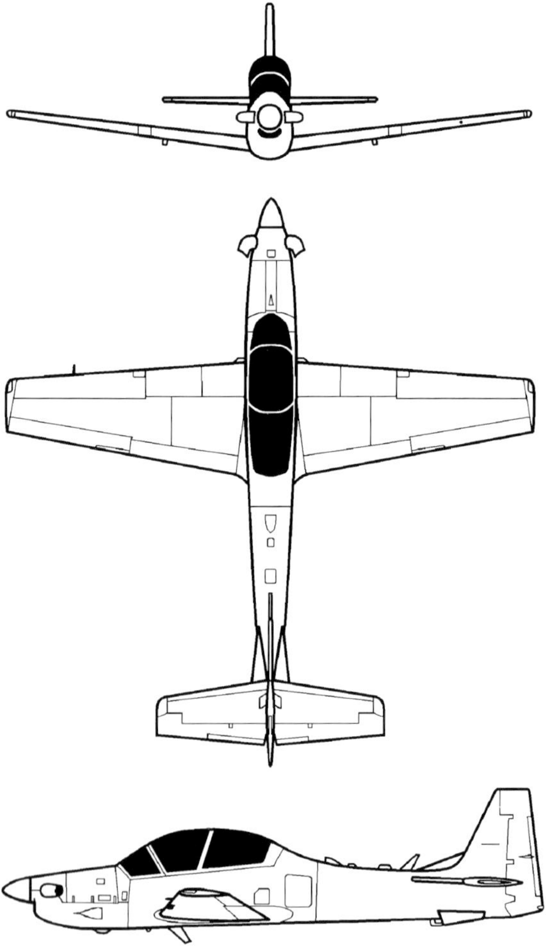

Abmessungen:
Spannweite 11,14 m,
Länge 11,38 m,
Höhe 3,97 m,
Flügelfläche 19,40 m².

EMBRAER EMB-314/A-29 SUPER TUCANO

Ursprungsland: Brasilien.
Kategorie (EMB-314): Zweisitziger Basis- und Fortgeschrittenentrainer bzw. leichtes einsitziges (A-29) bzw. zweisitziges (AT-29) Erdkampf- und Überwachungsflugzeug.
Triebwerke: Eine Propellerturbine Pratt & Whitney Canada PT6A-68/3 von 1600 WPS (1190 kW) Leistung, reduziert auf 1250 WPS (932 kW).
Leistungen: Höchstgeschwindigkeit 590 km/h; max. Reisegeschwindigkeit 520 km/h; Anfangssteiggeschwindigkeit 16,50 m/Sek; Dienstgipfelhöhe 10600 m; Aktionsradius auf 3300 m ohne Bewaffnung 750 km, bei voller Bewaffnung 540 km.
Gewichte: Leergewicht 3200 kg; normales Startgewicht 3600 kg, mit Waffenlast 5400 kg.
Bewaffnung (AT-29): Zwei in den Flügeln fest eingebaute 12,7-mm-Maschinengewehre sowie an fünf Aufhängestationen unter dem Rumpf und unter den Flügeln eine Vielzahl von Waffenlasten bis zu 1550 kg.
Entwicklungsstand: Der erste, bereits dem Serienstandard entsprechende Prototyp YA-29 nahm die Flugerprobung am 2. Juni 1999 auf. Die Brasilianische Luftwaffe hat alle 99 AT-/A-29 erhalten. Weitere 18 Nationen beschafften über 180 Einheiten dieses Typs. Darunter befinden sich Afghanistan 26, Chile 18, Ecuador 18, Indonesien 16, Kolumbien 25, Nigeria 12, Philippinen 6, Turkmenistan 5. Neueste Besteller: Panama 4, Paraguay 6, Portugal 12, Uruguay 6, Unbekannt 10.
Bemerkungen: Die A-29/AT-29 sind die Erdkampf- bzw. COIN-Ausführungen des Trainers EMB-314 Super Tucano. Sie unterscheiden sich von ihm hauptsächlich durch eine missionsbezogene Ausrüstung: Elbit-Angriffs- und Navigationselektronik, GPS, Head-Up-Display, Multifunktionsbildschirme, punktuell verstärkte Zellen- und Flügelstruktur. Das Cockpit ist gepanzert und druckbelüftet. Die Besatzung kann für Nachteinsätze mit **N**ight-**V**ision-**G**oggles (NVG) ausgestattet werden. Der Zweisitzer AT-29 verfügt zusätzlich über ein nach vorne gerichtetes FLIR-Gerät. So ausgerüstet, soll die A-29 primär zur Bekämpfung von Drogenschmugglern und Guerillas in der Amazonasregion eingesetzt werden. Dabei arbeitet sie mit der AEW-Version der EMB-145SA (siehe Ausgabe 2009) zusammen. Unter der Bezeichnung A-29N Super Tucano hat der Hersteller 2023 eine auf die Bedürfnisse von europäischen Ländern angepasste Weiterentwicklung vorgestellt. Neu bietet der Hersteller eine Weiterentwicklung an, welche insbesondere für die Abwehr von Drohnen geeignet sein soll.
Hersteller: EMBRAER (Emprêsa Brasileira de Aeronautica SA), Sao José dos Campos, Brasilien.

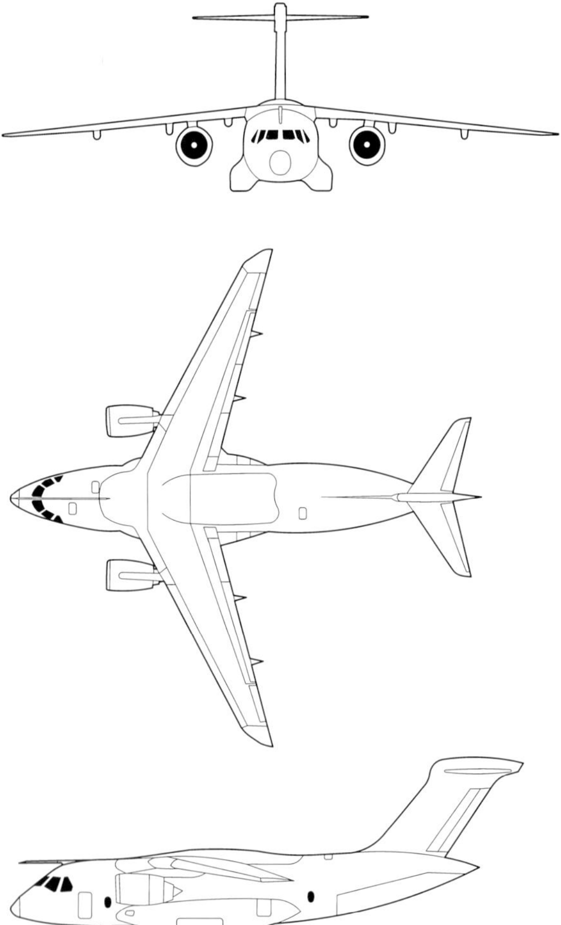

Abmessungen:
Spannweite 35,05 m,
Länge 35,20 m,
Höhe 12,15 m,
Flügelfläche 140 m².

EMBRAER C-390 MILLENNIUM

Ursprungsland: Brasilien.
Kategorie: Mittelschwerer Militärfrachter und Tanker.
Triebwerke: Zwei Mantelstromtriebwerke IAE V2500-E5 von je rund 14200 kp (139,25 kN) Standschub.
Leistungen: Höchstgeschwindigkeit 870 km/h bzw. Mach 0,80; Dienstgipfelhöhe 11000 m; Reichweite mit maximaler Nutzlast 2000 km, mit 23000 kg 2720 km, mit 14700 kg 4800 km; Überführungsreichweite 6240 km.
Gewichte: Leergewicht 35000 kg; normales Startgewicht 74000 kg, maximal 87000 kg.
Zuladung: Zwei Piloten und bis zu 80 voll ausgerüstete Soldaten, 66 Fallschirmspringer, 74 Verletzte auf Tragen oder sieben Standardpaletten. Die maximale Nutzlast beläuft sich auf 26000 kg.
Entwicklungsstand: Am 21. Oktober 2014 verließ der erste Prototyp die Endmontagehalle und startete am 3. Februar 2015 zum Erstflug. Ein zweiter folgte am 28. April 2016, gefolgt vom ersten Serienflugzeug am 9. Oktober 2018. 2020 erfolgte die Einsatzbereitschaft bei der Luftwaffe Brasiliens. Folgende Festbestellungen sind bisher erfolgt: Österreich 4, Niederlande 5, Portugal neu 6 (+ 10 Optionen), Schweden 4, Slowakei 3, Südkorea 2, Tschechien 2, Ungarn 2. Brasilien hat die Anzahl bestellter C-390 aus finanziellen Gründen von 28 auf 22 reduziert. Neuester Auftrag: Litauen 2. Angesichts der Nachfrage soll die Jahresproduktion auf 10 Einheiten erhöht werden.
Bemerkungen: EMBRAER wagte sich mit der KC-390, aktuell nur noch als C-390 Millennium bezeichnet, in ein völlig anderes Luftfahrt-Segment. Als Alternative zur C-130J (siehe Seiten 228/229) lancierte sie vor einigen Jahren dieses Muster. Im Laufe der Entwicklung wurden die Spezifikationen laufend angepasst und die Leistungsparameter nach oben korrigiert. Die Avionik Pro Line Fusion entspricht jener der Legacy 450/500 (siehe Ausgabe 2020). Die C-390 soll für nur rund US$ 50 Mio. angeboten werden. Typisch für ein solches Muster ist die robuste und relativ einfache Bauweise sowie die Möglichkeit, auf kurzen Naturpisten starten und landen zu können. Die Innenmaße des Frachtraums betragen: Länge 12,68 m ohne bzw. 18,54 m einschließlich der Laderampe, Breite 3,45 m, Höhe zwischen 2,74 und 2,94 m. Damit ist das Innenvolumen etwas größer als beispielsweise jenes der C-130. An der Herstellung beteiligen sich auch Unternehmen aus Argentinien, Kolumbien, Portugal und Tschechien. Die C-390 wurde auch für Löscheinsätze erprobt. Zusammen mit L3Harris soll zudem eine Tankerversion mit einem Flying Boom sowie eine Seeaufklärerausführung MPA entwickelt werden.
Hersteller: EMBRAER (Emprêsa Brasileira de Aeronautica SA), Sao José dos Campos, Brasilien.

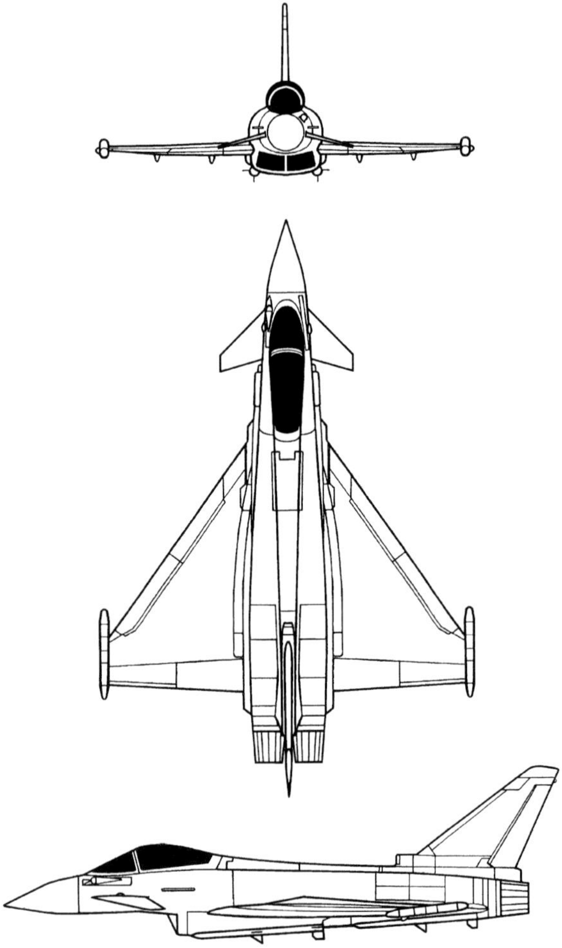

Abmessungen:
Spannweite 10,95 m,
Länge 15,96 m,
Höhe 5,28 m,
Flügelfläche 50,00 m².

EUROFIGHTER TYPHOON

Ursprungsland: Großbritannien, Deutschland, Italien und Spanien.
Kategorie: Luftüberlegenheitsjäger und Mehrzweckkampfflugzeug.
Triebwerke: Zwei Mantelstromtriebwerke Eurojet EJ200 von je rund 6100 kp (60 kN) Standschub ohne und 9185 kp (90 kN) mit Nachbrenner.
Leistungen: Höchstgeschwindigkeit in großer Höhe Mach 2,0+, in Bodennähe 1390 km/h; Anfangssteiggeschwindigkeit 315 m/Sek; Dienstgipfelhöhe 16765 m; Aktionsradius mit je zwei Luft-Luft-Lenkwaffen AIM-120 und AIM-132 inkl. Außentanks 1390+ km; Überführungsreichweite mit zwei Außentanks 3700 km.
Gewichte: Leer 11150 kg; max. Startgewicht 23500 kg.
Bewaffnung: Eine 27-mm-Mauser-Kanone im Rumpf und beispielsweise eine Zusammensetzung von sechs Kurzstrecken-Luft-Luft-Lenkwaffen AIM-132 und vier Mittelstrecken-Luft-Luft-Lenkwaffen AIM-120 oder MBDA Meteor BVRAAM. Max. Waffenlast 7500 kg an 13 Waffenstationen.
Entwicklungsstand: Der erste Prototyp nahm am 27. März 1994 die Flugerprobung auf, gefolgt vom ersten Serienmuster im Laufe von 2002. 2003 sind die ersten Serienmaschinen abgeliefert worden. Aktuelle Beschaffungszahlen aller Versionen: Großbritannien 160, Deutschland 181, 20 weitere davon in der neuen Ausführung Tranche 5 bestellt, Italien 112 Kuwait 28, Qatar 24, Spanien 118, Oman 12, Österreich 15, Saudi-Arabien 72. Ende 2025 waren 741 Eurofighter bestellt und rund 615 gebaut. Neuester Auftrag: Türkei 20.
Bemerkungen: Aktuell werden Typhoons der Tranche 4 gebaut, aber auch ältere auf diese Version nachgerüstet Sie erhalten ein neues AESA-Radar und ein überarbeitetes Cockpit mit Voice-Control (= sprachgesteuerte Systemführung). Zwei unterschiedliche Radar-Modelle sind für die einzelnen Länder vorgesehen: Captor-E für Deutschland und Spanien; Eurofighter Common Radar System Mk. 2 für Großbritannien und Italien (Erstflug Erprobungsträger 27. September 2024). Durch laufende Modifikationen wird der Eurofighter stets auf dem neuesten technologischen Stand gehalten. Die neueste, P1E genannt, verbessert besonders die Strike-Fähigkeiten des Jägers. Aerodynamische Anpassungen werden die Agilität des Eurofighters weiter verbessern. Weitere technische Maßnahmen erweitern die Erdkampffähigkeit. Tranche 5 ist primär für die elektronische Kampfführung mit einem neuen EScan-Radar ausgerüstet. Alle Eurofighter können ohne Nachbrenner die sog. Supercruise-Geschwindigkeit von Mach 1,2 bis 1,3 erreichen.
Hersteller: Eurofighter, München, Deutschland.

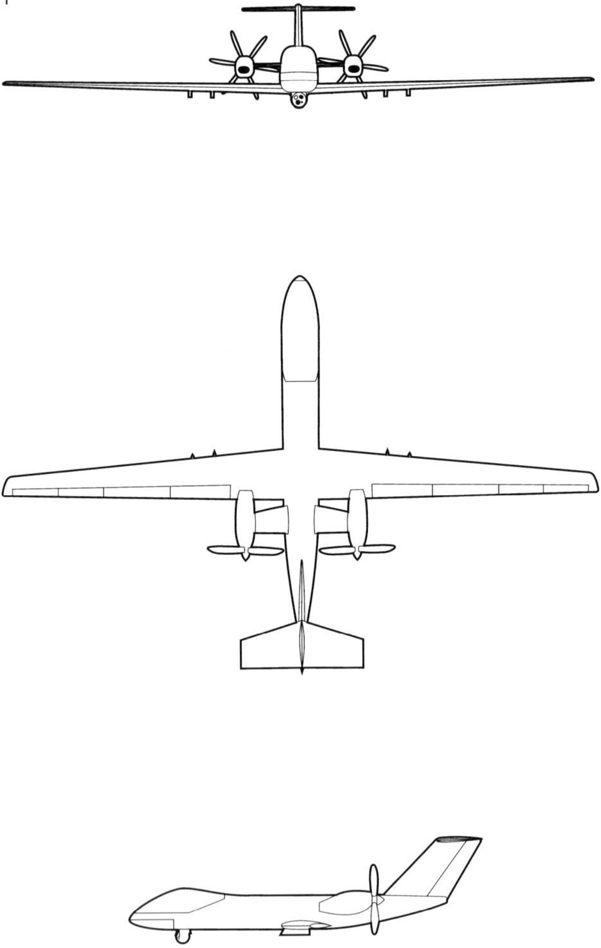

Abmessungen (ca. Angaben):
Spannweite 30,00 m,
Länge 17,00m,
Höhe 6,00 m.

EUROPEAN MALE RPAS EURODRONE

Ursprungsland: Internationales Konsortium.
Kategorie: Langstrecken-Drohne für Einsätze in mittleren Höhen.
Triebwerke: Zwei Propellerturbinen Avio Aero Catalyst 1300-ED1 von je 1300 WPS (955 kW) Leistung.
Leistungen (provisorische Angaben): Höchstgeschwindigkeit 500 km/h; Dienstgipfelhöhe 13700 m; max. Flugdauer 40 Std.
Gewichte: Max. Startgewicht ca. 12000 kg.
Zuladung: Aufklärungs- und Elektronikausrüstung bis zu einem Gewicht von 2300 kg an vier Aufhängepunkten unter den Flügeln und einem unter dem Rumpf.
Bewaffnung: Unter den gleichen Aufhängepunkten kann eine Vielzahl von Waffen bis zu einem Gewicht von 2300 kg mitgeführt werden. Der Entscheid, diese Drohne auf für Waffeneinsätze vorzusehen, wurde kürzlich gefällt.
Entwicklungsstand: Ein erster Prototyp der Eurodrone ist im Bau und soll noch vor Ende 2026 zum Erstflug starten. Bisher sind von verschiedenen Luftwaffen folgende Kaufabsichten eingegangen: Deutschland 7, Frankreich 4, Italien 5 und Spanien 4 Systeme.
Bemerkungen: Die Gemeinschaftsentwicklung von Deutschland, Frankreich, Italien und Spanien hat zum Ziel, eine europäische Langstrecken-Drohne für Einsätze in mittleren Höhen zu entwickeln. Sie soll Boden- und Seeraumüberwachungsaufgaben erfüllen und auch für Luftnahunterstützung eingesetzt werden können. Ausgangsmodell für die EuroMale ist die Drohne Talarian von Cassidian, welche aber nie flog. Im Vergleich zur US-Drohne MQ-9 Reaper/SkyGuardian (siehe Seiten 166/167) ist sie etwa doppelt so groß und doppelt so schwer und kann eine wesentlich höhere Zuladung mitführen. Ein EuroMALE-RPAS-System (**M**edium-**a**ltitude, **l**ong-**e**ndurance **r**emotely **p**iloted **A**ir **S**ystem) umfasst jeweils drei Drohnen und zwei Bodenstationen. Hauptauftragnehmer ist die Airbus Defence. Bei der Eurodrohne sollen modernste Technologien in allen Bereichen zur Anwendung gelangen, Details dazu sind aber noch nicht konkret bekannt.
Hersteller: Konsortium aus Airbus Defence and Space, Dassault Aviation und Leonardo S.p.A. mit Sitz bei Airbus Defence and Space, Toulouse, Frankreich.

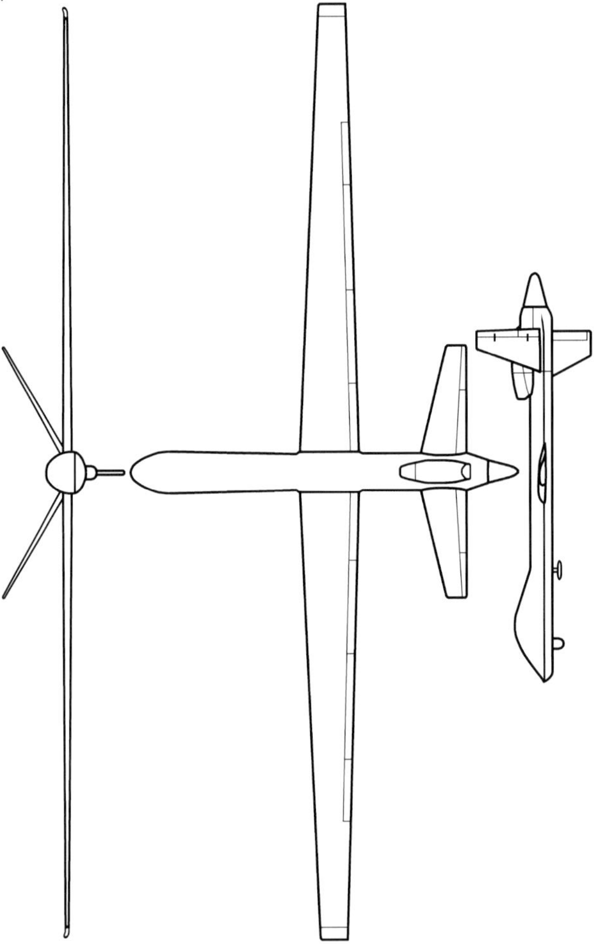

Abmessungen (MQ-9A Reaper bzw. MQ-9B SkyGuardian):
Spannweite 20,12 m/24,08 m,
Länge 10,97 m/11,70 m,
Höhe 3,56 m.

GENERAL ATOMICS MQ-9A REAPER/MQ-9B SKYGUARDIAN

Ursprungsland: USA.
Kategorie: Unbemannte Drohne für Erdkampf, Aufklärungs- und ELINT-Aufgaben in großen Höhen.
Triebwerke: Eine Propellerturbine Honeywell TPE331-10T von 900 WPS (670 kW) Leistung.
Leistungen: Höchstgeschwindigkeit ca. 410 km/h; Dauergeschwindigkeit 370 km/h; Dienstgipfelhöhe über 15240 m; Reichweite 4000 km; max. Flugdauer (MQ-9A) 27 Std., (MQ-9B) 40 Std.
Gewichte: Leergewicht 2223 kg; max. Startgewicht 4763 kg, (Skyguardian) 5670 kg.
Zuladung/Bewaffnung: Aufklärungssysteme im Gesamtgewicht von intern 363 kg, extern 1361 kg. Es können aber auch beispielsweise bis zu zehn Hellfire-Panzerabwehrlenkwaffen oder sechs 225-kg-GPS-Bomben mitgeführt werden.
Entwicklungsstand: Im Februar 2001 startete ein Erprobungsträger zum Erstflug, gefolgt 2005 von zwei operationellen Prototypen für die USAF. Insgesamt wurden 337 MQ-9A Reapers beschafft, Ablieferung bis 2024. Auch das USMC kaufte 8 MQ-9A. Folgende weitere Länder setzen diese Ausführung ebenfalls ein: Belgien 4, Frankreich 12, Großbritannien 10, Italien 11, Niederlande 8, Spanien und Türkei je 4, UAE bis zu 18. Die neueste Version MQ-9B SkyGuardian bzw. bei der RAF Protector RG.1 genannt (16 bestellt), flog erstmals am 18. Februar 2016 und ist seit 2024 einsatzbereit. Weitere Auftragnehmer: Japan und Polen, Anzahl unbekannt, USAF Special Operations 3, Indien bis zu 31, Montage in Indien, Kanada 11. Neueste Besteller: Deutschland 8, Dänemark 4, Qatar 8, Taiwan 4.
Bemerkungen: Die MQ-9A ist eine Weiterentwicklung der RQ-1A Predator A (siehe Ausgabe 2006) und bietet in allen Bereichen wesentlich bessere Flugleistungen an. Zudem ist die Nutzlast deutlich höher, es können u.a. auch mehr Waffen mitgeführt werden. Der Flügel ist gegenüber dem Ausgangsmuster deutlich größer, der Rumpf dicker. Er kann dadurch mehr Treibstoff aufnehmen. Während die RQ-1 vorwiegend für Aufklärungsaufgaben vorgesehen ist, wird die MQ-9 vorab als Erdkämpfer/Aufklärer in besonderen Situationen eingesetzt. Dazu verfügt sie u.a. über ein synthetisches Breitband-Radar APY-8 Lynx mit hoher Auflösung. Die MQ-9B SkyGuardian weist einen um fast 4 m längeren Flügel mit vergrößerter Treibstoffkapazität auf und verfügt über zusätzliche Waffenstationen. Zudem ist sie in der Lage, im normalen Luftverkehrsumfeld autonom zu operieren. Eine neue Variante mit STOL-Eigenschaften und einklappbaren Flügeln wird derzeit untersucht.
Hersteller: General Atomics Aeronautical Systems Inc., San Diego, Werk Poway, Kalifornien, USA.

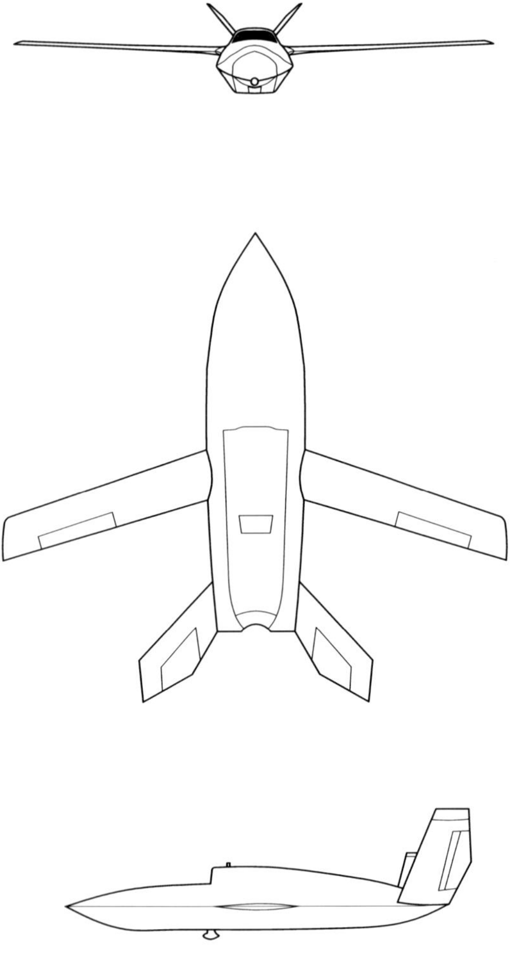

Abmessungen:
Keine Angaben erhältlich.

GENERAL ATOMICS YFQ-42A

Ursprungsland: USA.
Kategorie: Unbemanntes sog. Collaborative Combat Aircraft
Triebwerke: Bisher keine Angaben erhältlich.
Leistungen (XQ-67A): Höchstgeschwindigkeit Mach 0,95; Dienstgipfelhöhe 15240 m; Aktionsradius km; max. Reichweite rund 1260 km; max. Flugdauer Std.
Gewichte (XQ-67A): Max. Startgewicht ca. 2250 kg.
Bewaffnung: In einem internen Waffenschacht sollen zwei Luft-Luft-Lenkwaffen AIM-120 AMRAAM oder andere Waffen mitgeführt werden.
Entwicklungsstand: Ein erster Prototyp nahm die Flugerprobung im August 2025 auf, gefolgt von einem zweiten am 4. November 2025. Die USAF hat diesen Typen zusammen mit der Anduril Industries YFQ-44A Fury (siehe Seiten 42/43) zur Evaluation ausgewählt. Dem Sieger dieses Wettbewerbs winken Folgeaufträge bis zu 1000 Einheiten.
Bemerkungen: Die YFQ-42A zählt zu der immer größer werdenden Familie von sog. CCA (**C**ollaborative **C**ombat **A**ircraft – Unbemannte Begleitkampfflugzeuge bzw. »Loyale Flügelmänner«). Sie dienen als Ergänzung und Verstärkung der Einsatzeffektivität von Kampfflugzeugen der fünften Generation (z. B. F-35), mehr noch aber der sechsten Generation (z. B. F-47). Das Konzept sieht vor, dass ein bemanntes Kampfflugzeug als Führungseinheit zusammen mit mehreren CCA-Einheiten einen Angriff vornehmen. Dabei sind die CCA's für die besonders gefährlichen Teile einer Mission vorgesehen mit dem Risiko des Totalverlusts. Deshalb handelt es sich um möglichst einfache und kostengünstige Konstruktionen, welche für eine Massenproduktion geeignet sind. Die YFQ-42A stellt eine Weiterentwicklung der vom gleichen Hersteller bereits erprobten XQ-67A dar und weist ähnliche technische Daten auf. Der Rumpf ist etwas länger und die Flügel schlanker und für bessere Leistungswerte konzipiert. Mit Hilfe eines Magnetkatapults kann die YFQ-42A von irgendeinem Platz aus gestartet werden und braucht somit keine Startbahn.
Hersteller: General Atomics Aeronautical Systems Inc., San Diego, Werk Poway, Kalifornien, USA.

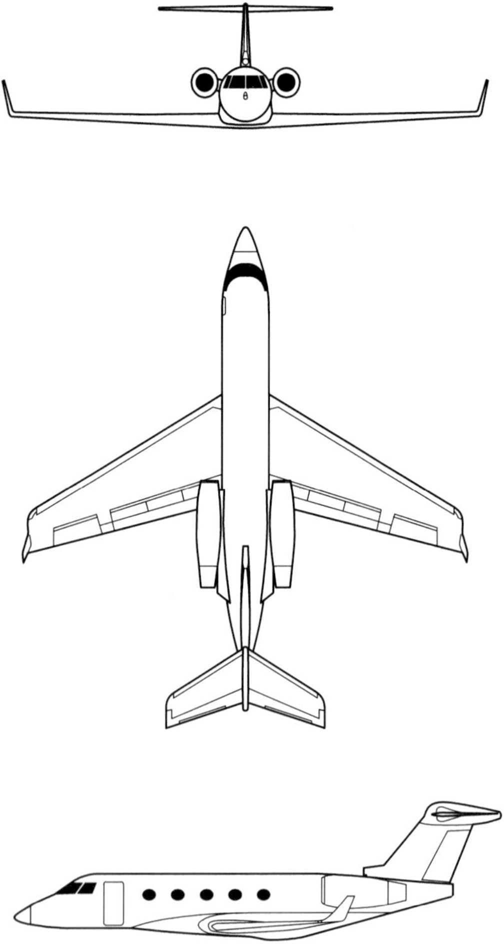

Abmessungen:
Spannweite 19.60 m,
Länge 20.90 m,
Höhe 6.50 m,
Flügelfläche 46,00 m².

GULFSTREAM G300

Ursprungsland: USA.
Kategorie: Mittelstrecken-Geschäftsflugzeug.
Triebwerke: Zwei Mantelstromtriebwerke Honeywell HTF7250G von je 3560 kp (33,90 kN) Leistung.
Leistungen (gemäß Angaben des Herstellers): Höchstgeschwindigkeit 881 km/h (Mach 0,85); max. Reisegeschwindigkeit (Mach 0,80); Dienstgipfelhöhe 13700 m; Reichweite bei Höchstgeschwindigkeit rund 4800 km; max. Reichweite 6667 km.
Gewichte: Rüstgewicht 11000 kg; max. Startgewicht 18000 kg.
Zuladung: Zwei Piloten und bis zu zehn Passagiere, max. Nutzlast 1730 kg.
Entwicklungsstand: Der Hersteller hat die G300 im September 2025 vorgestellt. Drei Prototypen befinden sich im Bau. Der Erstflug fand am 8. Dezember 2025 statt. Noch ist nicht bekannt, ab wann dieser Typ an Kunden ausgeliefert wird. Auch über den Auftragsbestand gibt es keine Angaben.
Bemerkungen: Als Nachfolger der Gulfstream G280 (siehe Ausgabe 2023) wird die G300 neu angeboten. Während Flügel und Triebwerke weitgehend von der Vorgängerin übernommen werden, ist der Rumpf eine Neukonstruktion und sehr auf Komfort ausgelegt. Die Innenlänge beläuft sich auf 8,40 m, inkl. Gepäckraum/Toilette 12,39 m; Höhe 1,88 m, Breite 2,20 m. Auffallend sind die großen Fenster. Den Kabinendruck kann man bei maximaler Reisehöhe auf rekordtiefe 1500 m einstellen. Eingebaut ist eine fortschrittliche Avionik mit sechs Touch-Screens. Das Cockpit verfügt über moderne Assistenzsysteme wie ein synthetisches Sichtsystem und ein vorausschauendes Landetool. Die G300 wird bis zum Rohbau durch die IAI in Israel hergestellt, anschließend nach Savannah überflogen, wo Gulfstream die Innenausstattung installiert.
Hersteller: Gulfstream Aerospace Corp., Savannah, Georgia, USA, Werke Israel Aircraft Industries Ltd. (IAI), Ben Gurion International Airport, Israel und Savannah, Georgia, USA.

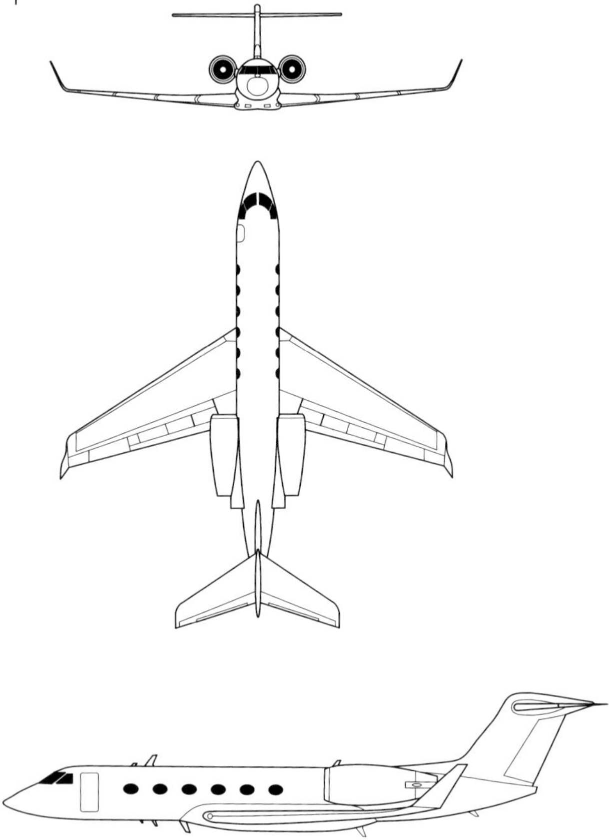

Abmessungen:
Spannweite 26,31 m,
Länge 26,29 m,
Höhe 7,72 m,
Flügelfläche 88,30 m².

GULFSTREAM G400

Ursprungsland: USA.
Kategorie: Firmenflugzeug.
Triebwerke: Zwei Mantelstromtriebwerke Pratt & Whitney PW812GA von je 6120 kp (60,0 kN) Standschub.
Leistungen (gemäß Hersteller): Höchstgeschwindigkeit 903 bis 935 km/h bzw. Mach 0,90; max. Langstrecken-Reisegeschwindigkeit Mach 0,85; Dienstgipfelhöhe 15545 m; Reichweite mit IFR-Reserven 7778 km.
Gewichte: Rüstgewicht 19550 kg; max. Startgewicht 31680 kg.
Zuladung: Zwei Piloten und normalerweise neun oder bis zu 12 Personen in gemischter Zweier- und Dreierbestuhlung mit Mittelgang. Für Nachtflüge können fünf Liegeplätze eingerichtet werden. Nutzlast mit max. Treibstoffzuladung 816 kg; max. Nutzlast 1840 kg.
Entwicklungsstand: Die G400 hat den Erstflug am 15. August 2024 absolviert. Erste Auslieferungen an Kunden sind für 2026 vorgesehen. Über den Auftragsbestand ist nichts bekannt. Ein Erstbesteller ist die deutsche DC Aviation, Stuttgart, für eine G400.
Bemerkungen: 2021 kündigte der Hersteller die G400 an. Auslegung, Struktur und Rumpfquerschnitt entsprechen jenen der G500/600 (siehe Seiten 174/175). Jedoch ist der Rumpf mit 11,07 m bei gleichem Durchmesser entsprechend kürzer. Was die technische Auslegung angeht, ist die G400 den Schwestermustern in weiten Teilen ebenfalls ähnlich. Damit hat der Hersteller eine wesentliche Einheitlichkeit in der Produktepalette erreicht und kann nun auch das mittlere Segment der Businessjets abdecken. Die G400 ist mit der Gulfstreams Avionik und Technologie der nächsten Generation ausgestattet, darunter das Gulfstream Symmetry Flight DeckTM mit den branchenweit ersten aktiven Steuerknüppeln, der umfassendsten Nutzung von Touchscreen-Technologie und dem Predictive Landing Performance System ausgerüstet. Dem Kabinenkomfort wurde große Aufmerksamkeit gewidmet. So sorgt ein neues Plasma-Ionisierungssystem für 100% frische, niemals umgewälzte Luft. Zehn große ovale Panoramafenster ermöglichen eine gute Sicht nach draußen.
Hersteller: Gulfstream Aerospace Corp., Savannah, Georgia, USA.

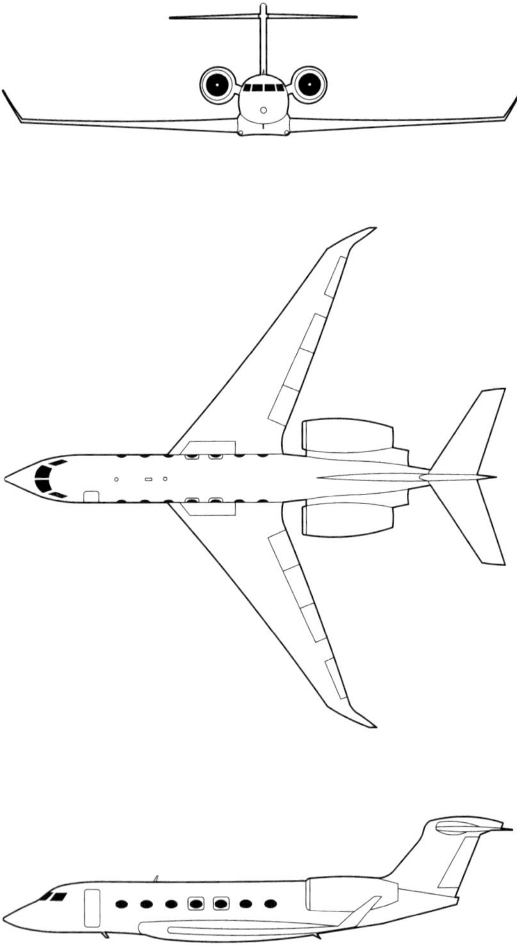

Abmessungen (G500/G600):
Spannweite 26,30/28,95 m,
Länge 27,78/29,26,
Höhe 7,78/7,70 m,
Flügelfläche 88,25/107,77 m^2.

GULFSTREAM AEROSPACE GULFSTREAM G500/G600

Ursprungsland: USA.
Kategorie: Mittel- bis Langstreckenfirmenflugzeuge.
Triebwerke (G500/G600): Zwei Mantelstromtriebwerke Pratt & Whitney Canada PW814GA/PW815GA von je 6869/7112 kp (67,36/69,74 kN) Standschub.
Leistungen (G500/G600): Höchstgeschwindigkeit 956 km/h (Mach 0,925); Langstrecken-Reisegeschwindigkeit 904 km/h (Mach 0,85); max. Steiggeschwindigkeit 20 m/Sek; Dienstgipfelhöhe 15545 m; Reichweite mit acht Passagieren bei Mach 0,85 9816/12223 km, bei Mach 0,90 8334/10371 km.
Gewichte (G500/G600): Rüstgewicht 21137/23072 kg; max. Startgewicht 36106/42910 kg.
Zuladung (G500/G600): Zwei Piloten im Cockpit und je nach Innenausstattung 12/13, 14/15 oder bei dichter Bestuhlung bis zu 19 Passagiere; Nutzlast bei vollen Tanks 1315/1179 kg, max. 2386/2966 kg.
Entwicklungsstand: Der erste von fünf Prototypen der G500 begann die Flugerprobung am 18. Mai 2015, das erste Serientestflugzeug am 5. August 2016. Mit den Auslieferungen begann man im September 2018. Am 17. Dezember 2016 folgte der Erstflug der G600. Erste Auslieferungen an Kunden im August 2019. Wie viele G500/600 aktuell bestellt sind, ist nicht bekannt, aber bis Ende 2025 waren mehr als 350 abgeliefert.
Bemerkungen: Bei der G500 und der G600 handelt es sich um vollständige Neuentwicklungen, selbst wenn äußerlich gewisse Ähnlichkeiten zur G650 (siehe Ausgabe 2025) bestehen. Der Flügel ist nach neuesten aerodynamischen Erkenntnissen optimiert. Im Cockpit kommt die Avionik von Honeywell SymmetryTM mit zehn integrierten Touchscreens zum Einbau. Gesteuert werden beide mit Sidesticks. Ein sog. **E**nhanced **V**ision **S**ystem (EVS) neuester Generation erleichtert dem Piloten die Sicht bei ungünstiger Wetterlage. Dieses EVS ist zudem mit einem Head-Up-Display verbunden. Die Kabine wurde vollständig neu konzipiert. Der Kabinendurchmesser ist mit einer Breite von 2,41 m und einer Höhe von 1,93 m nur wenig kleiner als bei der G650. Die Innenlänge beträgt (G500) 12,65 m, (G600) 13,77 m. Eine G500 soll für US$ 45,5 Mio. angeboten werden, die G600 kostet ab US$ 55,5 Mio.
Hersteller: Gulfstream Aerospace Corp. (Tochterfirma von General Dynamics), Savannah, Georgia, USA.

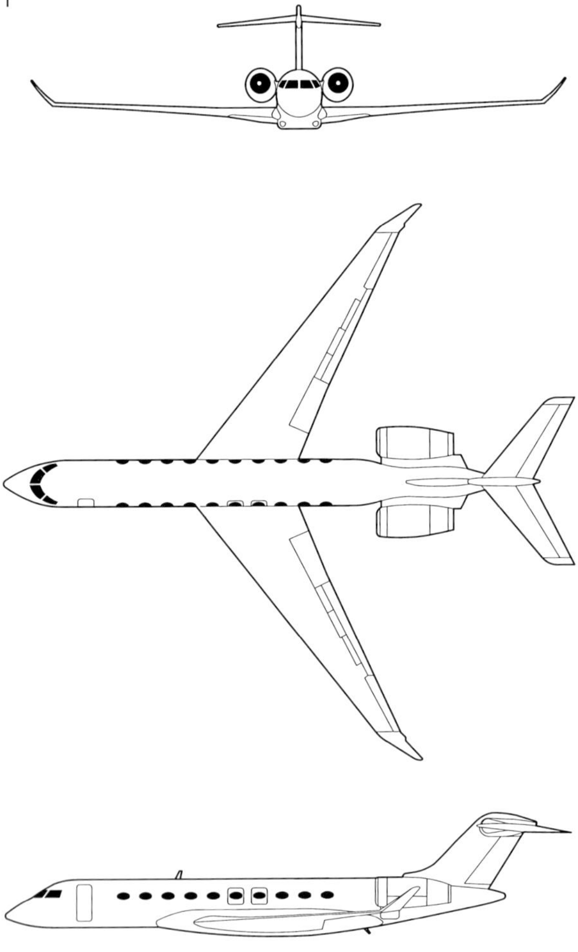

Abmessungen (G700/G800):
Spannweite 31,39 m,
Länge 33,48/30,29 m,
Höhe 7,75 m,
Flügelfläche 119,20 m^2.

GULFSTREAM AEROSPACE GULFSTREAM G700/G800

Ursprungsland: USA.
Kategorie: Langstrecken-Firmenflugzeug.
Triebwerke: Zwei Mantelstromtriebwerke Rolls-Royce Pearl 700 von je 8278 kp (81,20 kN) Standschub.
Leistungen (G700/G800): Höchstgeschwindigkeit 956 km/h (Mach 0,935); max. Reisegeschwindigkeit Mach 0,90; Langstrecken-Reisegeschwindigkeit 904 km/h (Mach 0,85); Dienstgipfelhöhe 15545 m; max. Reichweite bei Mach 0,85 14353/14816 km, bei Mach 0,90 12316/12964 km.
Gewichte (G700/G800): Rüstgewicht 25566/24630 kg (letztere Angabe mit vier Piloten); max. Startgewicht 48807/47899 kg.
Zuladung (G700/G800): Zwei Piloten im Cockpit und je nach Ausstattungsvariante zwischen 10 und 19 Passagiere. 13 Personen können liegend mitfliegen. Nutzlast bei vollen Tanks 1013/1043 kg, max. Nutzlast 2896/2812 kg.
Entwicklungsstand: Der Erstflug des Prototyps G700 fand am 14. Februar 2020 statt. Bis Ende 2020 flogen fünf Prototypen. Die Zulassung der G700 erfolgte mit einiger Verzögerung am 29. März 2024. Die 50. wurde im Mai 2025 abgeliefert. Der Auftragsbestand ist nicht bekannt. Der Erstbesteller ist FlexJet. Zwei G700 LRCCA bestellte die USCG. Die neueste Version G800 nahm die Flugerprobung am 28. Juni 2022 auf, erste Kundenablieferungen im August 2025.
Bemerkungen: Die gegenüber der G650 (siehe Ausgabe 2025) nochmals vergrößerte G700 ist mit den neuen Rolls-Royce Pearl 700-Triebwerken ausgerüstet. Die Kabine wurde verlängert, ist 17,35 m lang, 2,49 m breit und 1,91 m hoch. Zudem ist eine extra große Galley eingebaut. Die Kabine kann in bis zu fünf Zonen aufgeteilt werden. Dank zwanzig großen Panoramafenstern genießt der Passagier eine hervorragende Sicht nach außen. Das Jet ConneX Ka-band Wi-Fi sichert jederzeit eine schnelle Internetabdeckung. Im Cockpit ist ein Symmetry Flight Deck mit aktiven Sidesticks und intuitiven Touchscreens eingebaut. Dank der sog. »Phase-of-Flight™ intelligence« und eines Head-Up-Displays wird die Arbeitslast für die Piloten deutlich reduziert. Die Flugsteuerung erfolgt durch ein Fly-By-Wire-System. Der Kaufpreis für die Basisausführung soll bei rund US $ 78 Mio. liegen. 2021 lancierte der Hersteller die auf der G700 basierende Ultralangstreckenversion G800, welche Reichweiten bis gegen 15000 km erzielen kann. Der Rumpf ist um ca. 3 m kürzer. Bei gleicher Höhe und Breite wie die G700 ist die Kabine auf 14,27 m reduziert. Beide Versionen verfügen über einen optimierten Flügel mit neu entwickelten Winglets.
Hersteller: Gulfstream Aerospace Corp. (Tochtergesellschaft von General Dynamics), Savannah, Georgia, USA.

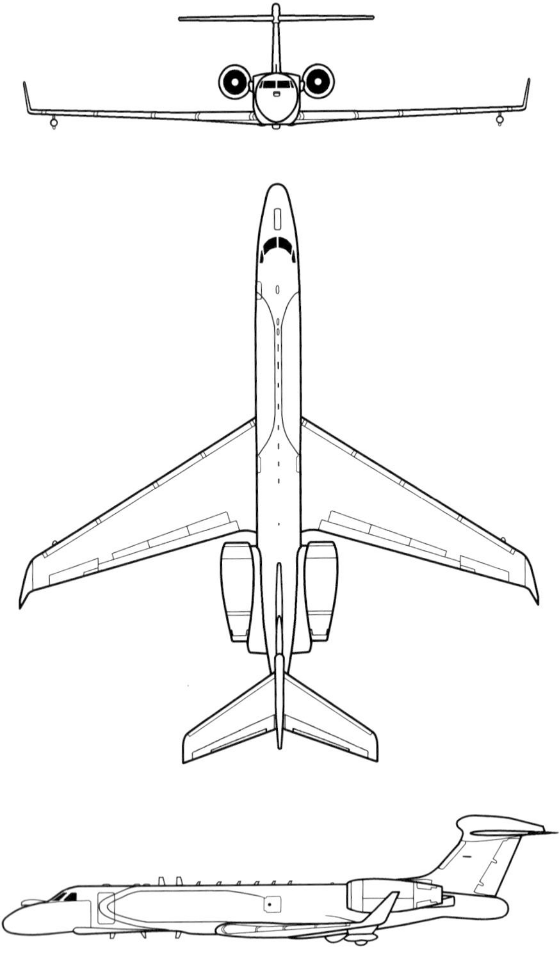

Abmessungen:
Spannweite 28,50 m,
Länge 29,40 m,
Höhe 7,90 m,
Flügelfläche 105,63 m².

GULFSTREAM G550/EA-37B SPECIAL MISSION

Ursprungsland: USA.
Kategorie: Elektronischer Aufklärer für ELINT- bzw. SIGINT-Aufgaben und Radarfrühwarnflugzeug.
Triebwerke: Zwei Mantelstromtriebwerke BMW/Rolls-Royce BR 710-48 von je 6980 kp (68,40 kN) Standschub.
Leistungen (G550): Max. Reisegeschwindigkeit 940 km/h (Mach 0,885); Langstrecken-Reisegeschwindigkeit 851 km/h; Anfangssteiggeschwindigkeit 21,3 m/Sek; Dienstgipfelhöhe (G550 CAEW) 12500 m; Einsatzdauer (G550 CAEW) rund 10 Stunden.
Gewichte (G550): Rüstgewicht 21919 kg; max. Startgewicht 41277 kg.
Zuladung: Zwei Piloten im Cockpit und (G550 SEMA) zwei bis drei Systemoperateure, (G550 CAEW) sechs Missionsspezialisten.
Entwicklungsstand: Das erste Exemplar begann die Flugerprobung am 26. März 2005. Israel hat drei G550 SEMA und eine G550 CAEW beschafft. Die Auslieferung begann im September 2006. Australien beschafft vier als MC-55A Pergrine (siehe Foto) bezeichnete Einheiten, Italien mindestens fünf. Singapur erhielt vier G550 CAEW. Ab 2023 erhält die USAF zehn als EA-37B bezeichnete Gulfstreams der Version G550 CAEW als Ersatz der EC-130H-Flotte, die US Navy vorerst eine für Telemetrie-Aufgaben. Für Forschungen in der Atmosphäre hat die National Oceanic and Atmospheric Administration (NOAA) zwei Einheiten bestellt.
Bemerkungen: Mehrere Versionen sind erhältlich, welche auf der G550-Plattform (siehe Ausgabe 2010) basieren. Der Elektronik- und Funkaufklärer G550 SEMA verfügt für sog. ELINT- und SIGINT-Aufgaben über ein System IAI Elta EL/I-3001, dessen sichtbarer Teil aus einem großen Behälter vorne unter dem Rumpf besteht. Zudem sind an Rumpf und Flügeln Sensoren installiert. Die Übertragung der aufgefangenen Daten erfolgt über ein SATCOM-System (**Sat**ellite **Com**munications). Der Radarfrühwarner G550 CAEW (**C**ompact **A**irborne **E**arly **W**arning, siehe Dreiseitenriss) erhält ein Radar Elta EL/W-2085 Phalcon im Rumpf. Zudem sind vier fest montierte Antennen vorne, hinten und je seitlich am Rumpf angebracht, um eine 360°-Abdeckung zu ermöglichen. Laufend werden neue Systeme zur Verbesserung der Leistungsfähigkeit eingebaut. Nebst der EC-37B prüft die USAF auch die Beschaffung einer JSTARS-Version als Ersatz der Boeing E-8. Eine ähnliche Ausführung erhält Südkorea. Als weitere Ausführung erhält die USCG eine C-37B LRCCA (**L**ong-**R**ange-**C**ommand-and-**C**ontrol-**A**ircraft). Noch keine Details sind über die durch die USAF zu beschaffende Version EC-37B für elektronische Kriegsführung bekannt.
Hersteller: Gulfstream Aerospace Corp., (Tochtergesellschaft von General Dynamics), Savannah, Georgia und L3Harris, USA.

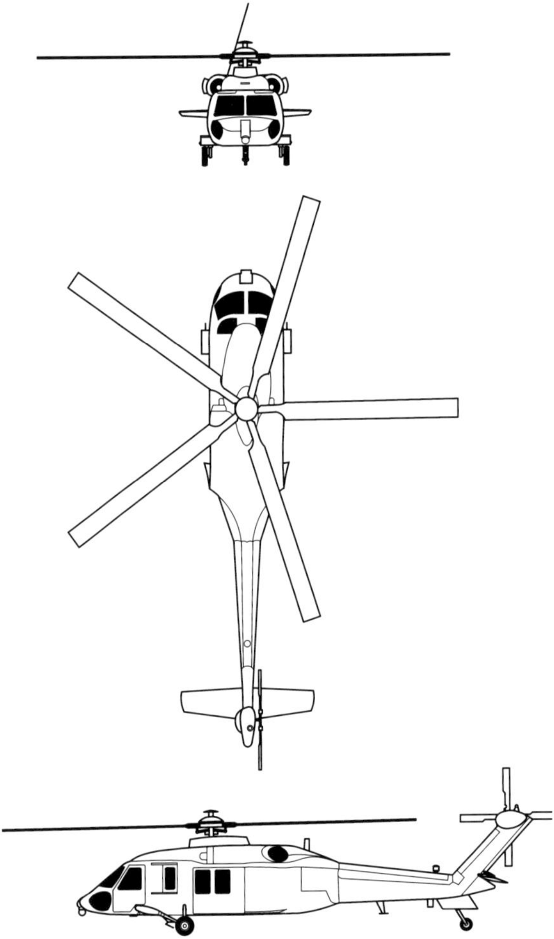

Abmessungen (ungefähre Angaben):
Rotordurchmesser 16,00 m,
Rumpflänge inkl. drehendem Rotor 20,00 m,
Höhe 5,30 m.

HARBIN Z-20/Z-20F/Z-20J

Ursprungsland: Volksrepublik China.
Kategorie: (Z-20): Mittelschwerer Mehrzweckhubschrauber für militärische Aufgaben, (Z-20F) U-Boot-Jagd-Hubschrauber, (Z-20J) Marine-Mehrzweckhubschrauber.
Triebwerke: Zwei Gasturbinen WZ-10 mit einer Leistung von je 2682 WPS (2000 kW).
Leistungen (Schätzungen): Normale Reisegeschwindigkeit 290 km/h; Dienstgipfelhöhe 6000 m; Steigrate 7 m/Sek; Reichweite mit max. interner Treibstoffzuladung rund 560 km.
Gewichte (Z-20: Schätzungen): Leergewicht ca. 5000 kg; max. Startgewicht 10000 kg.
Zuladung (Z-20): Zwei Piloten und zwischen 12 und 15 Soldaten bzw. bis zu 4000 kg Fracht.
Bewaffnung: Nachdem es seitlich am Rumpf Aufhängemöglichkeiten für Stummelflügel gibt, ist anzunehmen, dass dort auch Waffen mitgeführt werden können. An den Türen gibt es zudem Halterungen für Maschinengewehre.
Entwicklungsstand: Ein erster Prototyp begann mit der Flugerprobung am 23. Dezember 2013. Offenbar befindet sich dieser Typ seit 2018 im Dienst der Volksbefreiungsarmee sowie der Marine Chinas. 2024 wurden erstmals öffentlich eine U-Bootbekämpfungsversion Z-20F und eine Marine-Mehrzweckausführung Z-20J gezeigt. Ob sich beide Muster bereits im Dienst befinden, ist nicht bekannt. Von allen Ausführungen sollen je nach Quelle bisher mehr als 150 gebaut worden sein mit einer Zielproduktion von zwischen 2000 und 3000 Stück.
Bemerkungen: Vom Aussehen her gleicht die Z-20 bzw. Zhi-20 sehr der Sikorsky S-70/UH-70 (siehe Seiten 270/271), die Z-20F der MH-60R (siehe Seiten 272/273) bzw. die Z-20J der MH-60S (siehe Ausgabe 2008). Kritiker behaupten sogar, es handle sich weitgehend um eine Kopie, da China vor Jahren eine kleine Anzahl S-70 beschaffte. Doch gibt es auch klare Unterschiede, wie den Fünfblattrotor, der Übergang von Rumpf zu Heckkonus wurde anders gestaltet. Zudem ist die Z-20 mit einem Fly-By-Wire-System ausgestattet. Vermutlich dürfte sie über bessere Leistungsdaten verfügen und besonders für Einsätze in hohen und heißen Gebieten geeignet sein. Das Cockpit ist mit heute üblichen Flachbildschirmen ausgerüstet, unter dem Vorderrumpf befindet sich ein FLIR-Gerät. Offenbar sind noch weitere Sensoren eingebaut. Bilder zeigen zudem eine Satcom-Antenne und Chaff-/Flare-Werfer. Sämtliche Angaben sind noch mit Vorsicht zu betrachten, die Quellen widersprechen sich teilweise ganz erheblich. Offenbar gibt es auch eine Stealth-Version.
Hersteller: Harbin Aircraft Industry Group Co. Ltd. (HAIG), Tochtergesellschaft der AVIC/Avicopter, Beijng, Volksrepublik China.

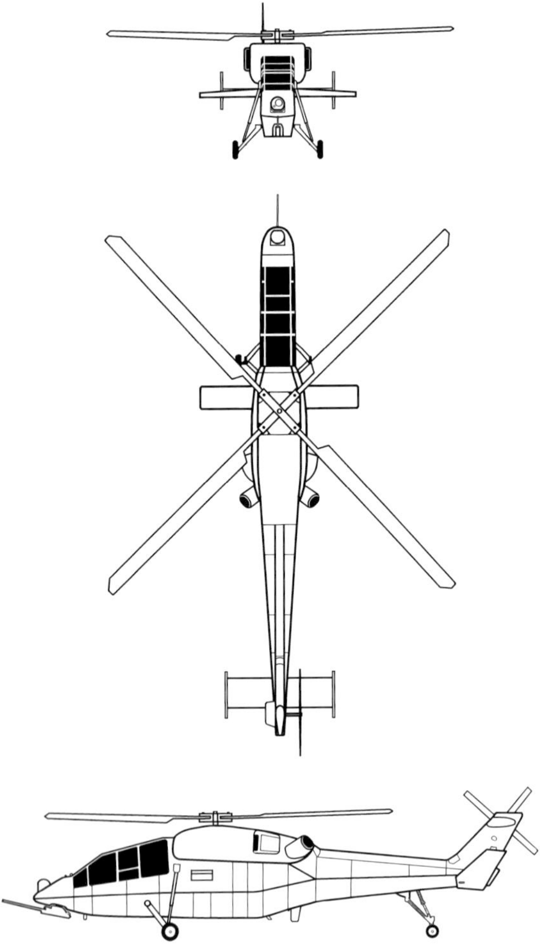

Abmessungen:
Rotordurchmesser 13,30 m,
Rumpflänge 15,80 m,
Höhe inkl. drehendem Heckrotor 4,70 m.

HINDUSTAN AERONAUTICS (HAL) LCH PRACHANDA

Ursprungsland: Indien.
Kategorie: Zweisitziger Kampf- und Beobachtungshubschrauber.
Triebwerke: Zwei Gasturbinen HAL/Safran Shakti (Ardiden)-1H1 von je 1430 WPS (1067 kW) Leistung.
Leistungen: Höchstgeschwindigkeit 268 km/h; max. Schrägsteiggeschwindigkeit 12,0 m/Sek; Dienstgipfelhöhe 6500 m; max. Reichweite 700 km, Flugdauer 3 Std. 10 Min.
Gewichte: Leer 2550 kg; max. Startgewicht 5800 kg.
Bewaffnung: Eine schwenkbare 20-mm-Kanone Nexter M 621 vorne unter dem Rumpf. An vier Auslegern seitlich am Rumpf können verschiedene Waffen mitgeführt werden, so z.B. Panzerabwehrlenkwaffen, Luft-Luft-Lenkwaffen, verschiedene Pods usw. Max. Nutzlast in der Größenordnung von 1750 kg.
Entwicklungsstand: Ein Erprobungsträger nahm am 29. März 2010 die Flugerprobung auf. Es folgten vier eigentliche Prototypen. Nach längerer Verzögerung wurden im Oktober 2022 die ersten Serienhubschrauber an die Indische Luftwaffe abgeliefert. In einem ersten Schritt beschaffte Indien 15 Einheiten (5 Armee, 10 Luftwaffe), gefolgt 2023 von weiteren 156, 90 für die Armee und 66 für die Luftwaffe.
Bemerkungen: Abgeleitet von der Dhruv (siehe Ausgabe 2022) entwickelte HAL einen Kampfhubschrauber LCH (**L**ight **C**ombat **H**elicopter). Während die dynamischen Komponenten weitgehend dem Ausgangsmuster entsprechen, ist der Rumpf völlig neu und verfügt über die für dieses Einsatzmuster typische Form mit Tandemcockpit. Einige Teile davon sind gepanzert. Der Rumpf soll eine geringe Radarabstrahlung aufweisen und gegen biologische sowie nukleare Gefahren besonders geschützt sein. Rumpf und Fahrwerk seien weitgehend »crash-resistent«, die Treibstofftanks selbst dichtend. Eingebaut ist die neueste Generation an Avionik, u.a. ein Allwetter-Zielsuchsystem, welches via Helmvisier gesteuert werden kann. Weiter ist u.a. ein FLIR-/Laserzielsuch-System vorhanden. Ein Satcom Data-Link-System zur Bodenstation dient zum verzugslosen Informationsaustausch.
Hersteller: Hindustan Aeronautics Ltd. (HAL), Helicopter Division, Bangalore, Indien.

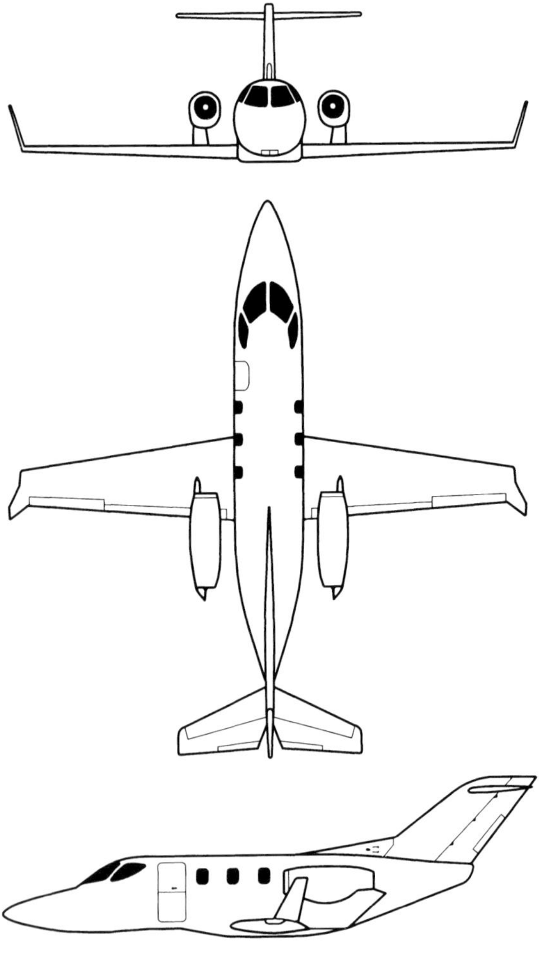

Abmessungen:
Spannweite 12,12 m,
Länge 12,99 m,
Höhe 4,54 m,
Flügelfläche ca. 17,50 m².

HONDA AIRCRAFT HA-420 HONDAJET ELITE/ELITE S/ELITE II

Ursprungsland: Japan/USA.
Kategorie: Leichtes Firmenflugzeug.
Triebwerke: Zwei Mantelstromtriebwerke GE-Honda HF120 von je 930 kp (9,11 kN) Standschub.
Leistungen: Max. Reisegeschwindigkeit 780 km/h auf 9150 m (Mach 0,72); max. Steiggeschwindigkeit 20,8 m/Sek; Dienstgipfelhöhe 13100 m; Reichweite mit maximaler Nutzlast 2185 km, max. Reichweite mit vier Passagieren unter IFR-Bedingungen 2265 km, (Elite) 2660 km.
Gewichte: Leergewicht 3267 kg; max. Startgewicht (Elite) 4853 kg, (Elite S) 4944 kg, (Elite II) 5035 kg.
Zuladung: Zwei Piloten bzw. ein Pilot/Passagier im Cockpit und bis zu fünf Personen im Passagierraum.
Entwicklungsstand: Der erste Prototyp fliegt seit November 2011. Das erste Serienflugzeug startete am 27. Juni 2014 zum Erstflug. Mit mehrjähriger Verzögerung sind die Kundenauslieferungen im Dezember 2015 angelaufen. Über 260 HondaJets wurden bis Ende 2025 abgeliefert.
Bemerkungen: Einzigartig am HondaJet ist, dass Flugzeug wie Triebwerk vom gleichen Hersteller stammen. Der Rumpf ist eine kompakte und leichte Konstruktion aus Verbundwerkstoffen und soll die größten Platzverhältnisse seiner Klasse aufweisen. Die Flügelstruktur wird aus einem einzigen Aluminiumblock gefräst und weist dank eines Laminarprofils beste aerodynamische Werte auf. Ungewöhnlich ist die Anordnung der Triebwerke über den Flügeln. Alle diese Maßnahmen und das innovative Triebwerk lassen gegenüber einem konventionellen Muster Verbrauchsreduktionen von 40% erzielen. Das Cockpit ist mit einem Avionik-Set Garmin G3000 ausgerüstet. Honda hat eine überarbeitete Variante HA-420 Elite auf den Markt gebracht. Nebst Updates in der Avionik wurde die Nutzlast leicht erhöht sowie dank eines Zusatztanks die Reichweite vergrößert. Zudem hat man Platz für einen fünften Passagier geschaffen. 2021 wurde die Elite S vorgestellt, mit Dank erhöhter Nutzlast größerer Reichweite und verbesserter Avionik. Der Preis für diese Ausführung beläuft sich auf US$ 5,4 Mio. Seit 2023 ist eine neue Version Elite II mit weiteren Verbesserungen erhältlich, u.a. mit einem stärker automatisierten Cockpit. Unter der Bezeichnung HondaJet 2600 Echelon soll ab 2026 eine vergrößerte Version erstmals fliegen und ab 2028 erhältlich sein.
Hersteller: Honda Motor Co. Ltd., Honda Aircraft Corp., Tokyo, Japan, Werk Greensboro, North Carolina, USA.

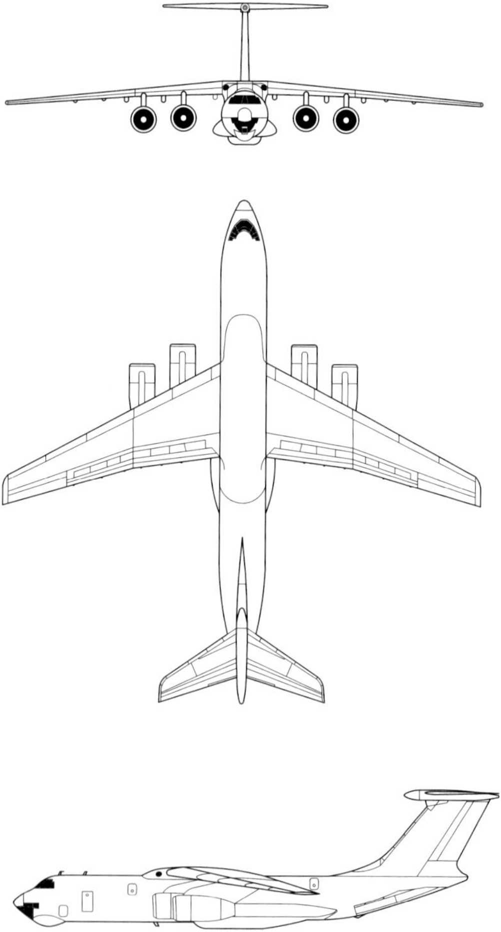

Abmessungen:
Spannweite 50,50 m,
Länge 46,59 m,
Höhe 14,76 m,
Flügelfläche 300 m².

ILJUSCHIN IL-76MD-90A

Ursprungsland: Russland.
Kategorie: Schwerer militärischer und ziviler Mittel- und Langstreckentransporter; A-100 AEW&C-Radarflugzeug.
Triebwerke: Vier Mantelstromtriebwerke Aviadvigatel/Perm PS-90A-76 von je 16000 kp (157,8 kN) Standschub.
Leistungen: Höchstgeschwindigkeit 850 km/h auf 10000 m; max. Reisegeschwindigkeit 825 km/h; Anfangssteiggeschwindigkeit 9,0 m/Sek; Dienstgipfelhöhe 12000 m; Reichweite mit einer Nutzlast von 40000 kg 6500 km, bei 60000 kg 4000 km, maximal 9700 km.
Gewichte: Leergewicht 89000 kg; max. Startgewicht 210000 kg.
Zuladung: Zwei Mann Cockpitbesatzung, zusätzlich ein bis zwei Lademeister und auf zwei Decks bis zu 225 Soldaten oder bis zu 114 liegende Patienten. Max. Nutzlast 60000 kg, als Tanker 50000 kg Treibstoff.
Entwicklungsstand: Der Prototyp der neuesten Version Il-476 hat den Erstflug am 22. September 2012 absolviert, ein erstes Serienexemplar folgte im Dezember 2014. Soweit bekannt, hat die Luftwaffe Russlands bei einem Gesamtbedarf von 100 Einheiten bisher 28 als Il-76MD-90A (siehe Dreiseitenriss) bezeichnete Transporter bestellt; wie viele davon bisher ausgeliefert wurden ist offen. Von der Tankerversion Il-78M-90A will die Russische Luftwaffe bis zu 31 Einheiten erwerben; Erstflug im Januar 2018. Ein von der Il-76MD-90A abgeleiteter Erprobungsträger, als A-100 (siehe Foto) bezeichnete AEW&C-Version, nahm am 18. November 2017 die Flugerprobung auf. Das erste Serienflugzeug fliegt seit Februar 2022. Jährlich sollen fünf Einheiten aller Versionen gebaut werden.
Bemerkungen: Mit der Il-76MD-90A (früher Il-476 genannt) wurde eine in wesentlichen Teilen überarbeitete Weiterentwicklung lanciert. So weist sie einen neuen Flügel mit besseren aerodynamischen Eigenschaften auf. Eingebaut wurden deutlich leistungsgesteigerte und modernere PS90A-Triebwerke. Zudem sind Avionik und weitere Bordsysteme durch neue, voll digitalisierte Versionen ersetzt worden. Das Fahrwerk ist wegen dem erhöhten Abfluggewicht verstärkt. Die Il-76MD-90A erzielt eine Treibstoffersparnis von rund 17%, was zu einer Erhöhung der Reichweite von 27% führt. Auch die Nutzlast ist deutlich erhöht. Als Nachfolgerin der AEW&C-Ausführung A-50U Mainstay dient die A-100, welche u.a. über ein neues AESA-Radar verfügt. Ab 2028 soll eine weiter verbesserte Ausführung mit moderner Avionik einsatzbereit sein, auch als ziviler Frachter.
Hersteller: Iljuschin Design Bureau, Moskau, Werk Aviastar, Ulyanovsk, Russland.

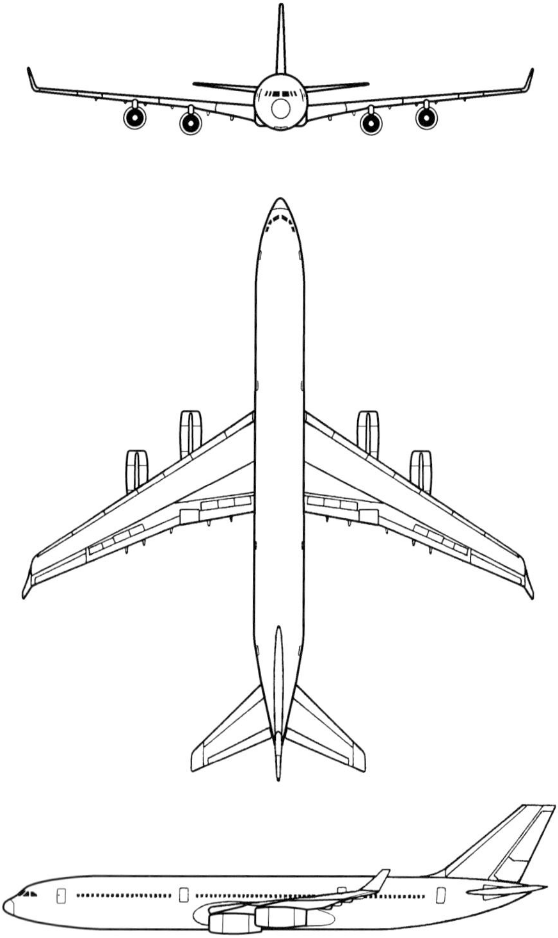

Abmessungen:
Spannweite inkl. Winglets 60,11 m,
Länge (Il-96-300) 55,35 m, (Il-96-400M, T) 63,94 m,
Höhe 15,72 m,
Flügelfläche 391,6 m².

ILJUSCHIN IL-96-400M/-400T/-400TZ

Ursprungsland: Russland.
Kategorie: (Il-96-400M) Langstrecken-Verkehrsflugzeug, (Il-96-400T) Frachter und (Il-96-400TZ) militärischer Tanker.
Triebwerke: Vier Mantelstromtriebwerke (Il-96-400T) Aviadvigatel/Perm PS-90A von je 16000 kp (156,90 kN) Standschub.
Leistungen: Max. Reisegeschwindigkeit 900 km/h; normale Reisegeschwindigkeit 850 bis 870 km/h; Dienstgipfelhöhe 13100 m; Reichweite mit max. Nutzlast (Il-96-400M) 11482 km.
Gewichte: Rüstgewicht 132400 kg; max. Startgewicht 270000 kg.
Zuladung: Zwei Mann Cockpitbesatzung und (Il-96-400M) drei verschiedene Inneneinrichtungen z.B. für 22/18 Erstklasse-, 40/44 Businessklasse- und 173/250 Zweitklassepassagiere oder in Einheitsklasse 300/375 Passagiere. Max. Nutzlast (Il-96-400T) 92000 kg.
Entwicklungsstand: Der Prototyp der Ausführung Il-96-400M/T flog erstmals am 6. April 1993. Vermutlich sind insgesamt gerade mal rund 30 Il-96-300 und 14 Il-96-400T gebaut worden. Für militärische Aufgaben wird aber weiterhin eine kleine Stückzahl gebaut, darunter eine Il-96-400VPU als fliegende Kommandozentrale. Ob die vor einiger Zeit angekündigte neue Tankerversion Il-96-400TZ tatsächlich beschafft wird, ist immer noch offen. Die Produktion der zivilen IL-96-400M wird wieder aufgenommen. Ein erster Prototyp der neuen Serie startete am 1. November 2023 zum Erstflug. Über die Auftragslage ist nichts bekannt.
Bemerkungen: Die Il-96-400M bzw. T (siehe Dreiseitenriss) ist eine mit westlichen Triebwerken und Rockwell-Collins-Avionik versehene Ausführung für den internationalen Markt. Der Rumpf wurde gegenüber der Il-96-300 um 9,35 m verlängert, das Seitenleitwerk dafür etwas verkleinert. Das Cockpit ist voll digitalisiert und für Zweimannbetrieb eingerichtet. Von ihr abgeleitet, entstand unter der Bezeichnung Il-96-400T eine gleich große Fracht-Variante, ausgerüstet mit russischen Triebwerken und russischer Avionik. Angesichts des westlichen Embargos setzt man vermehrt auf die heimische Luftfahrtindustrie. Die neueste IL-96-400M (siehe Foto) weist neben den russischen Aviadvigatel-Triebwerken eine aufdatierte Navigations- und Kommunikationsausrüstung auf. Gerüchten zufolge plant der Hersteller eine wirtschaftlich effizientere, zweistrahlige Version, ausgerüstet mit Aviadvigatel PD-35 Turbofans.
Hersteller: Iljuschin Design Bureau, Moskau, Werk Woronesch, Russland.

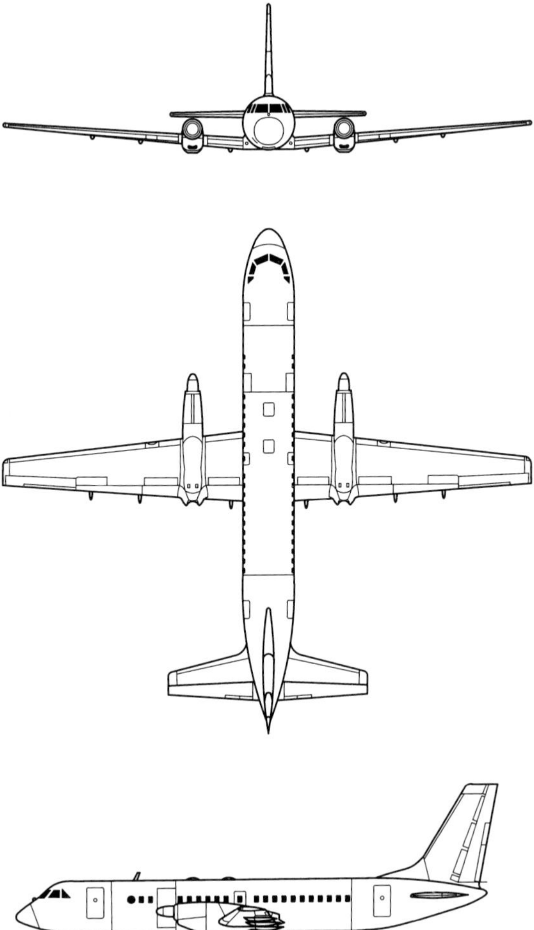

Abmessungen:
Spannweite 30,00 m,
Länge 26,88 m,
Höhe 9,19 m,
Flügelfläche 81,90 m².

ILJUSCHIN IL-114

Ursprungsland: Russland.
Kategorie: Regionalverkehrsflugzeug (Il-114) und leichter Frachter (Il-114T).
Triebwerke: Zwei Propellerturbinen Klimow TV7-117ST-01 von je 2500 WPS (1860 kW) Leistung.
Leistungen: Max. Reisegeschwindigkeit 500 km/h auf 8150 m; Reiseflughöhe 8150 m; Reichweite mit 5400 kg Nutzlast 1000 km, mit 3000 kg Nutzlast 3250 km.
Gewichte: Leergewicht 13700 kg; max. Startgewicht 21000 kg, als Frachter 23500 kg.
Zuladung: Zwei Piloten und Standard-Innenausstattung für maximal 64 Passagiere in Viererreihen mit Mittelgang; als Frachter max. Nutzlast 6500 kg.
Entwicklungsstand: Der erste von fünf Prototypen flog am 29. März 1990. Die Zulassung wurde am 16. April 1997 erteilt. Bis zur Aufgabe der Produktion wurden nur 15 Serienflugzeuge gebaut. Einige Spezialausführungen setzen die russischen Streitkräfte ein. Die Weiterentwicklung Il-114-300 hatte am 16. Dezember 2020 den Erstflug, eine zweite folgte am 2. April 2024. Soweit bekannt sind bisher Bestellungen für 65 Einheiten eingegangen, Ablieferungen ab 2027.
Bemerkungen: Die Il-114 wird hauptsächlich im Binnenluftverkehr bis 1000 km eingesetzt, wobei auch Flugplätze mit Graspisten anzufliegen sind. Die Zelle besteht teilweise aus Verbundwerkstoffen, hochentwickelten Aluminiumlegierungen und auch Titaniumteilen. Das Triebwerk soll einen äußerst geringen spezifischen Kraftstoffverbrauch aufweisen und zusammen mit dem Sechsblatt-Propeller aus Verbundwerkstoff für ein sehr tiefes Lärmniveau verantwortlich sein. Die Frachtausführung ist auf der rechten Seite mit einem Ladetor von 3,31 m x 1,78 m ausgerüstet. Mit der Version Il-114-300 soll das Muster nun auf den neuesten Stand der Technik gebracht werden und in Russland bisher eingesetzte Kurzstreckenflugzeuge westlicher Provenienz ablösen. Sie wird leistungsstärkere Triebwerke Klimow TV7-117ST-01 von je 3000 WPS (2240 kW) aufweisen und über ein digitales Cockpit verfügen. Auch eine Seeüberwachungsvariante Il-114 MPA ist geplant, ausgerüstet mit einem Suchradar, elektro-optischen Instrumenten und Radio kontrollierten Bojen. Selbst eine Bewaffnung ist vorgesehen.
Hersteller: Iljuschin Design Bureau, Werk Lukhovitsy, Moskau, Russland.

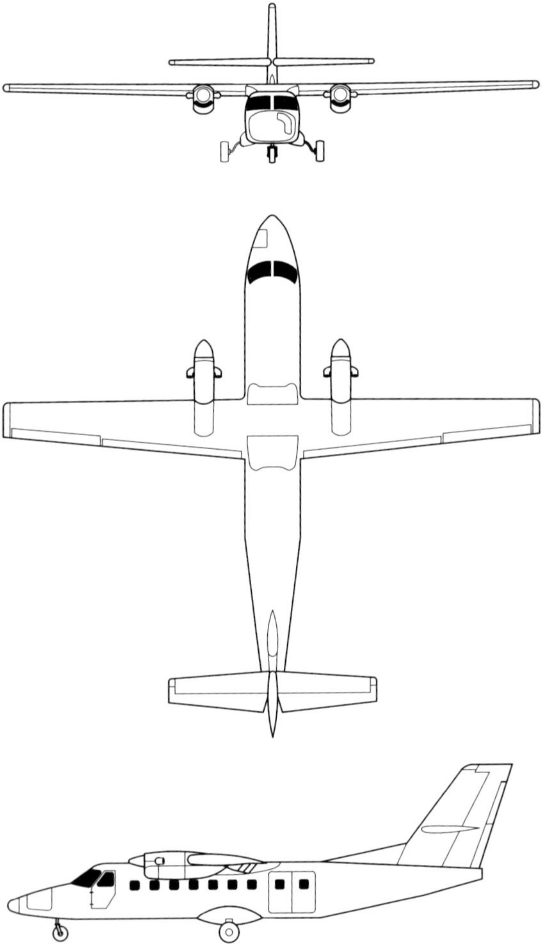

Abmessungen:
Spannweite 19,50 m,
Länge 16,49 m,
Höhe 6,18 m,
Flügelfläche 41,50 m².

INDONESIAN AEROSPACE N219

Ursprungsland: Indonesien.
Kategorie: Leichter Mehrzwecktransporter.
Triebwerke: Zwei Propellerturbinen Pratt & Whitney Canada PT6A-42 von je 850 WPS (634 kW) Startleistung.
Leistungen: Max. Reisegeschwindigkeit 390 km/h; ökonomische Reisegeschwindigkeit 310 km/h; Anfangssteiggeschwindigkeit 9,85 m/Sek; Reise-Dienstgipfelhöhe 3700 m, maximal 7315 m; Reichweite mit 19 Passagieren 890 km, max. Reichweite 1553 km.
Gewichte: Leergewicht 4309 kg, max. Startgewicht 7030 kg.
Zuladung: 2 Piloten und 19 Passagiere; max. Nutzlast 2300 kg.
Entwicklungsstand: Ein erster von zwei Prototypen hat nach Verzögerungen am 16. August 2017 den Erstflug absolviert. Aufgrund von Schwierigkeiten in der Finanzierung der Serienproduktion kann mit der Auslieferung erst 2027 begonnen werden. Je nach Quelle bestehen Bestellungen durch die Armee (5) und Regierung Indonesiens (4) sowie Optionen für weitere rund 100 Einheiten von diversen zivilen Betreibern, u.a. von Aviastar Mandiri (50), Trigana Air (15), Air Born (8) und der Provinzregierung Aceh (4).
Bemerkungen: Die N219 ist eine Weiterentwicklung der CASA C212-400 (siehe Ausgabe 2014). Ausgerichtet primär für den Drittweltmarkt, soll sie von Konzept und Konstruktion her ein sehr einfach zu fliegendes, robustes Transportflugzeug darstellen. So ist der Rumpf nicht druckbelüftet und das Fahrwerk lässt sich nicht einziehen. Das Muster verbindet eine bewährte Metallstruktur mit zum Teil modernsten Systemen, u.a. die Avionik Garmin G1000NXi. Die N219 ist in der Lage, von unvorbereiteten, hochgelegenen Pisten zu starten und zu landen. In seiner Klasse weist der Transporter den größten Frachtraum mit einer Länge von 6,50 m, einer Breite von 1,82 m und einer Höhe von 1,70 m auf. Geplant sind mehrere Ausführungen für verschiedenste Aufgaben, u.a. auch als Seeüberwacher bzw. als Amphibienflugzeug mit zwei Schwimmern. Der Hersteller gibt einen Basispreis von rund US$ 4,5 Mio. an. Der geringe Anschaffungspreis, verbunden mit der einfachen Konzeption lassen einen äußerst wirtschaftlichen Betrieb zu.
Hersteller: Indonesian Aerospace, PT Dirgantara Indonesia Inc., JL Pajajaran 145, Bandung, Indonesien.

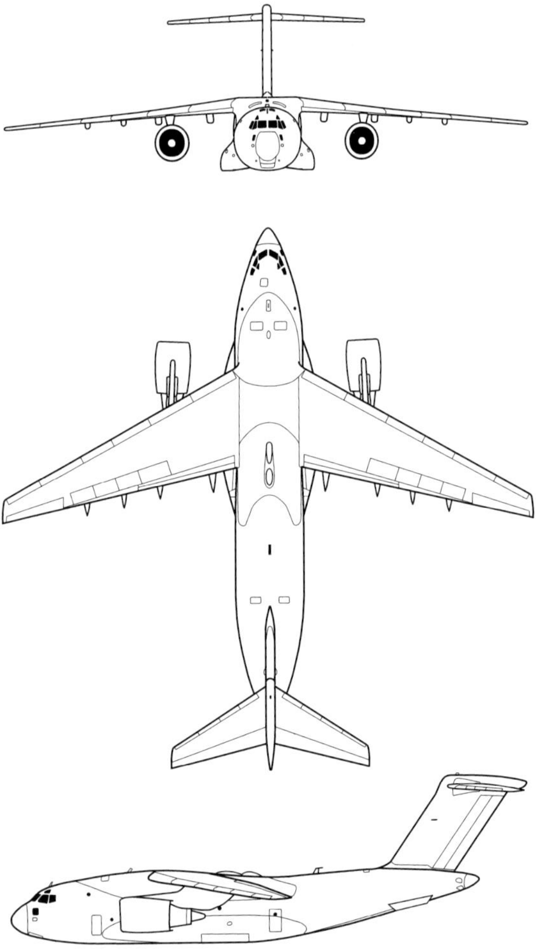

Abmessungen:
Spannweite 44,40 m,
Länge 43,90 m,
Höhe 14,20 m,
Flügelfläche 240 m².

KAWASAKI C-2

Ursprungsland: Japan.
Kategorie: Mittelschwerer militärischer Transporter.
Triebwerke: Zwei Mantelstromtriebwerke General Electric CF6-80C2K1F von je 27150 kp (266,20 kN) Standschub.
Leistungen: Max. Reisegeschwindigkeit 890 km/h, normale Reisegeschwindigkeit 850 km/h (Mach 0,80); Dienstgipfelhöhe 12200 m; Reichweite bei einer Nutzlast von 12000 kg 6500 km, mit max. Nutzlast 5700 km, max. Reichweite 9700 km.
Gewichte: Leergewicht 60800 kg; max. Startgewicht 141570 kg.
Zuladung: Zwei Mann Cockpitbesatzung, 110 Soldaten, 40 Verwundete auf Tragen oder normal 30000 kg Fracht, max. bis zu 37000 kg.
Entwicklungsstand: Der erste Prototyp C-X nahm die Flugerprobung am 26. Januar 2010 auf, gefolgt vom zweiten und letzten Prototypen XC-2 am 27. Januar 2011. Bei den Japanischen Selbstverteidigungsstreitkräften ersetzt die C-2 die Kawasaki C-1. Neuesten Berichten zufolge sollen nur noch 22 Einheiten gebaut werden. Ende 2025 waren vermutlich deren 20 an die Japanische Luftwaffe ausgeliefert. Seit Anfang 2018 fliegt auch eine ELINT-Version der C-2, als RC-2 bezeichnet.
Bemerkungen: Um Synergieeffekte zu erzielen und Kosten zu sparen, wurde die C-2 parallel mit der (X)P-1 (siehe Seiten 196/196) entwickelt. Wenn auch äußerlich wenige Gemeinsamkeiten zu erkennen sind, weisen beide Muster doch viele gleiche Komponenten auf. Dazu gehören die Grundkonstruktion des Flügels, viele Systeme und die Cockpits. Mit diesem Typ bekommen die Japanischen Selbstverteidigungsstreitkräfte einen Transporter, welcher ausreichende Nutzlasten auch über strategische Distanzen verlegen kann. Der Frachtraum ohne Rampe ist 16,00 m, mit Rampe 21,50 m lang sowie je 4,00 m hoch und breit. Die C-2 kann auf unvorbereiteten und relativ kurzen Pisten starten und landen. Bei maximaler Nutzlast benötigt sie jedoch eine Startbahn von mindestens 2300 m Länge. Wie heute üblich, ist das Cockpit mit Multifunktionsbildschirmen ausgerüstet. Die Besatzung wird durch ein taktisches Flight Management System unterstützt. Die Steuerung erfolgt durch Fly-By-Wire. Die C-2 kann im Fluge betankt werden. Derzeit laufen Erprobungen, um von der C-2 aus Langstreckenlenkwaffen abfeuern zu können. Diese werden auf Paletten im Frachtraum mitgeführt.
Hersteller: Kawasaki Heavy Industries, Werk Gifu, Japan.

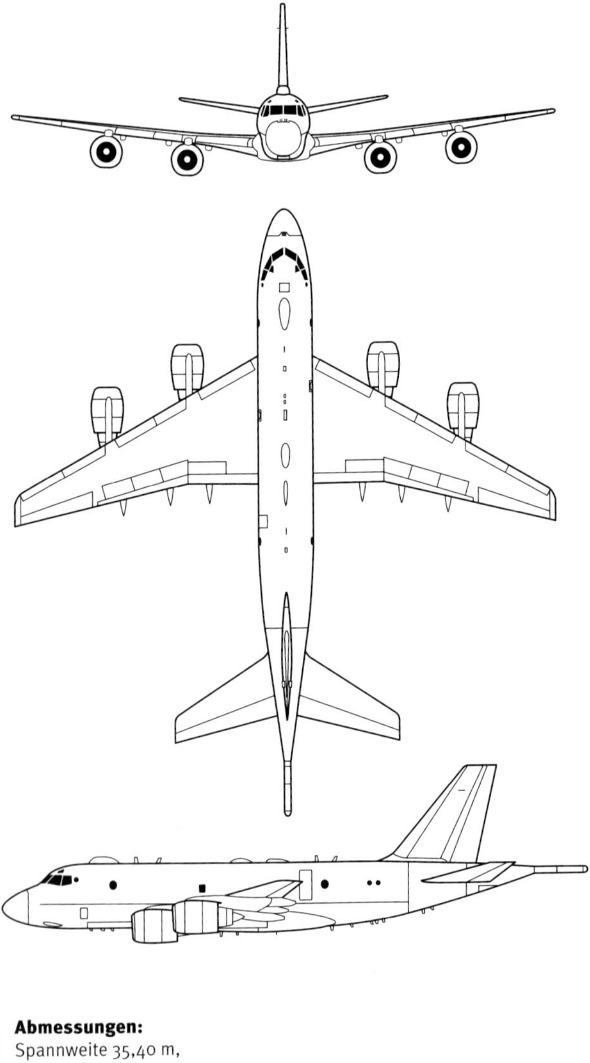

Abmessungen:
Spannweite 35,40 m,
Länge 38,00 m,
Höhe 12,10 m,
Flügelfläche 170,0 m².

KAWASAKI P-1

Ursprungsland: Japan.
Kategorie: Seeaufklärungs- und Mehrzweckkampfflugzeug.
Triebwerke: Vier Mantelstromtriebwerke Ishikawajima-Harima IHI F7-10 von je 6123 kp (60,0 kN) Standschub.
Leistungen: Höchstgeschwindigkeit 966 km/h; Reisegeschwindigkeit 833 km/h; Dienstgipfelhöhe 13500 m; Aktionsradius in bewaffneter Konfiguration 2500 km; max. Reichweite 8000 km.
Gewichte: Max. Startgewicht 79600 kg.
Zuladung: Zwei Mann Cockpitbesatzung und in der Regel elf Systemoperateure.
Bewaffnung: Antischiffslenkwaffen, Tiefwasserbomben, Torpedos, Minen, Sonarbojen usw. bis zu einem Gesamtgewicht von 9000 kg im internen Waffenschacht sowie an bis zu acht Außenlaststationen.
Entwicklungsstand: Ein erster Prototyp XP-1 begann die Erprobung am 28. September 2007, der zweite am 19. Juni 2008. Die Japanische Marine will bis zu 70 P-1 beschaffen, hat aktuellen Quellen zufolge bisher deren 43 bestellt. Das erste Serienflugzeug wurde am 26. März 2013 der Marine übergeben. Ende 2025 waren rund 34 P-1 abgeliefert. Die Einsatzfähigkeit einer ersten Staffel erfolgte 2015. Jährlich werden nur rund zwei bis drei Einheiten gebaut.
Bemerkungen: Obwohl äußerlich sehr unterschiedlich, ist die P-1 der C-2 (siehe Seiten 196/197) konstruktiv sehr ähnlich. Es handelt sich um eine konventionelle Ganzmetall-Konstruktion. Nur Höhen- und Seitenleitwerk sind teilweise aus polymeren Werkstoffen. Als große Innovation ist die P-1 mit einem Flight-By-Light-System ausgerüstet. Dieses soll wesentlich schnellere Befehle ausführen und gegen elektromagnetische Felder weniger störanfällig sein. Zur Ortung von Unterseebooten ist die P-1 mit diversen Sensoren, einem Phased Array Radar von Toshiba, magnetischen Detektoren, Infrarot-Scheinwerfersystem usw. ausgerüstet. Weiter sind verschiedene Systeme zum Ergreifen von elektronischen Gegenmaßnahmen eingebaut. Kawasaki prüft, aus der P-1 eine AEW&C-Variante sowie eine ECM-Version zu entwickeln.
Hersteller: Kawasaki Heavy Industries, Werk Gifu, Japan.

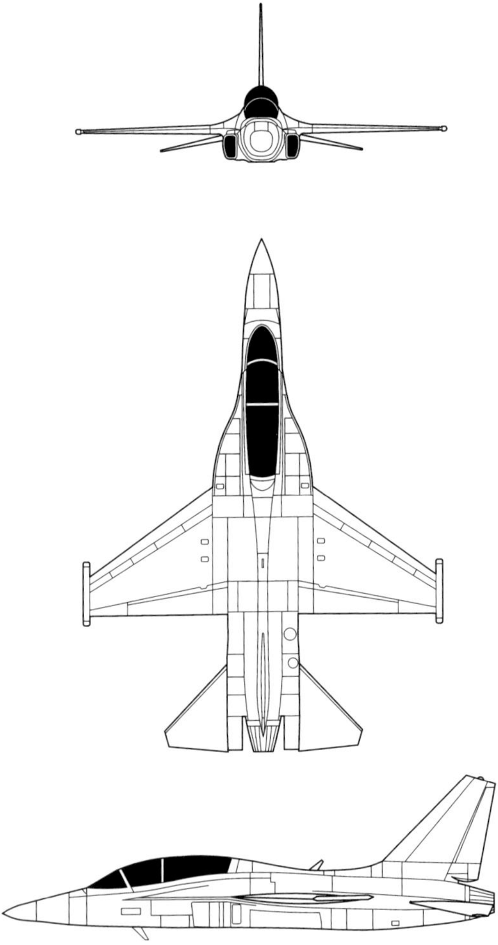

Abmessungen:
Spannweite 9,17 ohne und 9,45 m mit Raketen an den Flügelenden,
Länge 13,14 m,
Höhe 4,82 m,
Flügelfläche 26,60 m^2.

KOREA AEROSP. T-50/FA-50 GOLDEN EAGLE

Ursprungsland: Südkorea.
Kategorie: Zweisitziger Trainer T-50 und leichtes Mehrzweckkampfflugzeug FA-50.
Triebwerke: Ein Mantelstromtriebwerk General Electric F404-GE-102 von 5400 kp (53,1 kN) Standschub ohne und 8000 kp (78,7 kN) mit Nachverbrennung.
Leistungen: Höchstgeschwindigkeit Mach 1,5; Anfangssteiggeschwindigkeit 137 m/Sek; Dienstgipfelhöhe 14630 m; Reichweite 1850 km.
Gewichte: Leergewicht 6470 kg; max. Startgewicht mit Außenlasten 12300 kg.
Bewaffnung (FA-50): Eine dreiläufige 20-mm-Kanone M197 im Vorderrumpf mit Austrittsöffnung unter der linken Flügelvorderkante. An sieben Aufhängepunkten, einem unter dem Rumpf, vier unter den Flügeln und zwei an den Flügelenden Luft-Luft- bzw. Luft-Boden-Lenkwaffen sowie Bomben aller Art bis zu einem Gewicht von 4500 kg.
Entwicklungsstand: Der erste Prototyp hatte am 20. August 2002 seinen Erstflug. Die Luftwaffe Südkoreas beschaffte 50 T-50A als Fortgeschrittenentrainer und 10 T-50B für ihre Kunstflugstaffel, weiter 44 Jagdflugzeugtrainer TA-50A (Erstflug des Prototyps am 29. August 2003). Die neueste Variante ist das leichte Kampfflugzeug FA-50. Der Prototyp flog erstmals 2011, Beginn der Ablieferungen ab August 2013. Bisher sind 60 FA-50 von der Korean Air Force in Auftrag gegeben worden. Weitere Bestellungen: Indonesien 24 T-50i, Irak 24 T-50IQ, Malaysia 18, Philippinen neu 24 TA-50, Polen 48 FA-50PL und Thailand 14 T-50TH. Rund 230 sind bisher hergestellt worden.
Bemerkungen: Vier Ausführungen gibt es: Den Fortgeschrittenentrainer T-50A, die für Kunstflugeinsätze optimierte T-50B, einen Waffentrainer TA-50A mit einem Bordradar EL-2032 sowie der leichte Mehrzweckjäger FA-50, versehen mit einem leistungsfähigeren Bordradar Elta EL/M-2032, Kampfelektronik und größerer Treibstoffkapazität. Konstruktiv unterscheiden sich die verschiedenen Ausführungen kaum voneinander, sondern nur durch ihre Ausrüstung. Alle verfügen über ein Fly-By-Wire-Steuerungssystem und eine Cockpitausrüstung mit HUD. Seit dem 28. Dezember 2023 fliegt eine als Block-2 bezeichnete verbesserte FA-50-Ausführung. Nebst aufdatierter Avionik Elta Systems EL/M-2032 und einem Zielgerät Lockheed Martin AN/AAQ-33 Sniper können AIM-120 AMRAAM-Luft-Luft-Lenkwaffen, aber auch Luft-Boden-Lenkwaffen mitgeführt werden. Ganz neu soll eine einsitzige Version gebaut werden, ausgerüstet mit AESA-Radar PhantomStrike. Erstflug für 2026 geplant.
Hersteller: Korea Aerospace Industries Ltd. (KAI), Inchon, Werk Sacheon, Republik Südkorea.

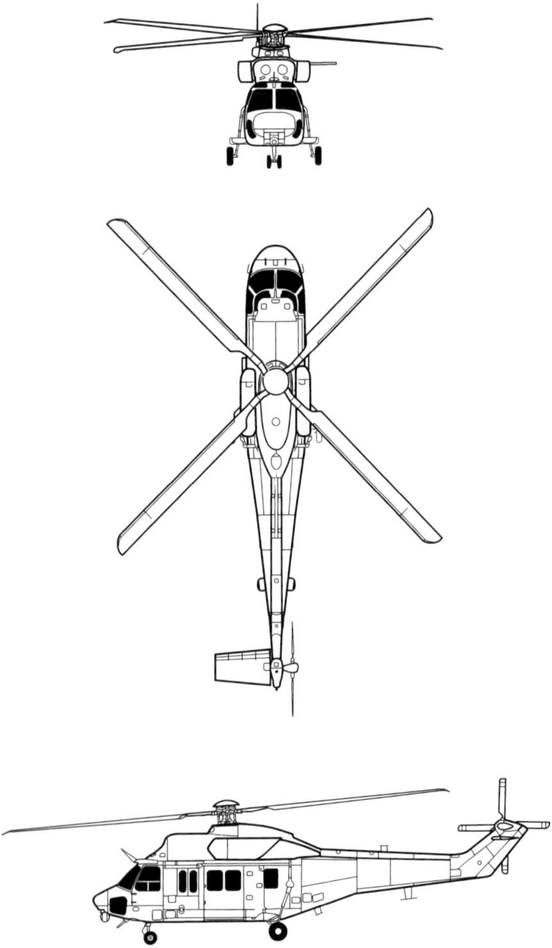

Abmessungen:
Rotordurchmesser 15,80 m,
Rumpflänge inkl. Rotor 19,02 m, ohne Rotor 15,09 m,
Höhe über Hauptrotor 4,50 m, über Heckrotor 5,01 m.

KOREA AEROSPACE INDUSTRIES KUH-1 SURION

Ursprungsland: Südkorea.
Kategorie: Mittelschwerer Mehrzweckhubschrauber für militärische Aufgaben.
Triebwerke: Zwei Gasturbinen General Electric TE700-GE-701 von je 1777 WPS (1383 kW) Leistung.
Leistungen: Höchstgeschwindigkeit 298 km/h; max. Reisegeschwindigkeit 274 km/h; max. Schwebehöhe 2820 m; Reichweite mit max. interner Treibstoffzuladung rund 525 km; Flugdauer 2,77 Std.
Gewichte: Leergewicht 4973 kg; max. Startgewicht 8709 kg.
Zuladung: Zwei Piloten und 16 Passagiere bzw. 10 vollausgerüstete Soldaten oder (KUH-1M) sechs Verletzte auf Bahren; Nutzlast intern 3700 kg, extern 2722 kg.
Bewaffnung: Zwei 7,62-mm-Maschinengewehre an den Seitentüren sowie an den Stummelflügeln 20-mm-Kanonenbehälter oder Werfer für ungelenkte Raketen; (MAH) Rotationskanone unter dem Vorderrumpf sowie je drei Aufhängepunkte unter den Stummelflügeln.
Entwicklungsstand: Der erste Prototyp absolvierte seinen Erstflug am 10. März 2010. Die Südkoreanischen Streitkräfte wollen rund 245 Surions als neuen Standardhubschrauber beschaffen. Neu hat Iraq eine unbekannte Anzahl bestellt. Am 22. Januar 2016 flog erstmals auch eine Medevac-Version. Bisher sind acht dieser Version bestellt. Von allen Ausführungen werden jährlich rund 30 Einheiten gebaut. Auch die Police National Agency Südkoreas, die Küstenwache sowie der Korea Forest Service beschaffen die Surion. Rund 220 Exemplare sind bisher gebaut worden.
Bemerkungen: Mit der Surion lancierte der koreanische Hersteller seinen ersten, weitgehend in Eigenregie entwickelten Hubschrauber. Technisch arbeitete man mit Airbus Helicopters zusammen. Von diesem Hersteller stammen das Getriebe, der Rotormast und der Autopilot. Angesiedelt in der Klasse der S-70/UH-60 (siehe Seiten 270/271) oder AW139 (siehe Seiten 218/219) weist sie alle konstruktiven Merkmale von modernen Hubschraubern auf. Die Surion ist mit einem Festfahrwerk ausgerüstet. Der Rumpf wurde »crash-resistent« ausgelegt. Das Cockpit ist voll digitalisiert. Verschiedene Untervarianten wurden entwickelt: Die Ambulanz-Ausführung KUH-1M für die Armee, die Marine-Version MUH-1 als Mehrzweckhubschrauber (36 Einheiten durch die Marine Südkoreas bestellt), die KUH-1EM als SAR-/Löschhubschrauber, die KUH-1CG für Küstenwachtaufgaben und schließlich die Polizeiversion KUH-1P. Ganz neu werden eine Version als Minenräumer sowie eine bewaffnete Angriffsversion MAH (Erstflug Januar 2025) entwickelt.
Hersteller: Korea Aerospace Industries Ltd. (KAI), Inchon, Werk Sacheon, Republik Südkorea.

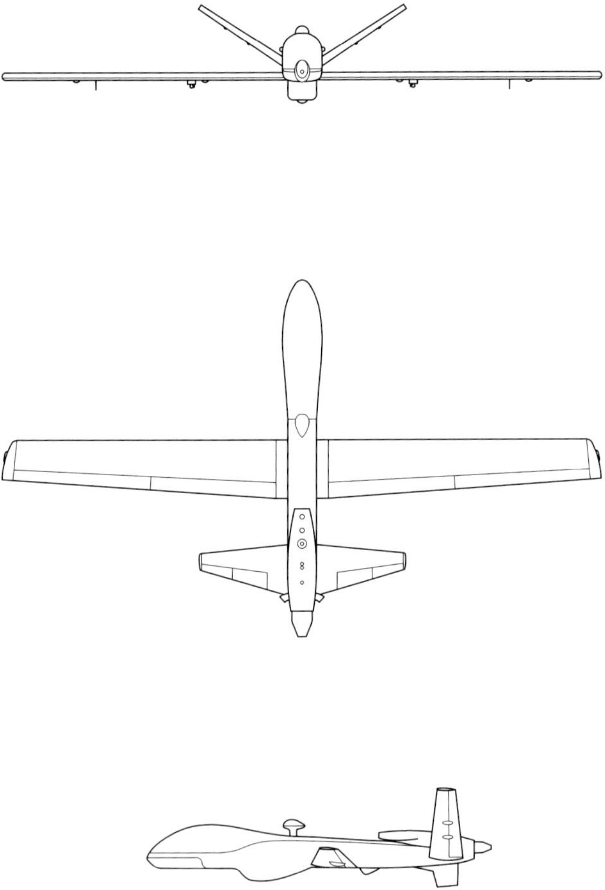

Abmessungen:
Spannweite 25,00 m,
Länge 13,00 m,
Höhe 3,00 m.

KOREAN AEROSPACE KUS-FS

Ursprungsland: Südkorea.
Kategorie: Hochfliegende Drohne für Seeüberwachungs- und Aufklärungsaufgaben.
Triebwerke: Eine Propellerturbine Hanwha Aerospace von 1200 WPS (895 kW) Leistung.
Leistungen (Schätzungen): Reisegeschwindigkeit 360 km/h; Dienstgipfelhöhe 13716 m; Aktionsradius 500 km; max. Flugdauer je nach Quelle zwischen 24 und 32 Std.
Gewichte: Maximales Startgewicht 5750 kg.
Zuladung: Aufklärungs- und Elekronikausrüstung.
Bewaffnung: Es ist davon auszugehen, dass die KUS-FS bewaffnet werden kann. Der Prototyp weist vier Aufhängepunkte unter den Flügeln auf.
Entwicklungsstand: Die KUS-FS hat den Erstflug schon 2012 absolviert. Die Luftwaffe Südkoreas beschafft zwei bis drei Systeme mit insgesamt zehn Drohnen. Gemäß verschiedenen Quellen soll die Einsatzbereitschaft 2024 erreicht worden sein.
Bemerkungen: Die KUS-FS wurde vollständig in Südkorea entwickelt. Ihre Hauptaufgabe besteht im Erfüllen von sog. ISR-Missionen (**I**ntelligence, **S**urveillance and **R**econnaissance, Geheimdienst-, Überwachungs- und Aufklärungsaufgaben). Aber auch für Waffenseinsätze soll sie ausgerüstet sein. Die KUS-FS ist in der Lage, völlig autonom zu starten und zu landen. Vom Aussehen her gleicht sie der General Atomics MQ-9 Reaper (siehe Seiten 166/167), ist aber etwas größer. Daher wird sie auch »Korean Reaper« genannt. Wie letztere weist sie ein V-Höhenleitwerk und den Antrieb im Heck auf. Man kann davon ausgehen, dass die Struktur aus Verbundwerkstoffen besteht. Das Fahrwerk ist einziehbar. An Ausrüstung ist u.a. vorhanden: Elekro-optischer/Infrarot-Senor (EO/IR) in einem ausfahrbaren Turm vorne am Rumpf, Überwachungsradar mit 360°-Abdeckung, ECM-Systeme. Als Verbindung zur Bodenstation ist ein SATCOM-System (Satelliten-Kommunikation) vorhanden. Weitere Angaben sind noch nicht erhältlich.
Hersteller: Korea Aerospace Industries Ltd. (KAI), Inchon, Werk Sacheon, Republik Südkorea.

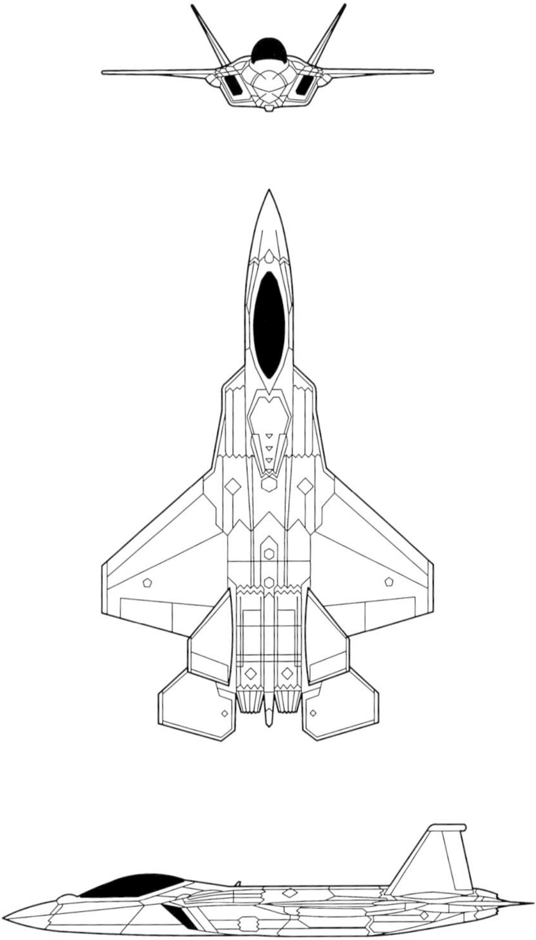

Abmessungen:
Spannweite 11,20 m,
Länge 16,90 m,
Höhe 4,70 m,
Flügelfläche 46,50 m².

KOREA AEROSP./INDONESIAN AEROSP. KF-21 BORAMAE

Ursprungsland: Südkorea/Indonesien.
Kategorie: Mehrzweckkampfflugzeug.
Triebwerke: Zwei Mantelstromtriebwerke General Electric F414-GE-400K von je rund 10000 kp (98,00 kN) Standschub mit Nachverbrennung.
Leistungen (geschätzt): Höchstgeschwindigkeit je nach Quelle 2250 km/h oder Mach 1,8; Dienstgipfelhöhe 19812 m; Aktionsradius ca. 1000 km; max. Reichweite 2850 km.
Gewichte (geschätzt): Leergewicht 11800 kg; max. Startgewicht 25400 kg.
Bewaffnung: Eine sechsläufige 20mm-Kanone M61A2 mit 480 Schuss und eine Waffenlast von bis zu 7700 kg, verteilt auf zehn Aufhängepunkte unter dem Rumpf und unter den Flügeln. Nebst Kurz- und Mittelstrecken Luft-Luft-Lenkwaffen kann eine Vielzahl von Luft-Boden-Raketen bzw. (Präzisions-)Lenkbomben mitgeführt werden.
Entwicklungsstand: Ein erster Prototyp startete am 19. Juli 2022 zum Erstflug. Mittlerweile fliegen alle sechs Prototypen, darunter zwei Doppelsitzer. Mit der Ablieferung der ersten Einheiten soll 2026 begonnen werden. Südkorea beschafft vorerst 40, später 120, Indonesien allenfalls 50 Einheiten.
Bemerkungen: Südkorea und Indonesien sind fest entschlossen, ein eigenes konkurrenzfähiges Kampfflugzeug zu entwickeln und in Serie zu bauen. Die Entwicklungsfreigabe wurde anfangs 2016 erteilt. Korea Aerospace hat dabei einen Anteil von 80%, Indonesian Aerospace einen von 20%. Leistungsmäßig soll die KF-21 (früher KF-X genannt) zwischen der Lockheed Martin F-16 und der F-35A zu liegen kommen. Details über die Konstruktion sind noch nicht erhältlich. Die KF-21 ist mit einem AESA-Radar neuester Technologie aus südkoreanischer Provenienz ausgerüstet. Ebenso eingebaut ist eine sehr fortschrittliche Avionik, welche u. a. ein elektro-optisches Infrarot-Such- und Verfolgungssystem (EO/IR) sowie Systeme zur elektronischen Abwehr umfasst. Die Konstrukteure entwickeln ein sehr wendiges Kampfflugzeug, welches eine hohe Überlebensfähigkeit erreicht. Es gibt sowohl eine einsitzige wie auch eine zweisitzige Version. Unter der Bezeichnung KF-21EX prüft der Hersteller eine weiterentwickelte Version mit einem internen Waffenschacht. Alle hier bekanntgegebenen Daten sind noch als sehr provisorisch anzusehen.
Hersteller: Konsortium von Korea Aerospace Industries (KAI) und Indonesian Aerospace, Werk Sacheon, Republik Südkorea.

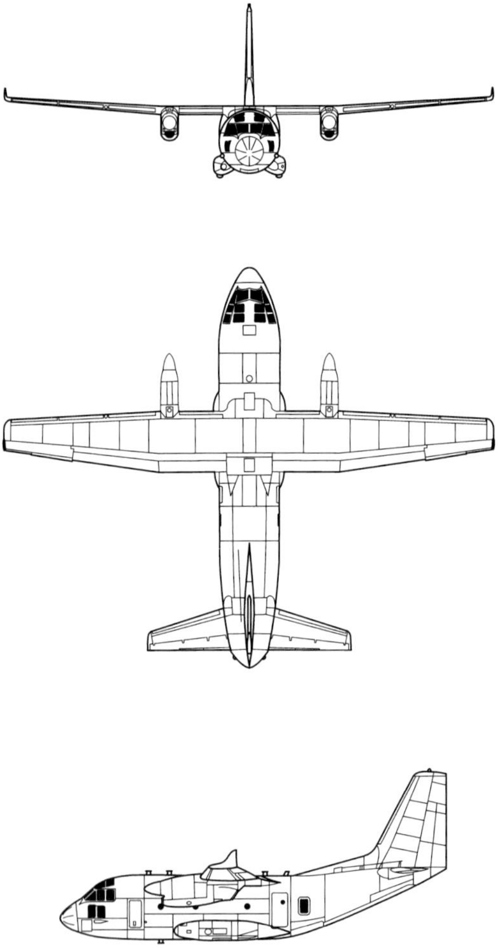

Abmessungen:
Spannweite 28,70 m,
Länge 22,70 m,
Höhe 9,64 m,
Flügelfläche 82,00 m².

LEONARDO C-27J SPARTAN NEW GENERATION

Ursprungsland: Italien.
Kategorie: Militärischer Mehrzweck- und STOL-Transporter.
Triebwerke: Zwei Propellerturbinen Allison AE2100-D2 von je 4637 WPS (3460 kW) Leistung.
Leistungen: Max. Reisegeschwindigkeit 602 km/h, Langstrecken-Reisegeschwindigkeit 500 km/h auf 6000 m; Anfangssteiggeschwindigkeit 10+ m/Sek; Dienstgipfelhöhe 9150 m; Reichweite mit einer Nutzlast von 10000 kg 1852 km, mit 6000 kg 4260 km; Überführungsreichweite 5926 km.
Gewichte: Leergewicht 16500 kg; max. Startgewicht 31800 kg.
Zuladung: Zwei Mann Cockpitbesatzung und als Truppentransporter 53 voll ausgerüstete Soldaten, 46 Fallschirmjäger oder 36 Verwundete bzw. bis zu 11500 kg Fracht.
Entwicklungsstand: Der erste Prototyp der C-27J fliegt seit 25. September 1999, gefolgt vom ersten Serienmuster am 12. Mai 2000. Die C-27J wurde nach zivilen Grundsätzen im Juni 2001 zugelassen, erste Auslieferungen erfolgten ab 2003. Rund 90 Bestellungen sind bisher eingegangen, u. a. von Australien 10, Bulgarien 2, Griechenland 8, Italien 12, Kenya 3, Litauen 3, Marokko 4, Mexico 4, Peru 4, Rumänien 7, Slowakei 2, Tschad 2, USAF 16 (an USCG und US Forest Service übergeben), Zambia 2. Erstflug der Weiterentwicklung C-27 Spartan New Generation am 5. August 2020. Zwei erste Exemplare sind 2021 an den Erstbesteller Kasachstan ausgeliefert worden, zwei erhielt Slowenien, Tansania zwei, Aserbaidschan eine noch unbekannte Zahl.
Bemerkungen: Die C-27J ist in einem Joint-Venture von 50:50 mit Lockheed Martin entwickelt worden. Sie weist viele Gemeinsamkeiten mit dem mittelschweren Transporter C-130J Hercules II auf (siehe Seiten 228/229). So sind Triebwerk, Sechsblattpropeller und Avionik weitgehend identisch. Damit verspricht man sich bei einem gemeinsamen Beschaffen beider Muster einen wesentlich wirtschaftlicheren Betrieb. Leonardo entwickelte unter dem Namen Spartan New Generation eine verbesserte Variante. Die Triebwerke leisten neu 5100 WPS (3800 kW). An den Flügelenden sind kleine Winglets angebracht. Zudem wird eine überarbeitete Avionik eingebaut, u. a. ein neues Wetterradar. Das maximale Startgewicht konnte um 700 kg auf 32500 kg erhöht werden. Ältere C-27J können nachträglich zu dieser Version nachgerüstet werden. Neu sind die Ausführungen der C-27J NG mit einem Löschsystem MAFFS (zwei durch Aramco bestellt) sowie die EC-27J für elektronische Kriegsführung.
Hersteller: Leonardo S.p.A., Rom, Werk Torino-Caselle, Italien.

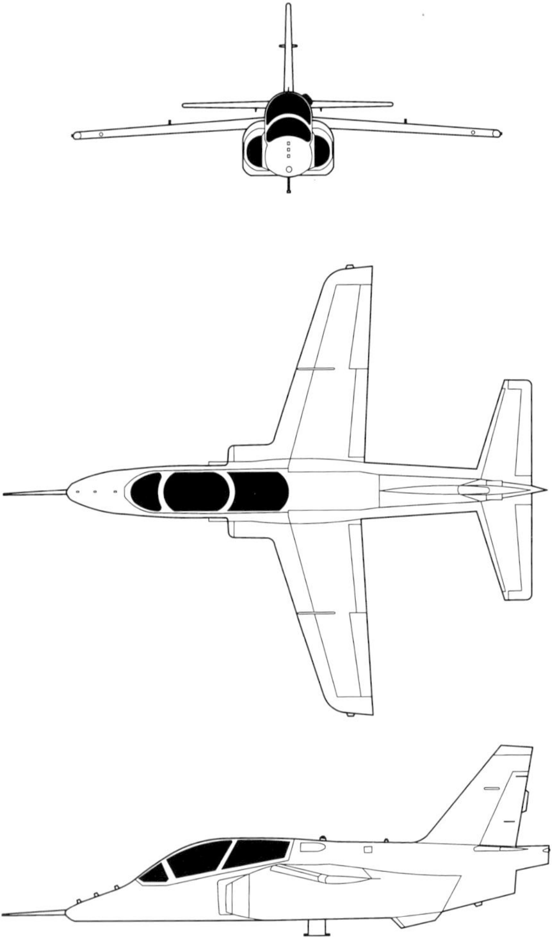

Abmessungen:
Spannweite 8,47 m,
Länge 9,85 m,
Höhe 3,74 m,
Flügelfläche 12,60 m².

LEONARDO M-345 HET

Ursprungsland: Italien.
Kategorie: Basis- und Intermediate-Trainer.
Triebwerke: Ein Mantelstromtriebwerk Williams International FJ44-4M-34 von 1542 kp (15,12 kN) Standschub.
Leistungen: Höchstgeschwindigkeit auf 6000 m 787 km/h, auf Meereshöhe 700 km/h; max. Reisegeschwindigkeit 740 km/h; Anfangssteiggeschwindigkeit 26,4 m/Sek; Dienstgipfelhöhe 12190 m; max. Reichweite 1410 km, mit zwei Zusatztanks 1850 km.
Gewichte: Leergewicht 2350 kg; normales Abfluggewicht als Trainer ohne Bewaffnung 3300 kg; max. Startgewicht 4500 kg.
Bewaffnung (Version Armed Trainer): An vier Stationen unter den Flügeln und einer unter dem Rumpf können Waffen aller Art bis zu einem Gewicht von 1200 kg mitgeführt werden.
Entwicklungsstand: Der erste eigentliche Prototyp nahm am 29. Dezember 2016 die Flugerprobung auf, gefolgt vom ersten Serienflugzeug am 21. Dezember 2018. 45 Exemplare als T-345A bezeichnete Maschinen hat die Italienische Luftwaffe als Ersatz für die Aermacchi MB.339 bestellt. Die ersten wurden Ende 2020 ausgeliefert. Das Ausgangsmuster SIAI-Marchetti S.211 fliegt seit 1981 und wurde an mehrere Luftwaffen, u. a. Singapur und Philippinen geliefert.
Bemerkungen: Unter dem Motto »HET – **H**igh **E**fficency **T**rainer« wurde aus der S.211 eine aktualisierte Ausführung M-345 mit äußerst günstigen Betriebskosten entwickelt. Diese sollen sich für diesen Jet in etwa in der Größenordnung eines propellerbetriebenen Trainers der Pilatus PC-9-Kategorie bewegen. Die M-345 füllt die Nische zwischen den Basistrainern und den Fortgeschrittenentrainern aus. Was die Zelle angeht, ist sie konventionell fast ausschließlich aus Aluminium. Nur die Flügelenden wurden überarbeitet. Die Avionik mit offener Architektur basiert auf jener der Leonardo M-346 (siehe Seiten 210/211), ausgestattet u. a. mit sog. HOTAS-Controls, Head-Up-Display, Multifunktions-Displays und realtime Datalink. Berücksichtigt man alle vorgenommenen Änderungen, kann von einer eigentlichen Neuentwicklung gesprochen werden.
Hersteller: Leonardo S.p.A., Rom, Werk Varese-Venegono, Italien.

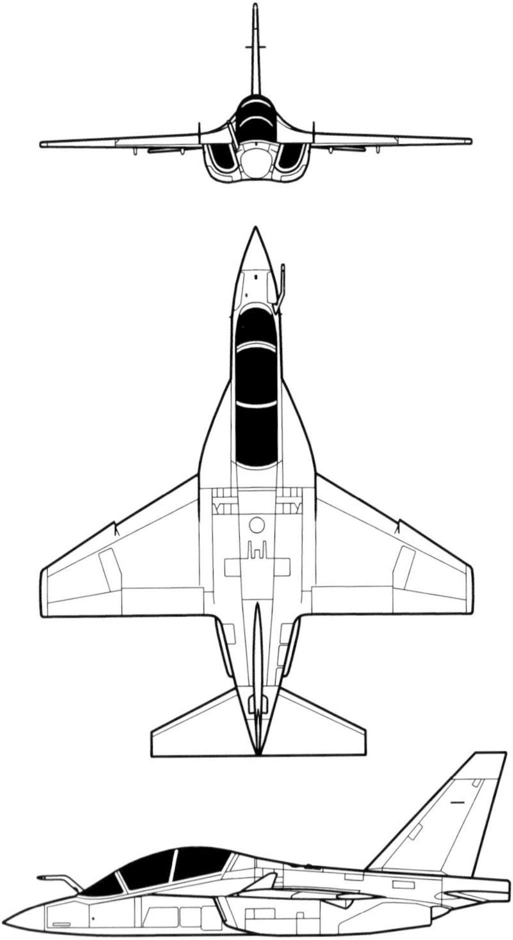

Abmessungen:
Spannweite 9,72 m (FA) 10,14 m,
Länge 11,49 m,
Höhe 4,76 m,
Flügelfläche 23,52 m².

LEONARDO T-346A/FA MASTER

Ursprungsland: Italien.
Kategorie: Fortgeschrittenentrainer.
Triebwerke: Zwei Mantelstromtriebwerke ITEC Honeywell F124-GA-200 von je 2850 kp (27,95 kN) Standschub.
Leistungen: Höchstgeschwindigkeit 1092 km/h (Mach 0,96) auf 1520 m; Anfangssteiggeschwindigkeit 112 m/Sek; Dienstgipfelhöhe 13700 m; Reichweite mit max. internem Kraftstoff 1980 km, mit zwei externen Zusatztanks und 10% Reserven 2720 km.
Gewichte: Leergewicht 3910 kg; Startgewicht für Trainingseinsätze 7500 kg, mit voller Bewaffnung 9600 kg, (FA) 10400 kg.
Bewaffnung: Die M-346 kann an neun Außenlastträgern eine Waffenlast von bis zu 3000 kg mitführen.
Entwicklungsstand: Das erste von drei Erprobungsmustern startete am 15. Juli 2004 zum Erstflug, gefolgt vom ersten Serienmuster am 7. Juli 2008. Bisher liegen Aufträge über 159 Einheiten vor. Als Erstbesteller beschafft die Italienische Luftwaffe 38 als T-346A bezeichnete Maschinen, 15 davon zur Ausrüstung der Kunstflugstaffel »Frecce Tricolori«. Die ersten Exemplare wurden im November 2011 abgeliefert. Weitere Besteller: Griechenland 10, Israel 30, Qatar 6, Singapur 12, Polen 16. Weitere vier Exemplare sind für die geschaffene Flight Training School in Italien erforderlich, an der sich Deutschland, Griechenland, Japan und Schweden beteiligen. Von der Erdkampfversion M-346 FA (Erstflug 13. Juli 2020) erhält Turkmenistan sechs Exemplare, Nigeria 24, Österreich 12. Mittlerweile sind über 100 Einheiten abgeliefert.
Bemerkungen: Die Struktur der T-346A besteht überwiegend aus Leichtaluminium, Teile der Flügel sowie Höhen- und Seitenleitwerk sind aus Verbundwerkstoffen. Eine wesentliche Neuerung stellt die von Teleavio/Marconi gelieferte, je nach Einsatz verschieden programmierbare Flugsteuerung dar. Diese kann von manuell bis zur Fly-By-Wire-Konfiguration eingestellt werden. Dadurch lässt sich ein optimaler Trainingseffekt erzielen. Die doppelt redundante Avionik-Struktur basiert auf einem MIL-STD-1553B-Databus und umfasst u. a. TACAN, IFF, IN/GPS usw. 2017 wurde die Version M-346 FA (**F**ighter **A**ttack) vorgestellt. Um bewaffnete Einsätze zu fliegen, verfügt sie über Air Defence- und Tactical Support-Systeme, Grifo-Radar und Sensoren für Selbstverteidigung vom Typ Elisra SPS-45V5 und Aufklärung. 2024 wurde die Version M-346F Block 20 mit überarbeitetem Cockpit und neuem Flight Management System vorgestellt.
Hersteller: Leonardo S.p.A., Rom, Werk Varese-Venegono, Italien.

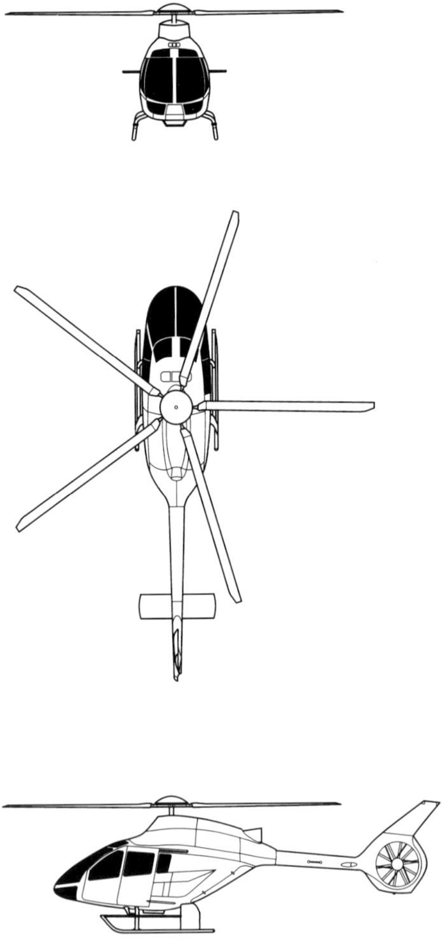

Abmessungen:
Rotordurchmesser 10,96 m,
Rumpflänge inkl. Rotor 12,84 m,
Höhe 3,73 m.

LEONARDO AW09 (EX. KOPTER SH09)

Ursprungsland: Schweiz/Italien.
Kategorie: Leichter Mehrzweckhubschrauber.
Triebwerke (Prototypen): Eine Gasturbine Honeywell HTS 900-2 von 1020 WPS (760 kW) Leistung, (Serienhubschrauber) Safran Arriel 2K von 1006 WPS (745 kW) Leistung.
Leistungen: Reisegeschwindigkeit 260 km/h; Reichweite mit max. interner Treibstoffzuladung rund 800 km.
Gewichte: Leergewicht 1300 kg; max. Startgewicht 2850 kg, mit Außenlasten 3000 kg.
Zuladung: Ein Pilot und fünf bis acht Passagiere auf »crash-resistenten« Sitzen; Nutzlast extern 1500 kg.
Entwicklungsstand: Der im November 2013 präsentierte Prototyp nahm am 2. Oktober 2014 die Flugerprobung auf. Insgesamt wurden bisher sechs Prototypen bzw. Vorserienhubschrauber gebaut. Aus technischen Gründen und wegen der Übernahme durch Leonardo verzögert sich die Zulassung, sollte aber Anfang 2026 erfolgen. Gemäß Hersteller sind provisorisch bisher rund 100 Einheiten bestellt worden.
Bemerkungen: Die AW09 (früher SH09) ist die seit rund 30 Jahren erste echte Neukonstruktion im Markt der Leichthubschrauber in der 2,5 t-Klasse. Sie wird hauptsächlich ausgelegt für anspruchsvolle Einsätze in allen Wetterlagen und soll klassenbeste Leistungen in heißen und hoch gelegenen Regionen bieten. Ein Grund dafür sei das neu entwickelte Rotorkonzept mit einem gelenklosen Fünfblatt-Haupt- und ummantelten Heckrotor. Im Flugbetrieb soll die AW09 sehr leise sein. Die voll aus Karbon gebaute Kabine bietet dank ihrer Modularität vielfältige Einbaumöglichkeiten, sei es für Passagiertransporte, Rettungseinsätze, Fracht usw. Sie weist die größte Kabinenhöhe dieser Hubschrauberklasse auf und der Boden ist völlig flach. Interessant ist die Anbringung eines Fensters im Boden der Kabine, um die Sichtverhältnisse des Piloten zu verbessern. Die Beladung wird durch eine zweiflüglige Hecktüre erleichtert. Aufgrund der Erprobung wurden u.a. Rotormast, Rotoren und das Flugsteuerungssystem überarbeitet. Neu wird dank digitaler Vernetzung die Übertragung, Sammlung und Analyse von Daten des Hubschraubers für den technischen Support, die planmäßige Wartung deutlich vereinfacht. Der Preis für eine Basisausführung soll sich in der Größenordnung von CHF 3,3 Mio. bewegen.
Hersteller: Kopter Group AG, Wetzikon bzw. Flugplatz Mollis, Schweiz, Tochtergesellschaft der Leonardo S.p.A. Rom; Werk Vergiate, Lombardei, Italien.

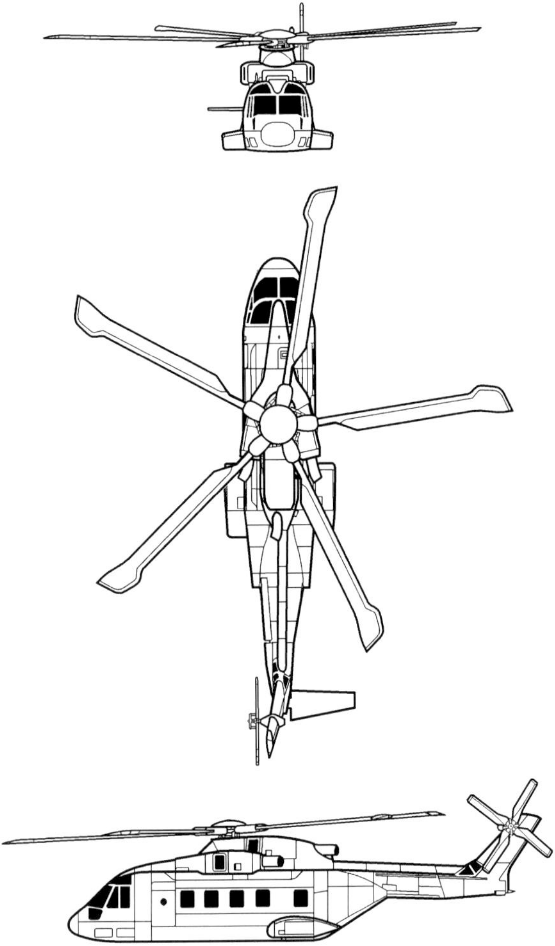

Abmessungen:
Rotordurchmesser 18,59 m,
Rumpflänge 19,51 m,
Höhe inkl. Rotorkopf 5,21 m.

LEONARDO AW101

Ursprungsland: Großbritannien und Italien.
Kategorie: Militärischer und ziviler Mehrzweck- und Transporthubschrauber.
Triebwerke: Drei Gasturbinen (RN) Rolls-Royce-Turboméca RTM 322 von je 2241 WPS (1671 kW) oder (Italienische Marine) General Electric CT7-6E von je 2040 WPS (1521 kW) Leistung.
Leistungen (CT7-6): Max. Fluggeschwindigkeit 308 km/h; ökonom. Reisegeschwindigkeit 267 km/h; Schwebehöhe mit Bodeneffekt 3305 m, ohne Bodeneffekt 1675 m; max. Flughöhe 4600 m; Reichweite mit 30 Passagieren 926 km; Überführungsreichweite mit Zusatztanks 1760 km.
Gewichte: Rüstgewicht ASW-Ausführung 9275 kg, Mehrzweckversion 9000 kg, Zivilausführung 8993 kg; max. Startgewicht ASW-Ausführung 13530 kg, übrige bis zu 15600 kg.
Zuladung: Zwei Piloten und 30 Passagiere; max. Nutzlast 5520 kg.
Bewaffnung (HM Mk.2): Vier Leichtgewichttorpedos Stingray oder Antischiffslenkwaffen der Exocet-Harpoon-Klasse; (HH-101A): Drei 7,62-mm-Maschinengewehre M134.
Entwicklungsstand: Die erste Entwicklungsmaschine flog erstmals am 9. Oktober 1987. Bestellungseingang für verschiedene Versionen: Marine Algeriens 6, Dänemark 14, Großbritannien 72, Indonesien 1, Italien 22 + 12 HH-101A, Kanada 18, Norwegen 16, Portugal 12, Polizei von Tokyo 1, Japanische Marine 15, Nigeria 2, Polens Marine 4 + Luftwaffe 22, Saudi-Arabien 2, Turkmenistan 2. Neueste Bestellung: Algerien 2 in VIP-Ausführung.
Bemerkungen: Die AW101 wird in verschiedenen Ausführungen gebaut: ASW (U-Boot-Jäger), Minensucher, SAR/Rettungsaufgaben, taktischer Transporter, AEW sowie Zivilversion. Die bei der Royal Navy als Merlin bezeichnete Ausführung wird bereits einer intensiven Modernisierung unterzogen, welche u. a. ein Fly-By-Wire-System und neue Avionik- und Kommunikationssysteme umfasst. Ein neuer Hauptrotor wird bei allen englischen AW101 eingebaut. Dadurch erhöht sich die Nutzlast um 650 kg und erlaubt eine höhere Geschwindigkeit. Anfangs 2014 hatte die als HH-101 Caesar bezeichnete Combat-SAR-Version der Italienischen Luftwaffe den Erstflug. Diese kann luftbetankt werden und ist an diversen Stellen gepanzert. Eine für Minensucheinsätze optimierte Ausführung MCH-101 hat die Japanische Marine 2015 in Dienst gestellt. Neu ist eine AEW-Version der Royal Navy, ausgerüstet mit einem Überwachungsradar von Crowsnest (Erstflug 7. April 2019).
Hersteller: Leonardo S.p.A., Rom und London, Werk Yeovil, Großbritannien.

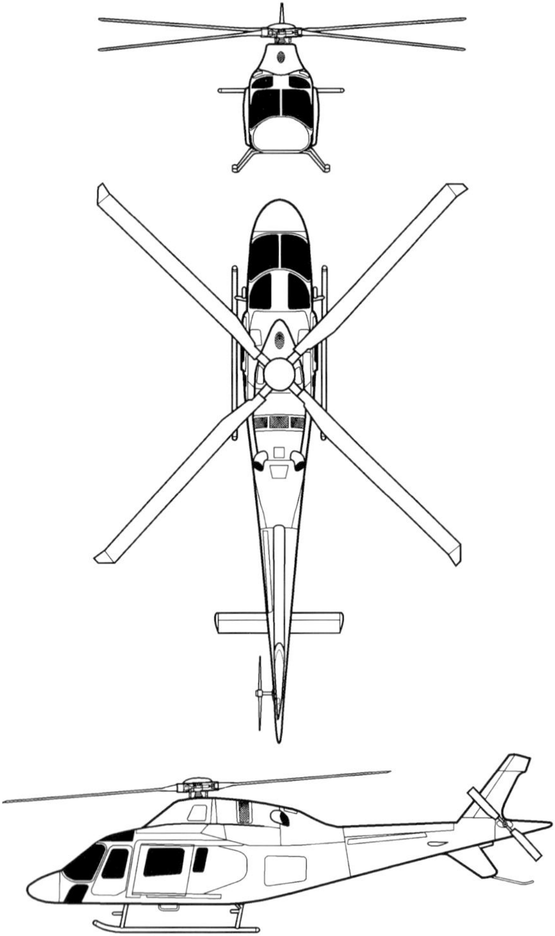

Abmessungen:
Rotordurchmesser 10,83 m,
Rumpflänge 11,17 m, 12,92 m bei drehendem Rotor,
Höhe über Heck 3,77 m.

LEONARDO A119 KE/TH-73A

Ursprungsland: Italien.
Kategorie: Leichter Mehrzweck- und Trainingshubschrauber.
Triebwerke: Eine Gasturbine Pratt & Whitney Canada PT6B-37A von 872 WPS (650 kW) Dauerleistung.
Leistungen (AW119Kx): Höchstgeschwindigkeit 282 km/h; max. Reisegeschwindigkeit 243 km/h; Dienstgipfelhöhe 4572 m; Schwebehöhe mit Bodeneffekt 3352 m, ohne Bodeneffekt 2225 m; max. Flugzeit mit Zusatztank im Rumpf 5 Std. 20 Min. bzw. max. Reichweite 954 km.
Gewichte (AW119Kx): Leergewicht 1455 kg; max. Startgewicht 2850 kg, mit externer Ladung 3150 kg.
Zuladung: Pilot und bis zu sieben Passagiere. Max. Nutzlast 1155 kg, extern 1400 kg.
Entwicklungsstand: Der erste Prototyp fliegt seit April 1995, Beginn der Auslieferungen an Kunden Mitte 1999. Bisher sind von allen Versionen über 500 Einheiten bestellt worden. Die Ausführung A119 Ke fliegt seit Februar 2007 und wurde erstmals 2009 an Kunden geliefert. Nebst primär zivilen Nutzern, häufig als Ambulanzhubschrauber, setzen auch mehrere Luftwaffen, Marinen und Behörden diesen Typen ein, u. a. Israel 12, Italiens Carabinieri 20 A119 Kx, Portugal 5. Die US Navy hat 130 als TH-73A bezeichnete Trainingshubschrauber bestellt, fast alle sind mittlerweile abgeliefert.
Bemerkungen: Die A119 Koala stellt das günstigere Einstiegsmodell der A109 dar. Von ihr sind die Zelle sowie der Rotor weitgehend übernommen. Sie verfügt aber nur über ein Triebwerk, statt zwei wie beim Ausgangsmuster. Was das Kabinenvolumen angeht, ist die A119 der derzeit größte einmotorige Hubschrauber. In ihr finden acht Personen bzw. als Ambulanzhubschrauber bis zu zwei Tragen für liegende Patienten Platz. Zudem verfügt sie über einen voluminösen Gepäckraum von 0,95 m³. In der ganzen Auslegung wurde auf Wirtschaftlichkeit und Robustheit Wert gelegt. Es sind sowohl Modelle mit Radfahrwerk wie auch mit Kufen (Trekker) erhältlich. Die A119 Ke (**e** = **e**nhanced) bietet dank besserer Aerodynamik der Rotorblätter aus Kunststoff und höherer Rotordrehzahl ein höheres Abfluggewicht an. Ganz neu ist die AK119Kx, ausgerüstet mit der Avionik Garmin G1000NXi VFR sowie einem Synthetic Vision System. Sie kann bei jedem Wetter unter IFR-Bedingungen fliegen. Die TH-73A basiert auf der AW119Kx und erhält das leistungsstärkere Triebwerk Pratt & Whitney Canada PT6B37A von 1000 WPS (746 kW) Leistung.
Hersteller: Leonardo S.p.A., Rom, Werke Vergiate, Italien und Philadelphia, Pennsylvania, USA.

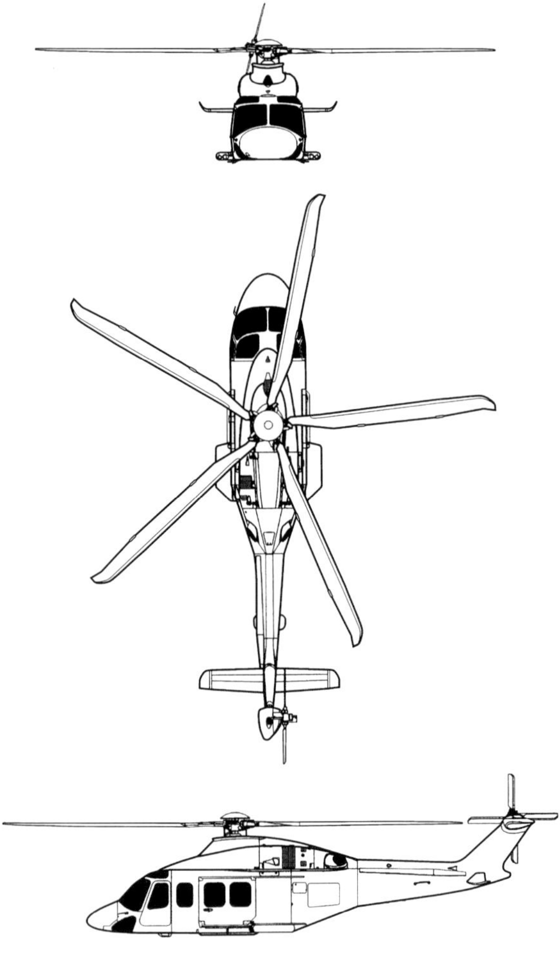

Abmessungen:
Rotordurchmesser 13,80 m,
Rumpflänge bei drehendem Rotor 16,65 m, ohne Rotor 13,53 m oder 13,73 m,
Höhe über Heckleitwerk 4,95 m.

LEONARDO AW139/HH-139

Ursprungsland: Italien.
Kategorie: Mittelschwerer (AW139) ziviler und (AW139M) militärischer Mehrzweckhubschrauber, (HH-139) Combat-SAR-Hubschrauber.
Triebwerke: Zwei Gasturbinen Pratt & Whitney Canada PT6C-67C von je 1679 WPS (1250 kW) Leistung.
Leistungen: Höchstgeschwindigkeit 310 km/h; max. Reisegeschwindigkeit 306 km/h; Schrägsteiggeschwindigkeit 10,9 m/Sek; Schwebehöhe mit Bodeneffekt 4680 m, ohne Bodeneffekt 2475 m; Dienstgipfelhöhe 6095 m; max. Flugdauer 5,56 Std; Reichweite mit 10 Passagieren 650 km, max. 1061 km.
Gewichte: Rüstgewicht je nach Ausführung 3900 kg, max. Startgewicht 6800/7000 kg.
Zuladung: Ein bis zwei Piloten und zwischen 12 und 15 Passagiere oder für Rettungseinsätze sechs liegende Verletzte und vier Sanitäter; max. Nutzlast intern 2500/2700 kg, extern 2778 kg.
Entwicklungsstand: Der Prototyp nahm am 3. Februar 2001 die Flugerprobung auf, gefolgt vom ersten Serienmuster am 24. Juni 2002. Ende 2003 wurden die ersten Maschinen ausgeliefert. Über 300 zivile Operators sowie militärische bzw. paramilitärische Organisationen haben bis Ende 2025 fast 1500 Einheiten bestellt, mehr als 1200 davon sind bisher abgeliefert worden. Derzeit produziert der Hersteller jährlich etwa 50 AW139. Die AW139 wird in den USA (bisher über 300 ausgeliefert) in Lizenz hergestellt. 56 als MH-139 bezeichnete Hubschrauber beschafft die USAF, Ablieferung ab 2020; bisher 34 davon bestellt. 17 Einheiten der verbesserten Version HH-139B für SAR-Einsätze erhält die Italienische Luftwaffe, 20 der Version PH-139D die Guardia di Finanza. 2023 hat Slowenien sechs der militärischen Version AW139M bestellt.
Bemerkungen: Ursprünglich ein Gemeinschaftsprojekt von Agusta und Bell, trägt heute Leonardo/AgustaWestland die alleinige Verantwortung für die AW139. Haupteinsatzgebiete sind: Transport von Geschäfts-/VIP-Personen, Überwachungsaufgaben, EMS-Transporte und Versorgung von Ölbohrplattformen. Die AW139 zeichnet sich durch eine für ihre Klasse sehr voluminöse Kabine aus. Die elektronische Ausrüstung entspricht dem heutigen Standard. Alle ab 2009 gebauten Modelle weisen ein auf 6800 kg erhöhtes max. Startgewicht auf, ab 2015 ist eine Version mit einem Abfluggewicht von sogar 7000 kg erhältlich.
Hersteller: Leonardo S.p.A., Rom, Werke Vergiate, Italien und Philadelphia, Pennsylvania, USA.

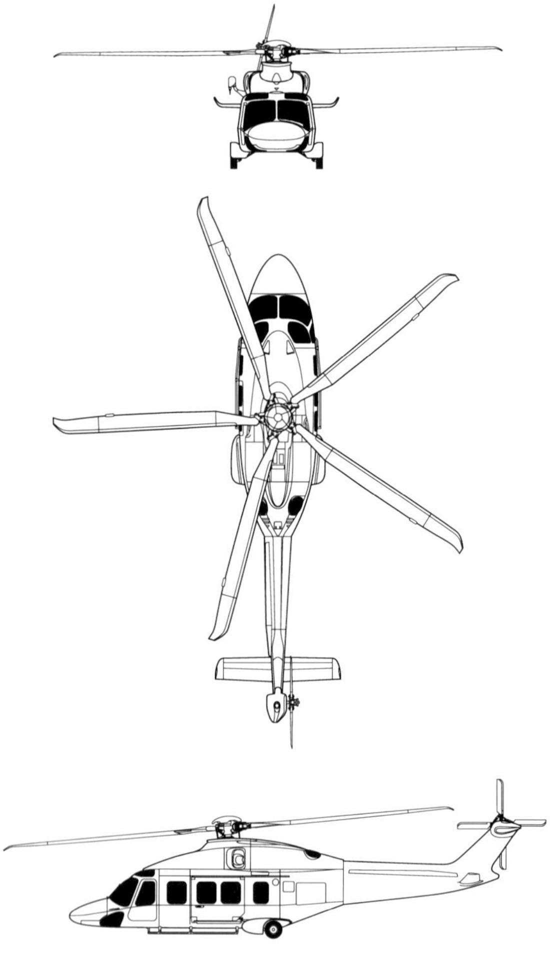

Abmessungen:
Rotordurchmesser 14,60 m,
Rumpflänge ohne Rotor 14,62 m, mit drehendem Rotor 17,57 m,
Höhe über Heckleitwerk 5,14 m.

LEONARDO AW149

Ursprungsland: Italien.
Kategorie: Mittelschwerer Mehrzweckhubschrauber für militärische Einsätze.
Triebwerke: Zwei Gasturbinen General Electric CT7-2E1 von je 1980 WPS (1477 kW) oder Safran Aneto-1K von je 2550 WPS (1715 kW) Startleistung.
Leistungen (mit GE-Triebwerken): Höchstgeschwindigkeit 300 km/h; max. Reisegeschwindigkeit 294 km/h; Schwebehöhe mit Bodeneffekt, 12 Soldaten und Treibstoff für einen Aktionsradius von 280 km rund 4000 m; max. Reichweite 1009 km; max. Flugdauer 5 Std. 5 Min.
Gewichte: Max. Startgewicht 8600 kg.
Zuladung: Zwei Piloten und bis 16 voll ausgerüstete Soldaten, für Rettungseinsätze sechs liegende Verletzte und vier Sanitäter.
Bewaffnung: An seitlichen Auslegern neben dem Rumpf können u. a. Behälter mit ungelenkten Raketen, Behälter für 12,7- bzw. 20-mm-Rohrwaffen sowie Lenkwaffen mitgeführt werden. Ein Fensterplatz ist zudem für den Einbau eines 7,62-mm-Maschinengewehres vorgesehen.
Entwicklungsstand: Die AW149 als Weiterentwicklung der AW139 flog erstmals am 13. November 2009. Ein zweiter Prototyp folgte Ende 2010. Nach einer langen Durststrecke ohne Aufträge gingen nun folgende Bestellungen ein: Ägypten 34, Indonesische Polizei 2, Nigeria 2, Polen 32 (Lizenzbau bei PZL Swidnik), Thailändische Armee 5 und Thailändische Polizei 4. Neueste Bestellung: Malaysia ca. 27 für Luftwaffe, Marine und diverse Behörden.
Bemerkungen: Die AW149 ist die für militärische und paramilitärische Aufgaben optimierte Version der AW139 (siehe Seiten 218/219). Dank voll digitalisierter Avionik, einer offenen System-Architektur und integrierter Einsatzausrüstung soll sie für die heutigen Einsatzszenarien gerüstet sein. Eingebaut sind gegenüber der AW139 deutlich stärkere Triebwerke sowie ein völlig neues Transmissions-System. Die Zellenkonstruktion ist sehr robust ausgelegt und soll den Insassen bei Abstürzen eine hohe Überlebenswahrscheinlichkeit ermöglichen. Zum schnellen Ein- und Aussteigen bzw. zum Laden von Fracht hat man die Türen entsprechend groß ausgelegt. Der 4-Achs-Autopilot und die neueste Avionik sollen die Belastung der Piloten minimieren. Die AW149 ist u. a. für folgende Aufgaben geeignet: Gefechtsfeldunterstützung, Combat SAR, Aufklärung und Überwachung sowie Evakuationseinsätze.
Hersteller: Leonardo S.p.A., Rom, Werk Vergiate, Italien.

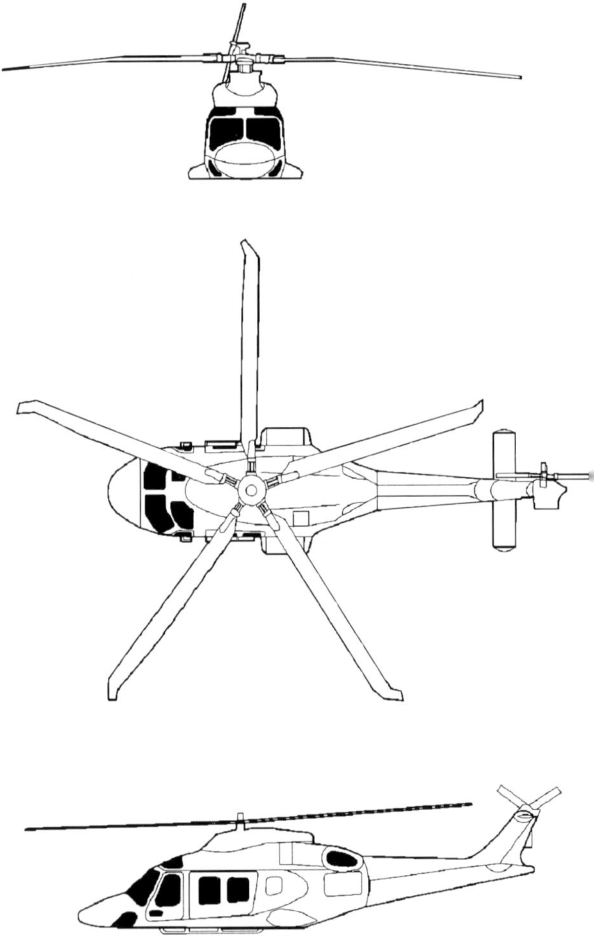

Abmessungen:
Rotordurchmesser 12,12 m,
Rumpflänge bei drehendem Rotor 14,65 m,
Höhe inkl. Rotorkopf 4,50 m.

LEONARDO AW169

Ursprungsland: Italien.
Kategorie: Mittelschwerer Mehrzweckhubschrauber.
Triebwerke: Zwei Gasturbinen Pratt & Whitney PW210A1 von je 1175 WPS (875 kW) Startleistung.
Leistungen: Höchstgeschwindigkeit 306 km/h; Dienstgipfelhöhe 4572 m; Schwebehöhe mit Bodeneffekt 4570 m, ohne 3870 m; max. Reichweite 820 km; Einsatzdauer 4,20 Std.
Gewichte: Max. Startgewicht 4800 kg, ab 2024 bis zu 5100 kg.
Zuladung: Ein bis zwei Piloten und zwischen acht und elf Passagiere oder für Rettungseinsätze zwei liegende Verletzte und zwei Sanitäter.
Entwicklungsstand: Ein erster von vier Prototypen flog erstmals am 10. Mai 2012. Mit den Kundenauslieferungen begann man Mitte 2015. Bis Ende 2025 waren rund 350 Hubschrauber von rund 90 Betreibern bestellt, über 200 davon geliefert. Die meisten verwenden die AW169 für Offshore- und Ambulanzeinsätze. Nebst in Italien wird die AW169 auch in Philadelphia, USA, gebaut. 24 Einheiten der Spezial-Versionen UH-169A/MH-169A hat die italienische Guardia di Finanza bestellt, die Carabinieri 25 UH-169C. Italiens Armee wird bis zu 50 AW169MA bzw. UH-169B beschaffen, 15 davon sind bestellt. Auch Österreich kauft 36 AW169M. Weitere Bestellungen: Dominikanische Republik 4, Nord-Mazedonien 2, Qatar 4.
Bemerkungen: Mit der AW169 schließt der Hersteller die Angebotslücke zwischen der AW109 und der AW139 und bietet damit ein Konkurrenzprodukt beispielsweise zum Airbus Helicopters H145 (siehe Seiten 34/35) an. In diesem Wachstumssegment wird ein Produkt lanciert, welches neueste technologische Entwicklungen enthält und eine große Zahl von Einsatzmöglichkeiten erlaubt. Im Vordergrund stehen dabei kommerzielle wie auch paramilitärische Aufgaben wie EMS-Einsätze, Law-and-Order-, Offshore- und SAR-Missionen. Bei der AW169 handelt es sich um eine völlig neue Entwicklung, bei der modernste Konstruktionsmethoden und Werkstoffe eingesetzt werden. Nebst auf Robustheit und Langlebigkeit wird starkes Gewicht auf hohe Wirtschaftlichkeit gelegt. Auch die Avionik entspricht neuesten Entwicklungen. Die Zelle wurde »crash-resistent« ausgelegt. Dank großen Schiebetüren ist der Passagier- bzw. Frachtraum sehr gut zugänglich, was insbesondere bei EMS/Ambulanzeinsätzen wichtig ist. EMS-Hubschrauber können mit einem APU (Hilfsaggregat) ausgerüstet werden. Die militärische Variante AW169M ist mit Rettungswinde, Suchscheinwerfer, Night-Vision-Goggles und einem Näherungswarnsystem ausgestattet.
Hersteller: Leonardo S.p.A., Rom, Werke Vergiate, Italien und Philadelphia, Pennsylvania, USA.

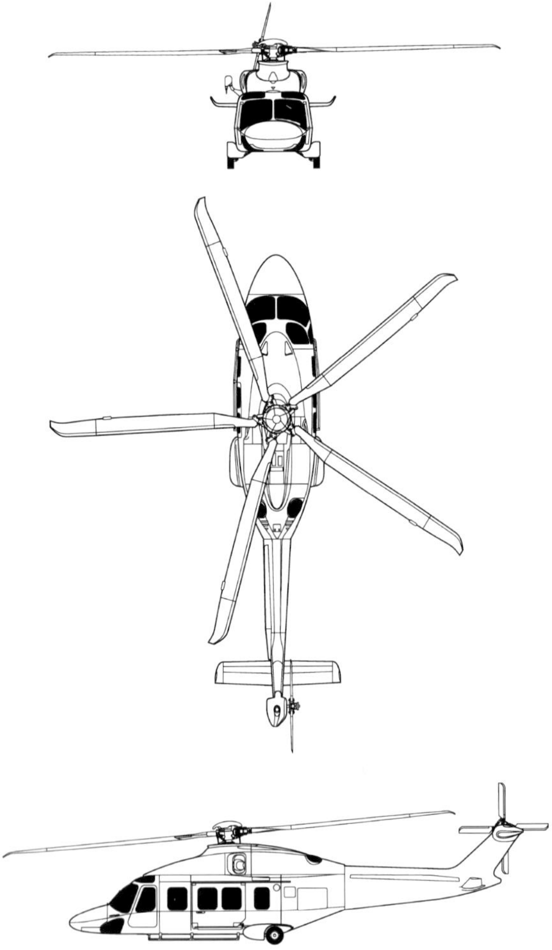

Abmessungen:
Rotordurchmesser 14,60 m,
Rumpflänge bei drehendem Rotor 17,57 m,
Rumpflänge alleine 14,60 m,
Höhe über Heckleitwerk 5,07 m.

LEONARDO AW189

Ursprungsland: Italien.
Kategorie: Mittelschwerer Mehrzweckhubschrauber primär für Offshore-Einsätze.
Triebwerke: Zwei Gasturbinen General Electric CT7-2E1 von je 1980 WPS (1480 kW) Leistung.
Leistungen: Max. Reisegeschwindigkeit 294 km/h, Reisegeschwindigkeit 287 km/h; Aktionsradius mehr als 370 km, mit Standardnutzlast noch 260 km; max. Reichweite 889 km.
Gewichte: Rüstgewicht 5640 kg; max. Startgewicht 8300 kg; (AW189K) 8600 kg.
Zuladung: Zwei Piloten und normalerweise 16, max. bis zu 19 Passagiere. Extern können Lasten bis zu 2722 kg mitgeführt werden.
Entwicklungsstand: Die AW189 startete am 21. Dezember 2011 zum Erstflug. Mit den Kundenablieferungen konnte anfangs 2014 begonnen werden. Aktuell sind von über 20 Kunden mehr als 150 Einheiten bestellt, gegen 100 davon geliefert. 12 von Bristow betriebene AW189 werden im Auftrag der UK Coast Guard seit Ende 2015 als Rettungshubschrauber eingesetzt, 5 durch die Irish Coast Guard. Weitere 21 sind bei Bristow im Einsatz oder bestellt. Die neueste Version AW189K flog erstmals am 9. März 2017. Neueste Besteller: Ägyptische Luftwaffe 8, PHI 12 (+ Optionen), GDHF 10.
Bemerkungen: Die AW189 ist primär für die harten Einsätze im Offshore-Markt optimiert, und zwar sowohl für Passagier-, Frachttransporte sowie Such- und Rettungsmissionen. Sie entspricht den neuesten internationalen Sicherheitsvorschriften für Transporteinsätze vor allem auf Bohrinseln. Dazu verfügt die AW189 über eine spezifische Ausrüstung, u.a. Schwimmkörper für Notwasserungen, Notlichtsystem, faltbare Rettungsfloße außen am Rumpf, weiterentwickeltes Wetterradar, Schutzsystem gegen Vereisung usw. Wie bei neuen Hubschrauberkonstruktionen üblich verfügt die AW189 über eine voll digitalisierte Avionik, eine offene System-Architektur und integrierte Einsatzausrüstung. Der 4-Achs-Autopilot und die neueste Avionik sollen die Belastung der Piloten minimieren. Die Zellenkonstruktion ist sehr robust ausgelegt und soll den Insassen bei Abstürzen eine hohe Überlebenswahrscheinlichkeit ermöglichen. Ab 2019 ist die Ausführung AW189K erhältlich, welche über neue Triebwerke Safran Aneto-1K mit einer Leistung von je 2500 WPS (1860 kW) verfügt.
Hersteller: Leonardo S.p.A., Rom, Werk Vergiate, Italien bzw. bei HeliVert, Werk Tomilino bei Moskau, Russland.

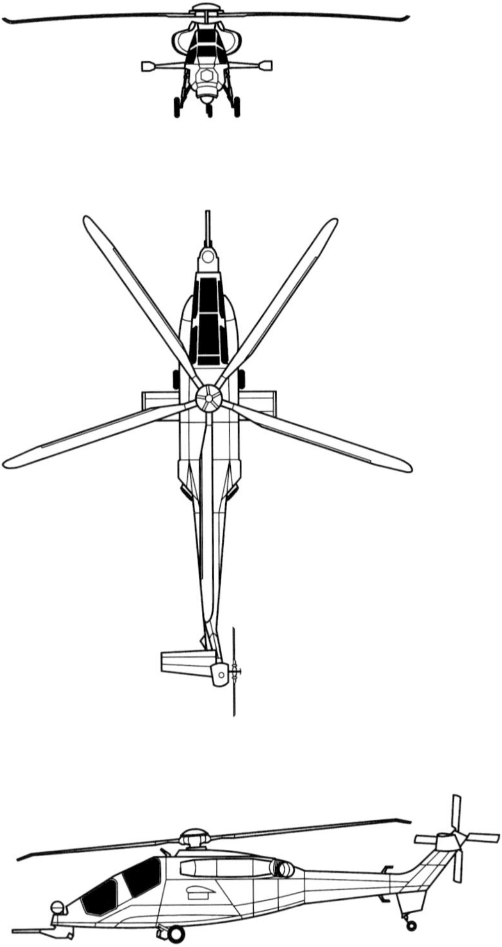

Abmessungen:
Rotordurchmesser 14,60 m,
Länge über alles 17,63 m,
Höhe 4,26 m.

LEONARDO AW249 FENICE

Ursprungsland: Italien.
Kategorie: Mittelschwerer zweisitziger Kampf- und Aufklärungshubschrauber.
Triebwerke: Zwei Gasturbinen General Electric Avio Aero CT7-8E6 von je 2500 WPS (1900 kW) Leistung.
Leistungen: Höchste Reisegeschwindigkeit 287 km/h, normale Reisegeschwindigkeit 259 km/h; Dienstgipfelhöhe 6100 m; max. Schrägsteiggeschwindigkeit 11,9 m/Sek; Schwebehöhe mit Bodeneffekt 4570 m, Reichweite mit max. interner Treibstoffzuladung rund 796 km; Flugdauer 4,5 Std.
Gewichte: Max. Startgewicht 8300 kg.
Bewaffnung: Eine mehrläufige 20-mm-Bordkanone OTO Melara TM197B vorne unten am Rumpf sowie an sechs Waffenstationen unter den Stummelflügeln diverse Luft-Boden- bzw. Luft-Luft-Lenkwaffen u.a. Rafael Spike, ungelenkte Raketen, Bomben und Zusatztanks bis zu einem Gesamtgewicht von 2800 kg.
Entwicklungsstand: Ein erster Prototyp nahm die Flugerprobung am 12. August 2022 auf. Mittlerweile fliegen vier AW249. Die Armee Italiens wird diesen Typ als Ersatz der Agusta A129 beschaffen, 48 Einheiten sind bestellt. Die Einsatzreife ist für 2027 vorgesehen.
Bemerkungen: Gegenüber ihrer Vorgängerin ist die AW249 deutlich größer, leistungsfähiger und mit den modernsten Systemen ausgerüstet. Eine deutlich stärkere Kampfkraft wird erreicht und dank Stealth-Eigenschaften eine wesentlich bessere Überlebensfähigkeit sichergestellt. Das Missionssystem wird unter anderem in der Lage sein, unbemannte Luftfahrzeuge fernzusteuern und zahlreiche Hilfsmittel zur Situationserkennung zu integrieren, um die Arbeitsbelastung der Piloten zu verringern und die Sicherheit zu erhöhen. Dank offener Architektur wird die Integration von Missionssystemen verschiedener Anbieter mit der Bordavionik erleichtert. Die AW249 soll mit elektro-optischen Gegenmaßnahmen- und anderen Selbstverteidigungssystemen wie dem DIRCM (**D**irect **I**nfra**R**ed **C**ounter **M**easures) ELT\577 QUIRIS und dem Radarwarnempfänger ELT\162 ausgestattet werden. Der Rumpf ist teilweise gepanzert und besteht vermutlich weitgehend aus Verbundwerkstoffen. Die meisten dynamischen Elemente, wie das Getriebe und die Rotoren, wurden von der Leonardo AW149 abgeleitet.
Hersteller: Leonardo S.p.A., Werk Vergiate, Rom, Italien.

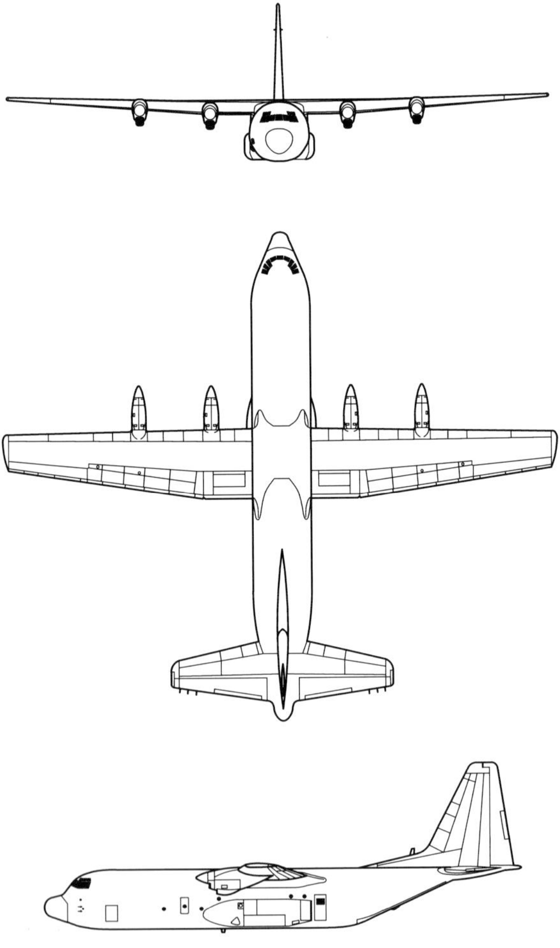

Abmessungen:
Spannweite 40,38 m,
Länge (C-130J) 28,81 m, (C-130J-30) 34,37 m,
Höhe 11,81 m,
Flügelfläche 162,12 m².

LOCKHEED MARTIN C-130J SUPER HERCULES

Ursprungsland: USA.
Kategorie: Mittelschwerer militärischer Transporter.
Triebwerke: Vier Propellerturbinen Rolls Royce AE2100 von je 6000 WPS (4500 kW) reduziert auf 4640 WPS (3460 kW) Leistung.
Leistungen: Max. Reisegeschwindigkeit 645 km/h, norm. Reisegeschwindigkeit 556 km/h; Anfangssteiggeschwindigkeit 10,7 m/Sek; Dienstgipfelhöhe 9315 m; Reichweite mit einer Nutzlast von 21625 kg über 2600 km, mit 18144 kg 5250 km.
Gewichte: Rüstgewicht (J) 34274 kg, (J-30) 35965 kg; max. Abfluggewicht 79380 kg.
Zuladung: Normalerweise eine Besatzung von fünf Personen und je nach Einsatzzweck verschiedene Nutzlasten bis zu einem Gewicht von 22000 kg.
Entwicklungsstand: Die erste C-130J fliegt seit 5. April 1996. Bisher sind rund 560 C-130J hergestellt worden, einschließlich aller Unterversionen. 26 Luftwaffen/Marinen betreiben mittlerweile diese Version in diversen Ausführungen. Der größte Einzelbesteller aller Versionen ist die USAF mit fast 300 C-130J in mehreren Varianten, davon 60 MC-130J. Das USMC betreibt rund 50 (bei 79 geplanten) KC-130J, die USCG 19 HC-130J, letztere bei einem Gesamtbedarf von 22. Weiterhin werden jährlich etwa 24 Einheiten der verschiedenen Versionen hergestellt. Seit Erstflug 1954 bis heute verließen insgesamt über 2700 Hercules die Montagehalle. Je drei C-130J-30 und KC-130J beschaffte die Deutsche Luftwaffe. Neuester Besteller: Mexico 1. Die neueste Ausführung E-130J Phoenix II hatte am 8. September 2025 den roll-out. Der Erstflug steht noch aus. Wie viele Exemplare die USN bestellt ist noch offen.
Bemerkungen: Seit 1955 ununterbrochen in Produktion, stellen die C-130J bzw. die verlängerte C-130J-30 die neuesten Ausführungen dieses bewährten Musters dar. Die wesentlichen Verbesserungen sind: Deutlich stärkere Triebwerke mit Sechsblatt-Propeller, Digitalcockpit und Elektronik neuester Generation, Erleichterung der Wartung und des Ein- und Auslads. Dadurch konnten fast alle Leistungsparameter deutlich verbessert werden. Die C-130J wird auch in mehreren Untervarianten produziert, wie AC-130J, MC-130J, WC-130J für die USAF, HC-130J für die USCG, KC-130J für das USMC und mehrere weitere Luftwaffen. Diese sind in früheren Ausgaben beschrieben. Die neueste Version ist die E-130J, vorgesehen für sog. TACAMO-Missionen (**T**ake **C**harge **A**nd **M**ove **O**ut), wo sie die Boeing E-6B Mercury ersetzt.
Hersteller: Lockheed Martin Marietta Corp., Marietta, Georgia, USA.

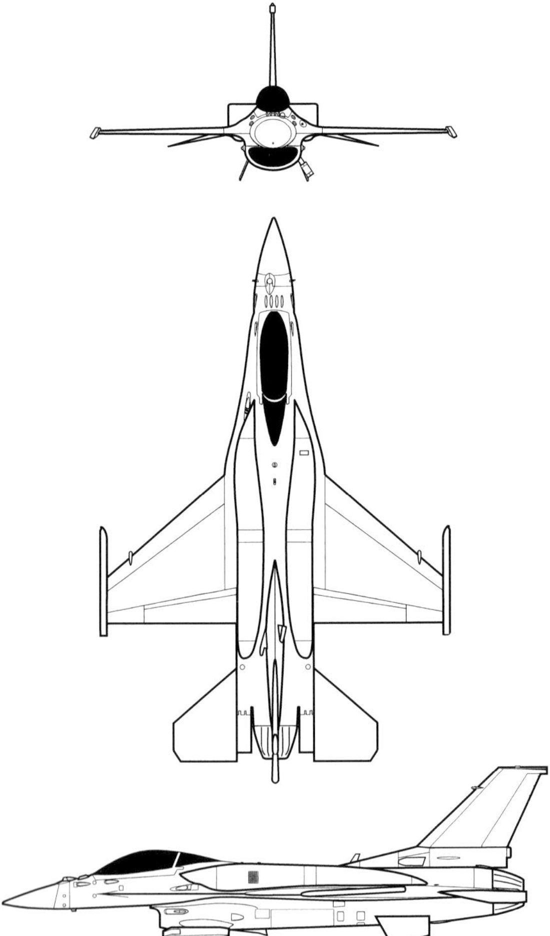

Abmessungen:
Spannweite 9,45 m,
Länge 15,03 m,
Höhe 5,09 m,
Flügelfläche 27,87 m^2.

LOCKHEED MARTIN F-16V FIGHTING FALCON

Ursprungsland: USA.
Kategorie: Einsitziger Mehrzweckjäger.
Triebwerke: Ein Mantelstromtriebwerk Pratt & Whitney F100-PW-229 von 8075 kp (79,20 kN) Standschub ohne und 13420 kp (131,60 kN) mit Nachbrenner bzw. General Electric F110-GE-129 von 8043 kp (78,90 kN) Standschub ohne und 13420 kp (131,60 kN) mit Nachbrenner.
Leistungen: Kurzzeitig erreichbare Höchstgeschwindigkeit 2145 km/h auf 12190 m (Mach 2,02), andauernde Höchstgeschwindigkeit 2007 km/h (Mach 1,89); Dienstgipfelhöhe 15240 m; (Block 50/52) taktischer Einsatzradius mit sechs 227-kg-Bomben 580 km; Überführungsreichweite mit Zusatztanks 3943 km.
Gewichte: Leergewicht 9207 kg; max. Startgewicht 21772 kg.
Bewaffnung: Eine sechsläufige 20-mm-Revolverkanone M61A-1 und, als Abfangjäger, bis zu sechs Luft-Luft-Lenkwaffen AIM-9L/M oder AIM-120, als Erdkämpfer bis zu 5638 kg Außenlasten.
Entwicklungsstand: Die F-16C/D Block 50/52 befindet sich seit 1991 im Einsatz. Die als F-16E/F (siehe Ausgabe 2008 und Dreiseitenriss) bezeichneten Modelle des Blocks 60 sind an den einzigen Besteller UAE alle abgeliefert worden. Bisher wurden über 4600 F-16 hergestellt. 29 Luftwaffen haben diesen Typ bisher in verschiedenen Varianten beschafft. Die F-16V bzw. Block 70 flog erstmals am 16. Oktober 2015. Bahrain beschafft 16, Bulgarien 16, Jordanien 8, Marokko 25, Slowakei 14, Taiwan 66, Türkei 40+. Neueste Bestellung: Peru 12.
Bemerkungen: Gegenwärtig werden nur noch F-16V Block 70 gebaut. Die Hauptneuerung ist das AESA-Radar der fünften Generation APG-83 von Northrop Grumman. Weiter ist sie mit einem neuen Missionscomputer ausgerüstet und weist Verbesserungen im Cockpit auf, u. a. dem **C**enter **P**edestal **D**isplay (CPD). Damit wird die Arbeit des Piloten im Kampfeinsatz wesentlich erleichtert. Die Struktur wurde verstärkt, so dass die Lebensdauer um 50% erhöht ist. Neu beschaffte F-16V können mit einer Mehrzahl optionaler Zusatzsysteme ausgerüstet werden. Beispiele sind: Vektorsteuerung des Triebwerks, Cockpit mit Helmdisplay, Mitführen von allwettertauglichen Standoff-Waffen wie die AGM-84E Standoff-Land-Attack-Lenkwaffe oder die AGM-142 Popeye II-Bombe. Auch ein Mikrowellen-Landesystem wird angeboten, welches den Endanflug wesentlich erleichtert. Ältere Modelle können mit einem Active Combat Radar von Raytheon nachgerüstet werden.
Hersteller: Lockheed Martin Marietta Corp., Greenville, South Carolina, USA.

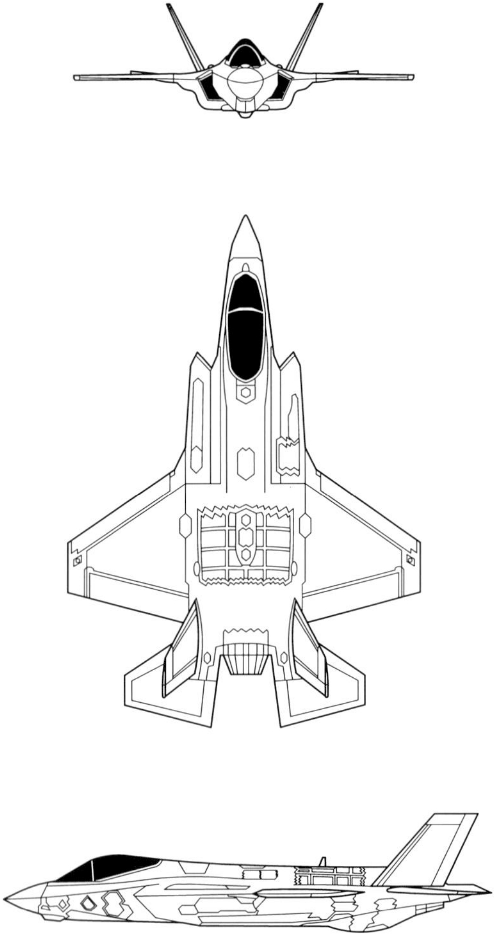

Abmessungen:
Spannweite 10,70 m,
Länge 15,70 m,
Höhe 4,38 m,
Flügelfläche 42,70 m^2.

LOCKHEED MARTIN F-35A LIGHTNING II

Ursprungsland: USA.
Kategorie: Landgestütztes Mehrzweckkampfflugzeug.
Triebwerke: Ein Mantelstromtriebwerk Pratt & Whitney F135PW-100 von 13062 kp (128,10 kN) ohne und 19506 kp (191,30 kN) mit Nachbrenner.
Leistungen: Höchstgeschwindigkeit mit interner Waffenladung 1700 km/h (etwa Mach 1,6); Reisegeschwindigkeit während rund 10 Min. Mach 1,2; Dienstgipfelhöhe 18200 m; Aktionsradius 1093 km, max. Reichweite 2222 km.
Gewichte: Leergewicht 13290 kg; normales Startgewicht 22280 kg, max. ca. 31750 kg.
Bewaffnung: Eine intern eingebaute fünfläufige 25-mm-Kanone GAU-22/A und 8160 kg Waffen in zwei internen Waffenschächten und unter den Flügeln.
Entwicklungsstand: Das erste weitgehend der Serienausführung entsprechende Muster F-35AA-1 nahm die Flugerprobung am 15. Dezember 2006 auf. Am 14. November 2009 folgte das erste eigentliche Serienflugzeug AF-1. Die ersten F-35A wurden der USAF am 14. Juli 2011 übergeben. Die USAF will insgesamt 1763 F-35A Lightning II beschaffen. Folgende Länder erwerben ebenfalls die F-35A: Australien 72, Belgien neu 45, Dänemark 27+, Deutschland 35, Finnland 64, Griechenland 20 (+ 20 Optionen), Israel 75+, Italien 75, Japan 105, Kanada 88, Niederlande 60, Norwegen 52, Polen 32, Rumänien 32, Schweiz neu rund 30, Singapur 12, Südkorea 60, Tschechien 25. Ende 2025 waren 1270 F-35 aller Versionen gebaut. Neuester Besteller: RAF 12 F-35A, UAE voraussichtlich 50 F-35A.
Bemerkungen: Die F-35A ist für Landeinsätze ab normalen Flugpisten vorgesehen. Allen drei Ausführungen F-35A, F-35B (siehe Seiten 234/235) und F-35C (siehe Seiten 236/237) gemeinsam sind der Rumpf, die Seitenleitwerke und das Höhenleitwerk. Dies trifft auch für die Systeme weitgehend zu. Das Cockpit neuester Technologie weist hochauflösende Bildschirme auf. Viele Funktionen lassen sich durch Sprachbefehle oder via Pilotenhelm-Display steuern. Ab den Modellen des sog. Blocks 4 wird anstelle des synthetischen Normalband-Bordradars ein Breitband-Multifunktions-Bordradar AESA AN/APG-85 von Northrop Grumman eingebaut. Dieses befindet sich noch in Entwicklung. In Zukunft sind u. a. weitere Software-updates, vergrößerte Treibstofftanks, Ausrüstungen für anti-ballistische Lenkwaffen geplant. Für die Version Block 4 soll ein verbessertes Triebwerk F135 ECU eingebaut werden.
Hersteller: Lockheed Martin Marietta Corp., Marietta, Georgia, Werk Fort Worth, Texas, USA.

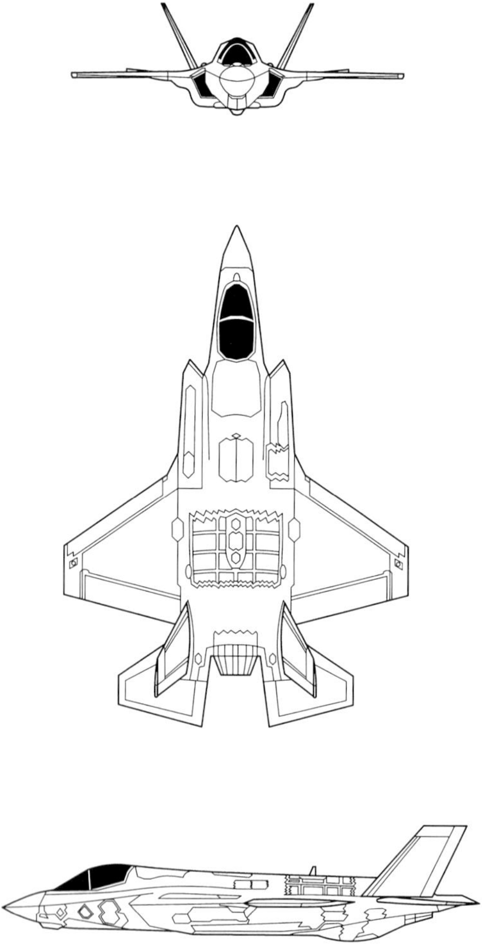

Abmessungen:
Spannweite 10,70 m,
Länge 15,60 m,
Höhe 4,36 m,
Flügelfläche 42,70 m².

LOCKHEED MARTIN F-35B LIGHTNING II

Ursprungsland: USA.
Kategorie: Bordgestütztes STOVL-Mehrzweckkampfflugzeug.
Triebwerke: Ein Mantelstromtriebwerk Pratt & Whitney F135PW-600 mit Rolls-Royce-Lift-System von 12246 kp (120,10 kN) ohne und 18599 kp (182,40 kN) mit Nachbrenner.
Leistungen: Höchstgeschwindigkeit mit maximaler interner Waffenladung 1700 km/h (Mach 1,6); Reisegeschwindigkeit während rund 10 Min. Mach 1,2; Dienstgipfelhöhe 15240 m+; Aktionsradius etwa 830 km; max. Reichweite 1667 km.
Gewichte: Leergewicht 14650 kg; normales Startgewicht 22280 kg, maximal ca. 27200 kg.
Bewaffnung: Im Waffenschacht an der Rumpfunterseite sowie an Aufhängepunkten unter dem Rumpf und unter den Flügeln können Waffen verschiedenster Art bis zu einem Gewicht von 6800 kg mitgeführt werden. Die fünfläufige 25-mm-Kanone GAU-22/A ist nicht eingebaut, sondern kann als externer Waffenbehälter angehängt werden.
Entwicklungsstand: Der erste eigentliche Prototyp F-35B nahm die Flugerprobung am 11. Juni 2008 auf, gefolgt vom zweiten am 25. Februar 2009. Neu wird das USMC nur noch rund 280 Flugzeuge dieser Version beschaffen, dafür aber mehr F-35C. Die erste Ausbildungsstaffel war Anfang 2013 in Yuma, Arizona, einsatzbereit, eine erste Kampfstaffel folgte 2015. Offen ist aktuell, wie viele F-35 Großbritannien und in welchem Mix zwischen F-35A und F-35B das Land erhält. Bestellt sind vorläufig 48 F-35B, über weitere 27 wird gegenwärtig verhandelt. Die erste Einsatzstaffel Großbritanniens erlangte 2019 die Einsatzfähigkeit. Italien kauft 30 F-35B für Luftwaffe und Marine, 25 davon sind bestellt. Japan beschafft 42, Singapur 12. Bis Ende 2025 waren insgesamt etwa 200 F-35B gebaut.
Bemerkungen: Bei der STOVL-Version F-35B ist das Triebwerk mit einem durch eine Gelenkwelle verbundenen Lift-Fan ausgerüstet, mit Einlassöffnung und Austrittsdüse unten am vorderen Teil des Rumpfs. Zudem lässt sich das Heckteil des Triebwerks um bis zu 900 nach unten schwenken. Damit werden vollständige VTOL-Eigenschaften erreicht. Im Übrigen ist die F-35B mit den F-35A/C zu rund 90% baugleich. Angesichts des erhöhten Leergewichts und der größeren Komplexität dieser Variante sind diverse Leistungsparameter gegenüber den anderen F-35-Versionen leicht geringer.
Hersteller: Lockheed Martin Marietta Corp., Marietta, Georgia, Werk Fort Worth, Texas, USA.

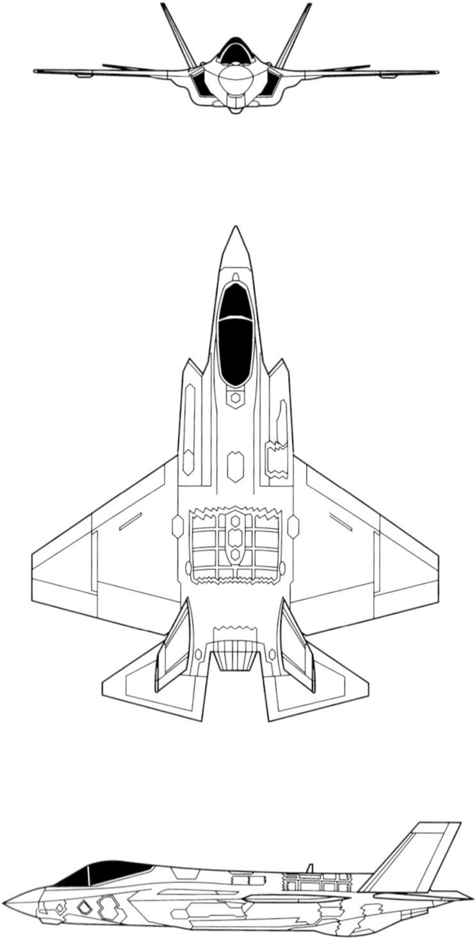

Abmessungen:
Spannweite 13,10 m,
Länge 15,50 m,
Höhe 4,48 m,
Flügelfläche 62,10 m^2.

LOCKHEED MARTIN F-35C LIGHTNING II

Ursprungsland: USA.
Kategorie: Bordgestütztes CTOL-Mehrzweckkampfflugzeug.
Triebwerke: Ein Mantelstromtriebwerk Pratt & Whitney F135PW-100 von 13062 kp (128,10 kN) ohne und 19506 kp (191,30 kN) mit Nachbrenner.
Leistungen: Höchstgeschwindigkeit mit maximaler interner Waffenlast 1700 km/h (etwa Mach 1,6); Reisegeschwindigkeit während rund 10 Min. Mach 1,2; Dienstgipfelhöhe 15240 m+; Aktionsradius etwa 1200 km; max. Reichweite 2200+ km.
Gewichte: Leergewicht 15686 kg; normales Startgewicht 22280 kg, maximal 31800 kg.
Bewaffnung: In einem internen Schacht an der Rumpfunterseite sowie an Aufhängepunkten unter dem Rumpf und unter den Flügeln können verschiedenste Waffen bis zu 8180 kg mitgeführt werden. Im Gegensatz zur F-35A ist aber keine fünfläufige 25-mm-Kanone GAU-22/A eingebaut. Diese kann als externer Behälter angehängt werden.
Entwicklungsstand: Die erste F-35C hat die Flugerprobung am 6. Juni 2010 aufgenommen. Noch ist nicht klar, wie viele F-35C die USN schließlich beschafft, vermutlich aber nur 273. Neu erhält das USMC mit 140 wesentlich mehr Flugzeuge dieser Version als ursprünglich geplant. Bestellt sind bisher für beide Teilstreitkräfte deren 80, Ende 2025 waren rund 50 abgeliefert, darunter die ersten für das USMC. Die Schulungsstaffel VF-101 übernahm im Frühjahr 2013 die erste F-35C. 2018 folgte mit der VFA-14 die erste Einsatzstaffel.
Bemerkungen: Als letzte der drei Versionen folgte die F-35C für die USN. Die konventionell startende und landende F-35C verzichtet auf Schwenkmechanismus und Lift-Fan der F-35B, erhält aber für den Einsatz ab Flugzeugträgern einen optimierten Flügel, der sich zum besseren Verstau an den Enden einklappen lässt. Die Spannweite ist um ganze 2,44 m größer und die Fläche nimmt um rund 50% zu. Auch der Klappenmechanismus wurde verändert. Damit erzielt die F-35C deutlich bessere Start- und Landeeigenschaften. Dank eines auf 8960 kg erhöhten Treibstoffvorrats erreicht die F-35C größere Reichweiten. Zu 90% weist sie aber mit der F-35A und der F-35B Teilegleichheit auf. Insbesondere die Avionik ist bei allen genau gleich. Gegenwärtig prüft die USN, ob aus der F-35C später noch eine Ausführung als Elektronikkampfflugzeug abgeleitet werden kann. Sämtliche für die F-35A geplanten Modifikationen und Aufdatierungen sind auch für die F-35C vorgesehen.
Hersteller: Lockheed Martin Marietta Corp., Marietta, Georgia, Werk Fort Worth, Texas, USA.

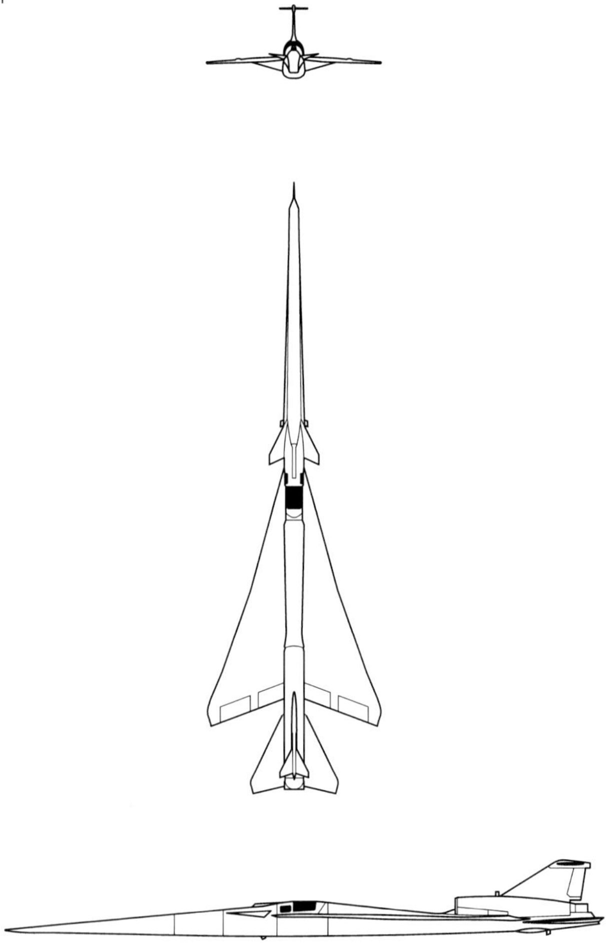

Abmessungen:
Spannweite 9,00 m,
Länge 29,50 m,
Höhe 4,90 m,

LOCKHEED MARTIN/NASA X-59 QUESST

Ursprungsland: USA.
Kategorie: Technologieerprobungsträger zur Entwicklung eines leisen überschallschnellen Passagierflugzeuges.
Triebwerke: Ein Mantelstromtriebwerk General Electric F414GE-100 von 9978 kp (98,00 kN) Standschub mit Nachbrenner.
Leistungen (geschätzt): Höchstgeschwindigkeit 1590 km/h (Mach 1,5); Reisegeschwindigkeit 1510 km/h (Mach 1,42); Dienstgipfelhöhe 16800 m.
Gewichte: Max. Startgewicht 14700 kg.
Entwicklungsstand: Der einzige Erprobungsträger wurde Mitte 2023 fertiggestellt und startete am 28. Oktober 2025 nach technisch bedingter Verspätung zum Erstflug. Es sind zahlreiche Testflüge vorgesehen.
Bemerkungen: Nachdem die Aérospatiale/BAC Concorde 2003 (siehe Ausgabe 1978) aus dem Verkehr gezogen wurde, schien das Thema Überschallverkehrsflugzeug abgeschlossen zu sein. Nebst der schlechten Wirtschaftlichkeit war besonders der Überschallknall ein Problem. Deshalb verboten viele Länder, dass mit Überschall über ihrem Gebiet geflogen wurde. Diese beiden Probleme will die X-59 angehen. Der Name QueSST (**Q**uiet **S**upersonic **T**ransport) steht für das Programm. Mit der X-59 will der Hersteller zusammen mit der NASA den Beweis erbringen, dass durch geeignete Gestaltung von Rumpf und Flügeln die beim Überschallknall entstehenden Schock- und Stoßwellen massiv reduziert, wenn nicht sogar vermieden werden können. Der Hersteller behauptet, dass der Lärm auf rund 75 Dezibel gehalten werden kann, was in etwa dem Schließen einer Autotüre entspricht. Eine Maßnahme ist der lange Vorderrumpf und das teilversenkte Cockpit. Die letztere Maßname führt dazu, dass der Pilot keine Außensicht hat und nur via Kamera- und Anzeigesysteme mit der Außenwelt verbunden ist. Auch die Form der Flügel soll zur Lärmminimierung beitragen. Die Konstruktion besteht in weiten Teilen aus Aluminium und Verbundwerkstoffen. In besonders anspruchsvollen Teilen wird Titan verwendet. Um die Kosten tief zu halten, wurden einzelne Komponenten der X-59 von anderen Flugzeugtypen übernommen, so beispielsweise das Cockpit und das Fahrwerk. Aktuell wird in den USA ein Gesetz vorbereitet, welches wieder Überschallflüge über bewohntem Gebiet erlauben soll.
Hersteller: Lockheed Martin Marietta Corp., Skunk Works in Palmdale, Kalifornien, USA.

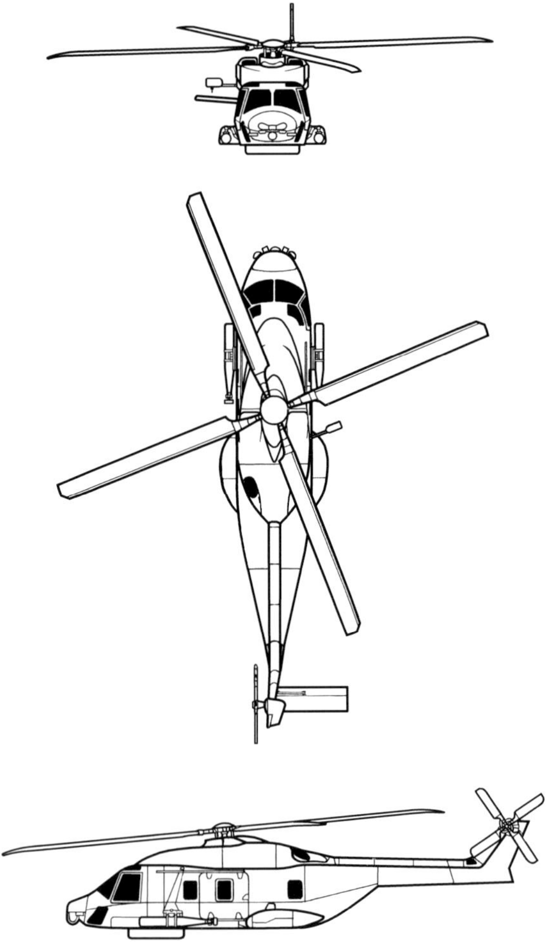

Abmessungen:
Rotordurchmesser 16,30 m,
Rumpflänge 16,23 m,
Höhe über Heckrotor 5,44 m.

NH INDUSTRIES NH90 CAIMAN

Ursprungsland: Deutschland, Frankreich, Italien, Niederlande.
Kategorie: Mittelschwerer militärischer (TTH) Mehrzweck- bzw. (NFH) bordgestützter U-Bootjagdhubschrauber.
Triebwerke: Zwei Gasturbinen Rolls-Royce-Turboméca RTM322-01/9 bzw. General Electric T700-T6E1 von je 2230 bzw. 2115 WPS (1665 bzw. 1575 kW) Leistung.
Leistungen (TTH/NFH): Höchstgeschwindigkeit 305/290 km/h; normale Reisegeschwindigkeit 260/245 km/h; Schrägsteiggeschwindigkeit 11 m/Sek; Dienstgipfelhöhe 6000 m; Schwebehöhe mit Bodeneffekt 2960 m, ohne Bodeneffekt 2355 m; Einsatzradius mit 2000 kg Nutzlast 300 km; Überführungsreichweite 1200 km; Einsatzdauer 4 Std 35 Min.
Gewichte (TTH/NFH): Leer 5945/6288 kg; max. Startgewicht 11400 kg.
Zuladung: Zwei Piloten und (TTH) 20 Soldaten bzw. 12 Verwundete, (NFH) bis zu vier Systemoperateure; Nutzlast 2500 kg.
Bewaffnung: (TTH) Kanonenbehälter und zwei schwenkbare Maschinengewehre bei den Seitentüren; (NFH) je zwei Torpedos oder Antischiffs-Lenkwaffen an Trägern seitlich am Rumpf.
Entwicklungsstand: Erstflug der ersten NH90 TTH am 18. Dezember 1995, des Prototyps der NH90 NFH 1997. Rund 630 sind aktuell bestellt, etwa 530 davon mittlerweile abgeliefert: Australien 46 MRH 90, Belgien 4 TTH + 4 NFH, Deutschland (Heer) 80 TTH + (Marine) 18 NFH + 31 MRFH Sea Tiger, Finnland 20 TTH, Frankreich (Armee) 74 + (Marine) 27 NFH, Griechenland 20 TTH, Italien (Armee) 70 TTH + (Marine) 10 TTH + 46 NFH, Neuseeland 9 TTH, Niederlande neu 22 NFH, Norwegen 14 NFH, Oman 12 TTH + 10 NFH, Qatar 16 TTH + 12 NFH, Schweden 13 TTH + 5 NFH, Spanien 35TTH. Jährlich werden rund 20 Einheiten gebaut. Neueste Bestellung: Spanien weitere 31. In Kürze werden Anschlussbestellungen von Frankreich und Niederlande erwartet.
Bemerkungen: In der Grundkonzeption sind die NH90 TTH sowie die NH90 NFH weitgehend gleich. Die vorwiegend für taktische Aufgaben konzipierte TTH besitzt eine Heckladerampe. Von der TTH unterscheidet sich die Marineversion wie folgt: Weglassen der Heckladerampe, Faltrotoren, beiklappbares Rumpfheck, Spezialausrüstung für Einsatzspektrum wie FLIR, taktisches Radar, Sonar sowie zahlreiche Sensorsysteme. Die NH90 verfügt über eine weitgehend aus Verbundstoff bestehende Zelle und über eine Fly-By-Wire-Steuerung. Derzeit wird eine überarbeitete Ausführung mit stärkeren Triebwerken, neuer Avionik/Elektronik und besseren Flugleistungen geplant. Australien und Norwegen haben ihre NH90 aus technischen Gründen vorzeitig außer Dienst genommen.
Hersteller: NH Industries, Aix-en-Provence, Frankreich.

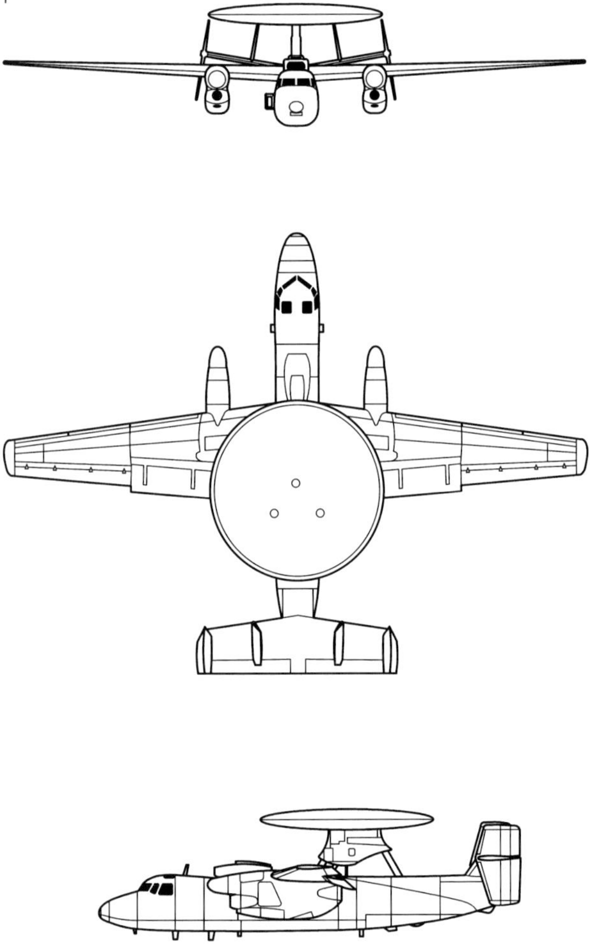

Abmessungen:
Spannweite 24,56 m,
Länge 17,55 m,
Höhe 5,58 m,
Flügelfläche 65,03 m².

NORTHROP GRUMMAN E-2D ADVANCED HAWKEYE

Ursprungsland: USA.
Kategorie: Bordgestütztes Frühwarn- und Überwachungsflugzeug sowie fliegende Kommandozentrale.
Triebwerke: Zwei Propellerturbinen Rolls-Royce (Allison) T56-A-427A von je 5100 WPS (3800 kW) Leistung.
Leistungen: Höchstgeschwindigkeit 626 km/h; Langstrecken-Reisegeschwindigkeit 475 km/h; Anfangssteiggeschwindigkeit 12,8 m/Sek; Dienstgipfelhöhe 10575 m, normal aber 6100 m; Einsatzdauer 4 Std. bei einem Aktionsradius von 370 km; max. Flugdauer 6,1 Std; Überführungsreichweite 2885 km.
Gewichte: Rüstgewicht 19530 kg; max. Startgewicht 26083 kg.
Zuladung: Fünf Mann Besatzung, bestehend aus zwei Piloten und drei Systemoperateuren im zentralen Einsatzraum.
Entwicklungsstand: Die neueste Ausführung E-2D absolvierte ihren Erstflug am 3. August 2007. Die USN beschafft insgesamt 75 Einheiten. Das erste Serienflugzeug wurde am 29. Juli 2010 der USN übergeben, eine erste Staffel ist seit Oktober 2014 einsatzbereit. Ende 2024 waren rund 70 E-2D hergestellt; Jahresproduktion fünf Einheiten. Die Marine Japans beschafft neun E-2D, die Marine Frankreichs drei.
Bemerkungen: Die E-2D stellt gegenüber der Vorversion Hawkeye 2000 einen wesentlichen Fortschritt dar. Obwohl von außen kaum Unterschiede feststellbar sind, ist das Innenleben weitgehend neu. Das Herz der E-2D stellt das neue Radar AN/APY-9 dar. Es arbeitet ebenfalls im UHF-Frequenzbereich, kann jedoch besonders kleine Ziele auf große Distanzen auch in einem gestörten Umfeld besser erkennen. Dank der hohen Rechenleistung ist es in der Lage, kleine bewegliche Ziele wie beispielsweise Marschflugkörper knapp über dem Boden zu verfolgen. Auf einer Höhe von 7600 m deckt die E-2D mit einem Radius von 550 km eine um 250% größere Fläche als die E-2C ab. Zur Ausrüstung gehört auch das AN/ALQ-217-System zur passiven Funküberwachung. Auch das Cockpit mit Multifunktionsanzeigen ist völlig neu. Derzeit laufen Erprobungen, um die Advanced Hawkeye später mit einer Luftbetankungssonde auszurüsten. Ab 2027 wird die elektronische Ausrüstung der E-2D, als Block II bezeichnet, wesentlich erneuert und leistungsfähiger gemacht, um zukünftigen Bedrohungen besser begegnen zu können. Alle bisherigen Maschinen sollen entsprechend nachgerüstet werden.
Hersteller: Northrop Grumman Corp., Werk St. Augustine, Florida, Los Angeles, Kalifornien, USA.

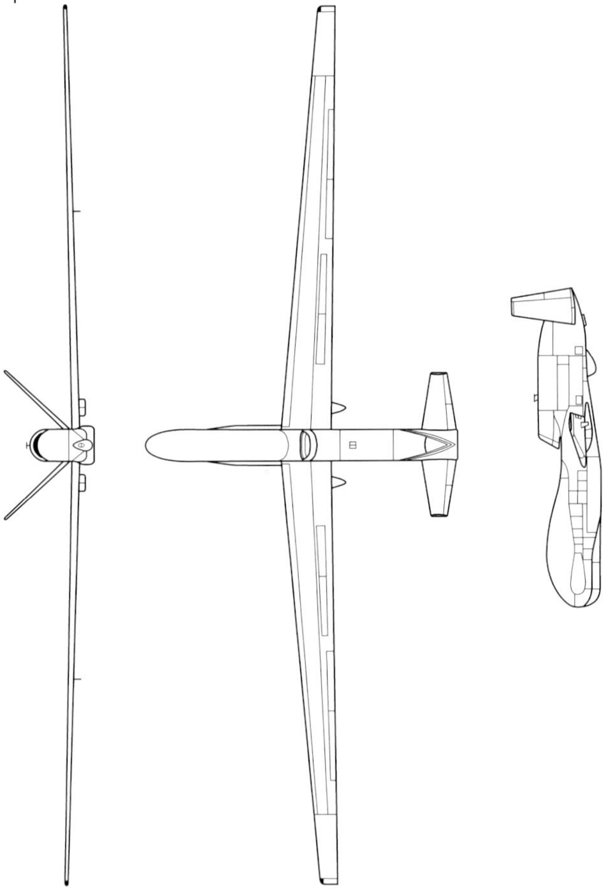

Abmessungen:
Spannweite 39,89 m,
Länge 14,50 m,
Höhe 4,60 m,
Flügelfläche (RQ-4A) 50,10 m².

NORTHROP GRUMMAN MQ-4C TRITON/MQ-4D PHOENIX

Ursprungsland: USA.
Kategorie: Hochfliegende Drohne für Seeüberwachungs- und Aufklärungsaufgaben.
Triebwerke: Ein Mantelstromtriebwerk Rolls-Royce Allison AE3007H von 4281 kp (42,0 kN) Standschub.
Leistungen: Höchstgeschwindigkeit 613 km/h (ca. Mach 0,60); Dienstgipfelhöhe 17230 m; max. Flugdauer 24+ Std; Reichweite bis zu 15186 km.
Gewichte: Leergewicht ca. 6800 kg; max. Startgewicht 14628 kg.
Zuladung: Aufklärungs- und Überwachungssysteme im Gesamtgewicht von 1452 kg intern bzw. 1089 kg extern.
Entwicklungsstand: Der erste Prototyp der Triton-Version hat am 22. Mai 2013 die Flugerprobung aufgenommen. Neu will die US Navy nur noch 48 MQ-4C beschaffen, 23 davon sind bisher fest bestellt. Die Einsatzfähigkeit wurde 2018 erreicht. Auch Australien beschafft sieben Tritons. Ausgangsmuster für den Triton ist die RQ-4-Familie von Drohnen, von denen bisher über 50 (davon 45 an die USAF) abgeliefert wurden. Weitere Besteller dieser Version: Japan 3, NATO 5 RQ-4D Phoenix, Südkorea 4.
Bemerkungen: Der Triton ist eine für die spezifischen Bedürfnisse der US Navy angepasste Ausführung der RQ-4B Global Hawk (siehe Ausgabe 2010). Während der Rumpf konventionell aus Aluminium besteht, sind die Flügel vollständig aus Kohlefasern hergestellt und trotz großer Spannweite äußerst steif ausgelegt. Für die MQ-4C wurden die Tragflächen weiter verstärkt, da sie auch in deutlich tieferer Höhe operieren soll. Auch das gesamte Leitwerk ist aus Verbundwerkstoffen. Die MQ-4C kann sowohl autonom oder aber auch zusammen mit der Boeing P-8 (siehe Seiten 72/73) operieren. Ihr Auftrag ist, weit weg vom Ausgangsort während langen Perioden eine ununterbrochene Überwachung des Zielgebiets sicherzustellen. Für diese sog. ISR-Aufgaben (persistent maritime **i**ntelligence, **s**urveillance and **r**econnaissance operations) verfügt sie u. a. über folgende Ausrüstung: 360°-Multifunktionsradar vom Typ AESA 2-D, weitreichendes Aufklärungsmodul u. a. mit elektro-optischen und Infrarot-Kameras, automatisch operierendes multi-spektrales Zielsystem, digitale Aufnahmegeräte usw. Während eines einzigen Einsatzes kann der Triton eine Meeresfläche von 7 Mio. km² überwachen. 2021 flog erstmals ein Triton mit verbesserter Multimissionssensoren-Fähigkeit (IFC-4, **I**ntegrated **F**unctional **C**apability).
Hersteller: Northrop Grumman Corp., Werk San Diego, Kalifornien, USA.

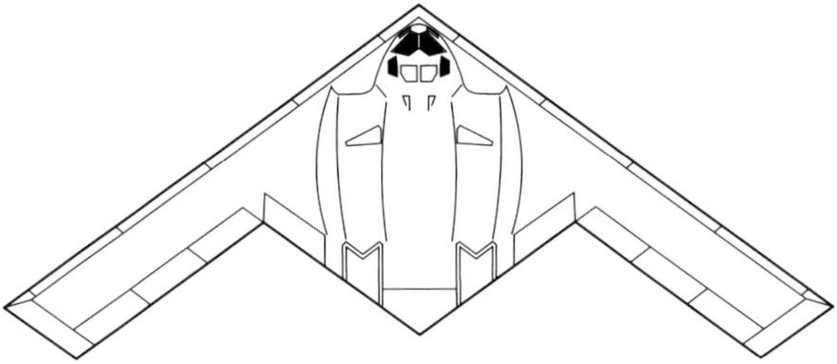

Abmessungen (Schätzungen):
Spannweite 42,70 m;
Länge 17,00 m,
Höhe 5,50 m.

NORTHROP GRUMMAN B-21 RAIDER

Ursprungsland: USA.
Kategorie: Mittelschwerer strategischer Langstrecken-Stealth-Bomber.
Triebwerke: Zwei Mantelstromtriebwerke Pratt & Whitney PW9000 von je 12250 kp (120 kN) Standschub.
Leistungen (geschätzt): Höchstgeschwindigkeit zwischen Mach 0,85 und 0,95. Reichweite rund 10000 km.
Gewichte (geschätzt): Leergewicht 31700 kg; max. Startgewicht 81600 kg.
Bewaffnung: Im internen Waffenschacht soll eine Vielzahl von konventionellen und thermonuklearen Waffen bis zu einem Gewicht von 9100 kg mitgeführt werden können. Details sind noch nicht bekannt.
Entwicklungsstand: Der erste von sechs geplanten Prototypen wurde am 2. Dezember 2022 einer ausgesuchten Öffentlichkeit vorgestellt. Er nahm die Flugerprobung am 10. November 2023 auf. Ein zweiter, seriennaher Prototyp startete im September 2025 zum Erstflug. Die USAF will je nach Quelle insgesamt zwischen 100 und 145 Einheiten beschaffen, Indienststellung frühestens ab 2027. Gemäß unbestätigten Informationen soll die sog. Low-Rate Initial-Produktion bereits 2024 gestartet sein.
Bemerkungen: Mit der B-21 Raider soll die USAF einen neuen strategischen Bomber erhalten, der die Muster Rockwell B-1B (siehe Ausgabe1991) und Northrop Grumman B-2 (siehe Ausgabe 2000) mittelfristig ablöst, nicht aber die Boeing B-52, welche in den nächsten Jahren einer tiefgreifenden Modernisierung unterworfen und weiter betrieben werden soll. Von der Auslegung her gleicht sie der B-2, ist aber kleiner und dürfte ähnliche oder sogar bessere Stealth-Eigenschaften aufweisen. Dank dieser Eigenschaften soll die B-21 besonders gut zum Eindringen in gegnerische Gebiete konzipiert sein. Im Gegensatz zur B-2 ist das Hauptfahrwerk der B-21 nur mit zwei Rädern ausgerüstet. Die Triebwerke verfügen über keine Nachbrenner. Noch werden wesentliche Leistungsmerkmale dieses Bombers von den Behörden geheim gehalten, so dass viele bisherige Informationen eher spekulativen Charakter haben.
Hersteller: Northrop Grumman Corp., West Fall Church, Virginia, Werk Palmdale, Plant 42, Kalifornien, USA.

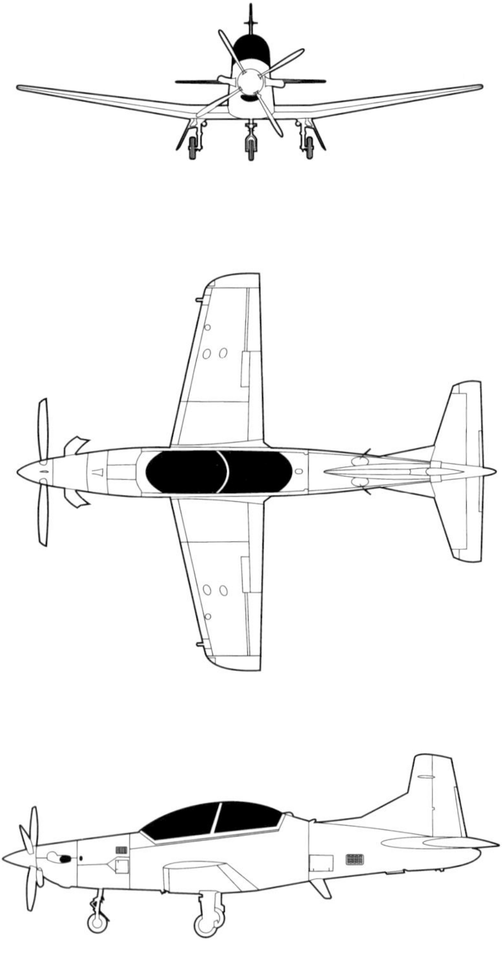

Abmessungen (PC-7 MKX):
Spannweite 10,46 m,
Länge 10,26 m,
Höhe 3,26 m,
Flügelfläche 16,29 m².

PILATUS PC-7 MKII/PC-7 MKX

Ursprungsland: Schweiz.
Kategorie: Zweisitziger Basis- und Fortgeschrittenentrainer.
Triebwerke: Eine Propellerturbine Pratt & Whitney Canada PT6A-25C von 700 WPS (522 kW) Leistung.
Leistungen (PC-7 MKX): Max. zulässige Geschwindigkeit 555 km/h auf 6100 m; Reisegeschwindigkeit 448 km/h auf Meereshöhe bzw. 465 km/h auf 3050 m; max. Anfangssteiggeschwindigkeit 13,58 m/Sek; max. Reichweite 1530 km.
Gewichte: Leergewicht 1710 kg; Startgewicht 2250 kg.
Entwicklungsstand: Der erste PC-7 MkII-Prototyp flog erstmals 1993. 60 Exemplare beschaffte Südafrika, weitere 4 Brunei und Malaysia 19. Indien hat 2012 einen Auftrag über 75 Einheiten platziert. Ein weiterer Besteller ist die Botswana Defence Force 5. Von der neuesten Version PC-7 MKX (Erstflug 10. September 2019) haben Belgien 18, Frankreich 22 und die Niederlande 8 bestellt.
Bemerkungen: Äußerlich weisen der PC-7 MkII (siehe Ausgabe 2015) bzw. MKX und der PC-9 (siehe Ausgabe 2008) Ähnlichkeiten auf, stellen aber eigentliche Neuentwicklungen dar. In der Konstruktion und in der Leistungsausbeute sind sie aber recht unterschiedlich. Wie der PC-9 verfügt der PC-7 MkII bzw. MKX gegenüber dem erstgenannten über ein erhöhtes hinteres Cockpit, vergrößerte Leitwerksflächen, PC-9-Flügelspitzen, Sturzflugbremse, Schleudersitze und robusteres Fahrwerk. Die Nennleistung des Triebwerks wurde von 850 WPS auf 700 WPS reduziert, was eine längere Lebensdauer und tiefere Betriebskosten ermöglicht. Das Einsatzspektrum des PC-7 Mk.II umfasst die Anfänger- bis hin zur Fortgeschrittenenschulung. 2021 lancierte Pilatus eine Weiterentwicklung des PC-7 MkII, den PC-7 MKX. Hauptneuheit ist eine vollständig erneuerte Avionik Garmin G3000 PRIME mit drei hochauflösenden Bildschirmen, individuell anpassbaren Multifunktions-Displays im Cockpit, Head-Up-Displays und Verbesserung des Crew-Komforts.
Hersteller: Pilatus Flugzeugwerke AG, Stans, Schweiz.

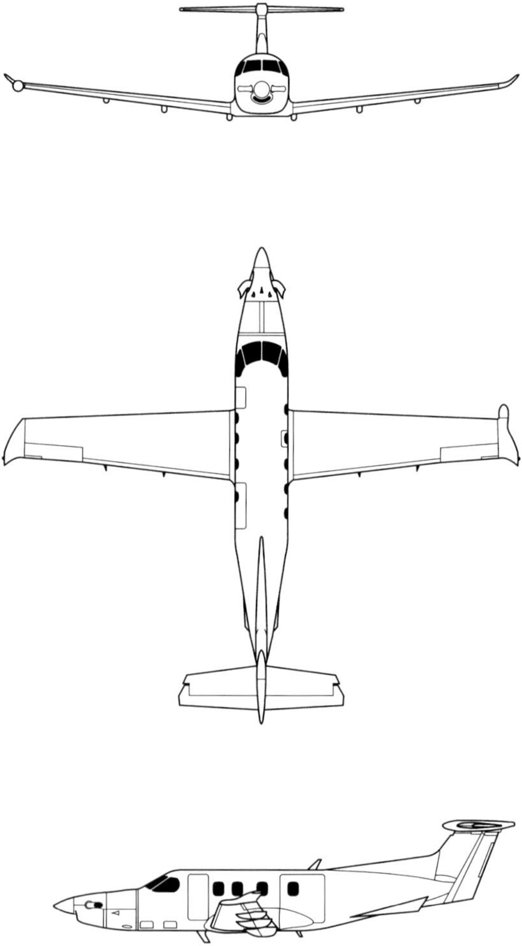

Abmessungen:
Spannweite 16,28 m,
Länge 14,40 m,
Höhe 4,26 m,
Flügelfläche 25,81 m².

PILATUS PC-12 PRO

Ursprungsland: Schweiz.
Kategorie: Leichtes Mehrzweck- und Firmenflugzeug.
Triebwerke: Eine Propellerturbine Pratt & Whitney Canada (NG) PT6A-67P bzw. (NGX) PT6E-67XP mit einer normalen Startleistung von 1200 WPS (895 kW).
Leistungen: Max. Reisegeschwindigkeit 537 km/h auf 7620 m; Anfangssteiggeschwindigkeit 9,75 m/Sek; Dienstgipfelhöhe 9144 m; maximale Reichweite mit vier Passagiere 3269 km.
Gewichte: Leergewicht mit Passagiereinrichtung 3086 kg; max. Startgewicht 4740 kg.
Zuladung: Pilot und Copilot/Passagier im Cockpit und bis zu neun Passagiere in Einzelsitzen; als Firmenflugzeug sechs bis acht Passagiere. Zuladung mit vollen Treibstofftanks 493 kg, max. Zuladung 1060 kg.
Entwicklungsstand: Der erste Prototyp des Ausgangsmusters startete am 31. Mai 1991 zum Erstflug. Im Mai 1994 begannen die Kundenauslieferungen. Die Ausführung PC-12 NG ist seit 2008 erhältlich. Die neueste Version PC-12 PRO fliegt seit Anfang 2025, mit den Auslieferungen wurde im September 2025 begonnen. Im Mai 2023 wurde der 2000ste PC-12 produziert. Jährlich werden etwa 80 PC-12 gebaut.
Bemerkungen: Das Mehrzweckflugzeug ist für den Einsatz in der Geschäftsfliegerei bis hin zum Transporter für Fracht geeignet. Die Zelle vermag Fracht bis zu 9,34 m³ zu laden. Eine kombinierte Variante für vier Passagiere und 5,95 m³ Fracht wird ebenfalls angeboten. Dank einer Passagiertüre vorn und einer großen Frachttüre hinten wird der Ladevorgang erleichtert. Der Pilatus PC-12 PRO ist die neueste, technologisch fortschrittlichste Version, ausgestattet mit dem Garmin G3000 Prime Cockpit, fortschrittlicher Avionik (inkl. Autoland ab 2026), dem bewährten Pratt & Whitney PT6-Triebwerk, das auch SAF (**S**ustainable **A**viation **F**uel) verarbeiten kann und einem automatischen Autothrottle-System (EPECS). Letzteres senkt die Arbeitsbelastung des Piloten und steigert die Effizienz. Zudem werden neue Interieur-Optionen angeboten. Pilatus gibt für den PRO einen Basispreis von US$ 6,2 Mio. an.
Hersteller: Pilatus Flugzeugwerke AG, Stans, Schweiz.

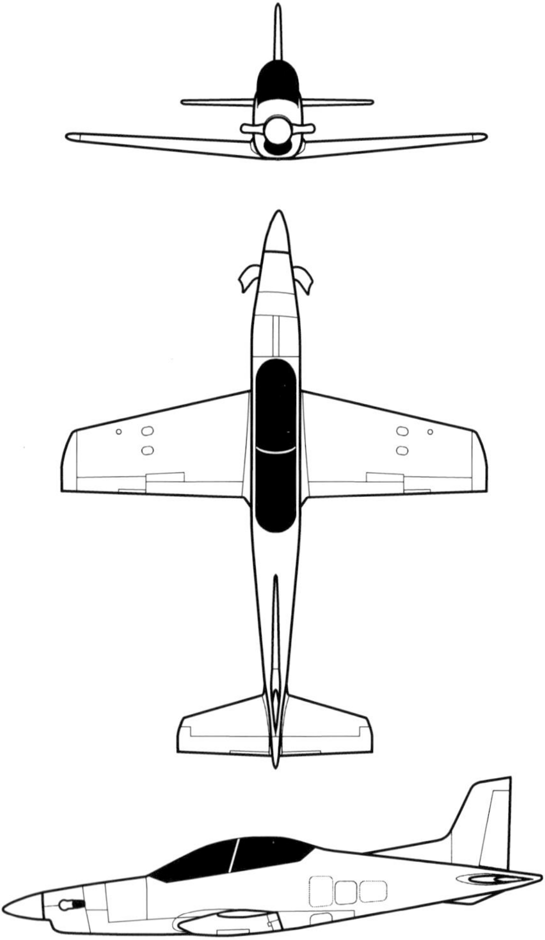

Abmessungen:
Spannweite 9,10 m,
Länge 11,23 m,
Höhe 3,75 m,
Flügelfläche 15,22 m².

PILATUS PC-21

Ursprungsland: Schweiz.
Kategorie: Zweisitziges Trainingsflugzeug für Basic-, Advanced- und Fighter-Lead-In-Training.
Triebwerke: Eine Propellerturbine Pratt & Whitney Canada PT6A-68B mit einer von 1927 WPS (1427 kW) auf 1609 WPS (1200 kW) reduzierten Leistung.
Leistungen: Höchstgeschwindigkeit 625 km/h auf 3050 m, 600 km/h auf Meereshöhe; Anfangssteiggeschwindigkeit 22 m/Sek; Dienstgipfelhöhe 11400 m; Reichweite 1200 km.
Gewichte: Leergewicht 2270 kg; Startgewicht für Akrobatik-Einsätze 3100 kg; max. Startgewicht 4250 kg.
Entwicklungsstand: Ein Erprobungsträger fliegt seit Mai 2001, der eigentliche Prototyp nahm die Flugerprobung am 1. Juli 2002 auf. Ein zweiter folgte am 7. Juni 2004. Das Vorserienflugzeug fliegt seit 29. August 2005. Folgende Luftwaffen haben den PC-21 bisher beschafft: Australien 49, Frankreich 26, Jordanien 8, Kanada 19, Qatar 24, QinetiQ für die britische Empire Test Pilot School 2, Saudi-Arabien 55, Schweiz 8, Singapur 19, Spanien 40, UAE 25.
Bemerkungen: Unter der Bezeichnung PC-21 entwickelte Pilatus ein vollständig neues Flugzeug als Nachfolge des PC-7/9 (siehe Ausgabe 2008). Die Besonderheit des integrierten, flexiblen PC-21-Trainingssystems besteht darin, dass man das ganze Spektrum vom Anfangstraining bis hin zur Fortgeschrittenenschulung mit einem einzigen Muster abdeckt. Die Einsatz-Software wird so programmiert, dass verschiedene Kategorien von Flugzeugtypen realistisch dargestellt und geübt werden können. Jedes Cockpit mit drei EFIS-Hauptbildschirmen ist voll digitalisiert und NVG-kompatibel. Im vorderen Cockpit ist ein HUD installiert. Die Systemeingaben erfolgen u. a. über den HOTAS. Gegenüber dem PC-9 unterscheidet sich der PC-21 nebst neuer Flugzeugstruktur durch ein leistungsstärkeres Triebwerk mit elektronischer Leistungsregelung, Fünfblattpropeller, Hochleistungs-Pfeilflügel mit Spoilern, Druckkabine mit automatischer Klimaanlage und Anti-g-System. Eingebaut ist auch das neueste Modell des Mk.16L-Schleudersitzes von Martin Baker mit Zero-Zero-Ausschussleistung.
Hersteller: Pilatus Flugzeugwerke AG, Stans, Schweiz.

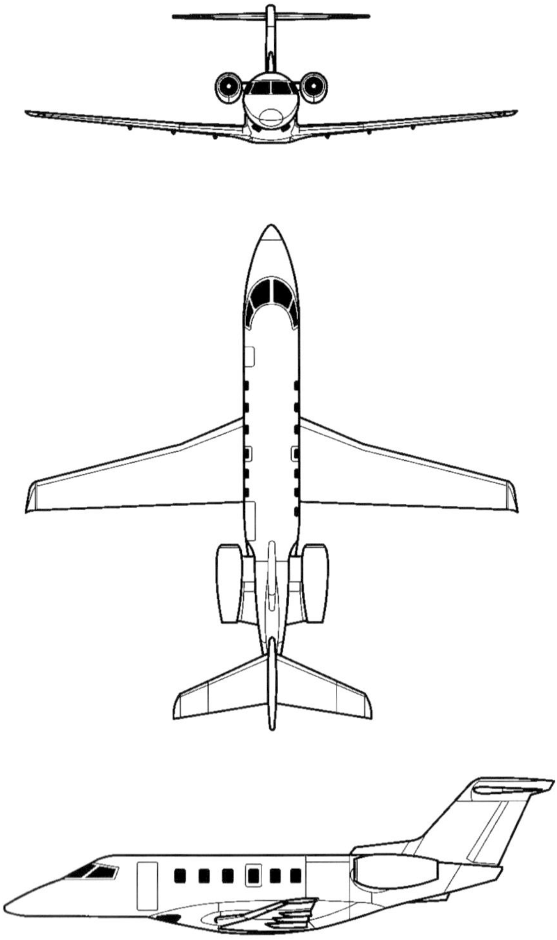

Abmessungen:
Spannweite 17,00 m,
Länge 16,82 m,
Höhe 5,30 m,
Flügelfläche 30,91 m².

PILATUS PC-24

Ursprungsland: Schweiz.
Kategorie: Firmen- und Mehrzweckflugzeug für Mittelstrecken.
Triebwerke: Zwei Mantelstromtriebwerke Williams FJ44-4A von je 1542 kp (15,15 kN) bzw. mit APR 1635 kp (16,04 kN) Leistung.
Leistungen: Max. Reisegeschwindigkeit 815 km/h; Anfangssteiggeschwindigkeit 20,1 m/Sek; Dienstgipfelhöhe 13716 m; Reichweite mit vier Passagieren 3778 km, mit sechs Passagieren 3704 km.
Gewichte: Rüstgewicht 5244 kg; max. Startgewicht 8500 kg.
Zuladung: Ein bis zwei Piloten im Cockpit und je nach Innenausstattung zwischen sechs und zehn Passagiere, eine Kombination Passagiere/Fracht oder ausschließlich Fracht; Nutzlast bei vollen Tanks 596 kg, max. 1406 kg.
Entwicklungsstand: Der erste von drei Prototypen nahm die Flugerprobung am 11. Mai 2015 auf. Die Zulassung wurde am 7. Dezember 2017 erteilt. Ende 2025 waren über 330 PC-24 abgeliefert. Neu beschafft die französische Aéronavale drei Einheiten.
Bemerkungen: Pilatus nennt den PC-24 entsprechend dem vorgesehenen Aufgabenfeld »Super Versatile Jet«. Als konsequente und leistungsfähigere Neuentwicklung des PC-12 (siehe Seiten 250/251) kann nur ein Flugzeug mit Düsenantrieb deutlich bessere Leistungen erzielen. Der PC-24 soll die Vielseitigkeit eines Turboprops mit den Leistungsdaten eines Businessjets verbinden. Dabei behält man die Robustheit und Einsatzvielfalt des PC-12 bei. So ist der PC-24 der bisher einzige Businessjet, welcher für Starts und Landungen auf kurzen und unbefestigten Pisten über eine Zulassung verfügt. Die Kabine (Länge 7,01 m, Breite 1,69 m, Höhe 1,55 m) ist so konzipiert, dass die Sitze verschoben oder innert weniger Minuten ausgebaut werden können. Die Eingangstüre vorne und die große Frachttüre hinten erleichtern dabei den Ein- und Auslad. Im Cockpit wird die digitale Avionik Pilatus ACETM eingebaut. 2021 führte der Hersteller einige Verbesserungen an der Avionik ein, u. a. zusätzliche Funktionen zur Erleichterung der Pilotenarbeit. Gleichzeitig gibt es Anpassungen an der Kabineneinrichtung. Pilatus gibt als Basis-Kaufpreis US$ 13 Mio. an. Dank Produktionsverbesserungen können seit 2024 deutliche Leistungsverbesserungen angeboten werden: Höhere Nutzlast, größere Reichweitenleistungen, leisere Kabine und größeren Gepäckstauraum.
Hersteller: Pilatus Flugzeugwerke AG, Stans, Schweiz.

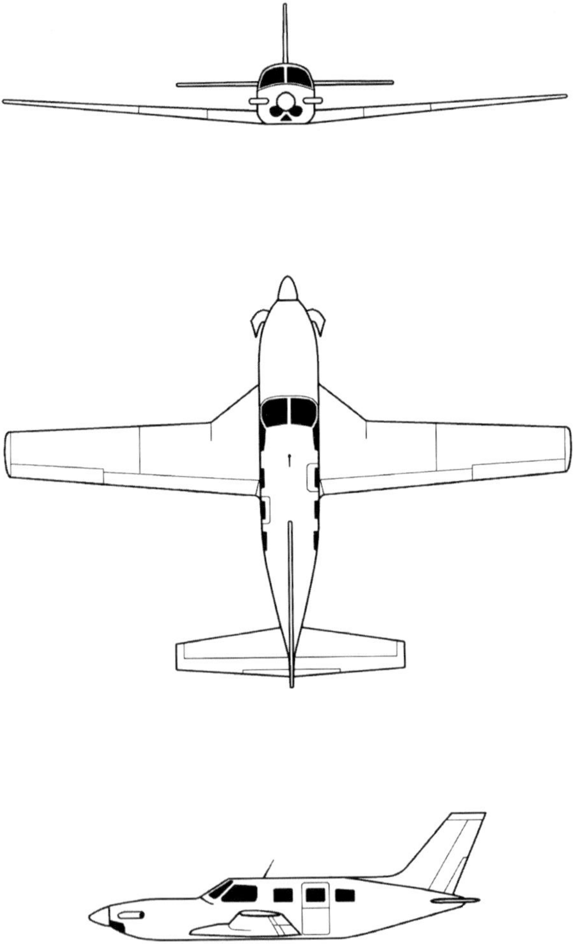

Abmessungen:
Spannweite 13,20 m,
Länge 9,10 m,
Höhe 3,50 m,
Flügelfläche 19,42 m².

PIPER M700 FURY

Ursprungsland: USA
Kategorie: Reiseflugzeug bzw. leichtes Geschäftsreiseflugzeug.
Triebwerke: Eine Propellerturbine Pratt & Whitney PT6A-52 von 700 WPS (522 kW) Leistung.
Leistungen: Maximale Reisegeschwindigkeit 557 km/h; Anfangssteiggeschwindigkeit 10,4 m/Sek; Dienstgipfelhöhe 9144 m; Reichweite mit sechs Passagieren bei normaler Reisegeschwindigkeit 2630 km.
Gewichte: Leergewicht 1692 kg; max. Startgewicht 2722 kg.
Zuladung: Pilot und in Normalausstattung fünf Passagiere; max. Zuladung 1012 kg.
Entwicklungsstand: Das Muster wurde erstmals im Februar 2024 vorgestellt, nachdem der Prototyp seinen Erstflug im Januar 2024 absolviert hatte. Wann der Erstflug stattfand, hat der Hersteller bisher nicht bekannt gegeben. Die Zulassung ist im März 2024 erteilt worden, so dass mit den Auslieferungen an Kunden gleich anschließend begonnen werden konnte. Bis Ende 2025 sind über 50 M700 abgeliefert worden, die Zahl der bestellten Einheiten ist nicht bekannt.
Bemerkungen: Die Familie der Piper M-Reihe wird konsequent weiterentwickelt. Das neueste Flaggschiff M700 Fury verfügt über ein leistungsstärkeres Triebwerk, welches diesem Muster generell zu deutlich besseren Flugleistungen verhilft. Sie verfügt über einen Fünfblatt-Propeller. Die Struktur ist weitgehend gleich wie das Vorgängermuster M600 und aus Aluminium. Die Kabine mit einer Länge von 3,76 m, einer Breite von 1,25 m und einer Höhe 1,18 m ist gleich wie bei der Vorgängerin M600 und ebenfalls druckbelüftet. Sechs verschiedene Interieurlinien sind erhältlich. Eingebaut ist die neueste Avionik Garmin G300. Dieses System erlaubt in Notfällen eine automatische Landung ohne Zutun des Piloten. Als Kaufpreis für die Basisversion gibt der Hersteller die Summe von US$ 1 Mio. an.
Hersteller: Piper Aircraft Inc., Vero Beach, Florida, USA.

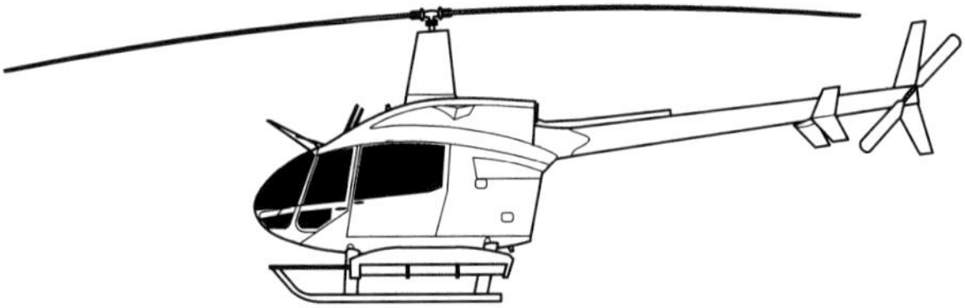

Abmessungen:
Noch keine Angaben bekannt.

ROBINSON R88

Ursprungsland: USA.
Kategorie: Leichter Hubschrauber mit Turbinenantrieb.
Triebwerke: Eine Gasturbine Safran Arriel 2W mit 950 WPS (710 kW) Leistung.
Leistungen: Noch wurden durch den Hersteller keinerlei Angaben über das Leistungsspektrum bekanntgegeben. Einzig die maximale Reichweite soll 650 km betragen.
Gewichte (nach Angaben des Herstellers): Max. Startgewicht 2720 kg.
Zuladung: Ein bis zwei Piloten und bis zu acht Passagiere; Nutzlast intern 816 kg, extern 1361 kg.
Entwicklungsstand: Ein Prototyp soll Ende 2026 die Flugerprobung aufnehmen. Die Musterzulassung ist für 2029 geplant. Gemäß dem Hersteller sollen schon rund 150 Einheiten bestellt worden sein.
Bemerkungen: Mit der R88 lanciert der Hersteller das bislang größte Muster in seiner Hubschrauber-Palette. In vielen Belangen übernimmt sie Konstruktionsmerkmale früherer Modelle von Robinson. So ist die R88 mit einem Zweiblattrotor ausgerüstet, aber mit einem größeren Durchmesser. Noch sind viele Details nicht bekannt, u.a. aus welchen Werkstoffen die Struktur besteht. Die Kabine kann je nach Verwendungszweck in kurzer Zeit angepasst werden. Dank einer großen Schiebetüre werden Ein- und Ausland erleichtert. Erstmals kommt eine Steuerung mit eigenständigen Steuerknüppeln auf Piloten- und Copilotenseite zum Einsatz. Die Avionic Suite G500H TXi / GTN wird von Garmin geliefert. Der Basispreis soll bei US$ 3,3 Mio. liegen.
Hersteller: Robinson Helicopter Company, Torrance, Kalifornien, USA.

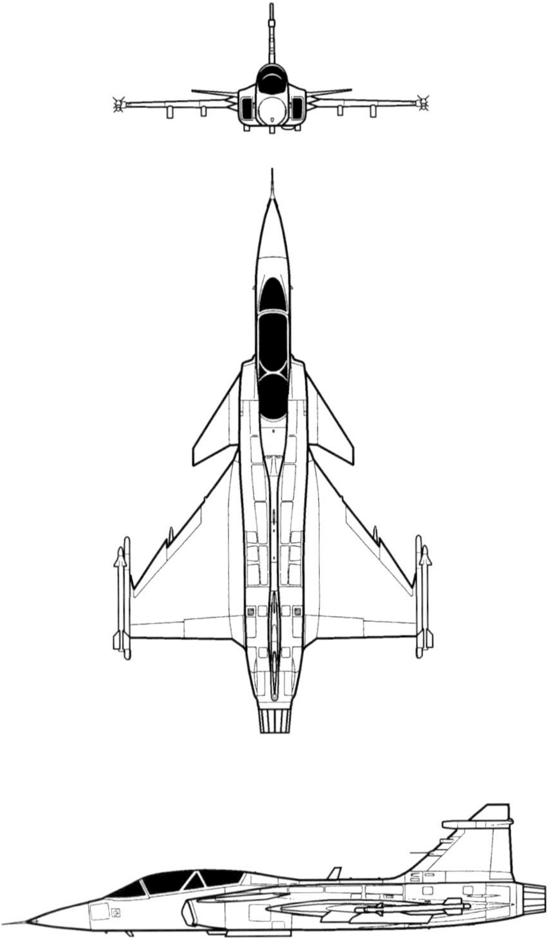

Abmessungen:
Spannweite 8,60 m,
Länge (Einsitzer) 15,20 m, (Doppelsitzer) 15,90 m,
Höhe 4,50 m,
Flügelfläche 31,10 m².

SAAB GRIPEN E/F

Ursprungsland: Schweden.
Kategorie: Ein- (Gripen E) oder zweisitziger (Gripen F) Mehrzweckjäger.
Triebwerke: Ein Mantelstromtriebwerk General Electric F414G von 6470 kp (63,40 kN) ohne und 9978 kp (98,00 kN) mit Nachbrenner.
Leistungen: Höchstgeschwindigkeit auf Meereshöhe 1400 km/h (Mach 1,2) bzw. 2100 km/h Mach 2,0 auf 11000 m; Anfangssteiggeschwindigkeit >200 m/Sek; Dienstgipfelhöhe 16000 m; Aktionsradius 1300 km; Überführungsreichweite 4070 km.
Gewichte: Leergewicht 8000 kg; max. Startgewicht 16500 kg.
Bewaffnung: Eine 27-mm-Kanone Mauser BK27. An acht Flügelstationen (inkl. zwei an den Flügelspitzen) sowie zwei weiteren Stationen unter dem Rumpf kann eine Vielzahl von Waffen mitgeführt werden; für Abfangeinsätze bis zu 7 Meteor Mittelstrecken- und 2 IRIS-T Kurzstreckenlenkwaffen, max. Waffenlast 7200 kg
Entwicklungsstand: Ein Erprobungsmuster der neuesten Ausführung Gripen E fliegt seit 27. Mai 2008. Der eigentliche Prototyp flog erstmals am 15. Juni 2017. Schweden beschafft 60, ev. 70 Maschinen (voraussichtlich alles Umbauten aus C/D-Versionen). Brasilien bestellte bisher 40 Einheiten (32 Gripen E und 8 Gripen F, Lizenzbau), 2024 folgte eine Anschlussbestellung über 9. Mit den Auslieferungen wurde Mitte 2020 begonnen. Saab prüft die Entwicklung einer maritimen Version unter der Bezeichnung F-39. Die Ursprungsausführung JAS 39 flog erstmals am 9. Dezember 1988. Von den Varianten A, B, C und D wurden bisher gebaut: Schwedische Luftwaffe 146 (alle Versionen), Südafrika 17/9 JAS 39C/D, Ungarn 12/2 JAS 39C/D, Tschechien 12/2 JAS 39C/D und Thailand 12 JAS 39C/D. Thailand beschafft bei einem Gesamtbedarf von 12 vorläufig 4 New Gripen E/F und neu Kolumbien 15/2 Gripen E/F. Die Ukraine prüft aktuell die Beschaffung von 100 bis 150 Gripen E/F.
Bemerkungen: Mit der Gripen E/F lancierte Saab eine deutlich verbesserte Variante. Das stärkere Triebwerk ermöglicht die Verbesserung der meisten Leistungsparameter. So besitzt diese Version Supercruise-Fähigkeiten, d. h. Überschallgeschwindigkeit ohne Nachbrenner. Die erhöhte Nutzlast erlaubt das Mitführen von 1000 kg mehr Waffen. Zwei zusätzliche Aufhängepunkte unter dem Rumpf sind vorhanden. Erhöht wurde auch die Tankkapazität um 1400 l. Das verstärkte Hauptfahrwerk wurde neu unter den Flügeln positioniert und weist eine breitere Spur auf. Schließlich besitzt die New Gripen eine AESA-Radarantenne von Thales und die ganze Avionik ist nun modular aufgebaut.
Hersteller: Saab-Scania Aktiebolag, Linköping, Schweden.

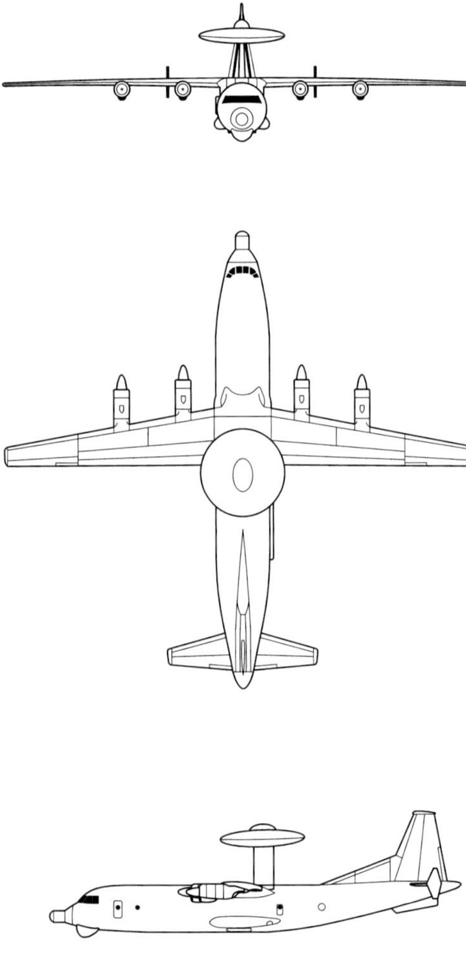

Abmessungen (Y9):
Spannweite 38,00 m,
Länge 36,00 m,
Höhe 11,30 m,
Flügelfläche 121,86 m².

SHAANXI AIRCRAFT Y9/Y-9Q/KJ-700

Ursprungsland: Volksrepublik China.
Kategorie: (Y9) Mittelschwerer militärischer Transporter, (Y-9Q) Langstrecken-Seeaufklärer, (KJ-700) Radarfrühwarn- und Kommandoflugzeug.
Triebwerke (Y9): Vier Propellerturbinen WoJiang WJ-6C von je 5100 WPS (3805 kW) Leistung.
Leistungen (Y9): Höchstgeschwindigkeit 660 km/h, Reisegeschwindigkeit 560 km/h; Dienstgipfelhöhe 10400 m; Reichweite mit 15000 kg Nutzlast 2200 km, mit max. Treibstoffzuladung 5700 km.
Gewichte (Y9): Leergewicht 39000 kg; max. Abfluggewicht 65000 kg.
Zuladung (Y9): Drei oder vier Mann Besatzung und bis zu 132 Soldaten bzw. 72 liegende und 20 sitzende Verletzte plus drei Pfleger; max. Nutzlast 25000 kg.
Bewaffnung (Y-9Q): Wasserbomben, Torpedos und Seezielkörper in einem internen Waffenschacht.
Entwicklungsstand: Die Ursprungsausführung Y-8 fliegt seit 25. Dezember 1974, die Weiterentwicklung Y-9 seit 5. November 2010. Letztere befindet sich seit 2016 bei Luftwaffe und Marine Chinas im Einsatz. Seit 2011 fliegt auch eine Seeüberwachungs- und U-Bootbekämpfungsausführung Y-9Q. Von allen Y8/9-Versionen sollen nach verschiedenen Quellen bisher zwischen 100 und 120 Einheiten gebaut worden sein. Kürzlich sind Bilder einer neuen Version KJ-700 aufgetaucht. Diese Ausführung befindet sich offenbar noch in der Prototypphase.
Bemerkungen: Von der Y8/Y9 gibt es mittlerweile eine Vielzahl von Ausführungen. Nebst der Transportversion sind mehrere AEW&C/ELINT/SIGINT-Varianten gebaut worden; siehe dazu frühere Ausgaben von »Flugzeuge der Welt«. Die Seeüberwachungs- und U-Bootbekämpfungsversion besitzt vorne am Rumpf ein Suchradar und in der Rumpfmitte einen Waffenschacht. Im Heck wurde eine MAD-Sonde (**M**agnetic **A**nomaly **D**etector; Metallanzeigedetektor) angebracht. Zudem ist diese Ausführung mit verschiedenen elektronischen Sensoren ausgerüstet. 2024 sind erstmals Bilder der Version KJ-700 gesichtet worden. Experten vermuten, dass es sich um eine integrierte Multisensor-Frühwarnplattform handelt, ausgerüstet mit einem konformen Dual-Band-Phased-Array-Radar und neuem Infrarot-Frühwarnsystem. Dies würde einen revolutionären Fortschritt in der luftgestützten Tarnkappen-Erkennungstechnologie darstellen.
Hersteller: Shaanxi Aircraft Company, Shaanxi, Volksrepublik China.

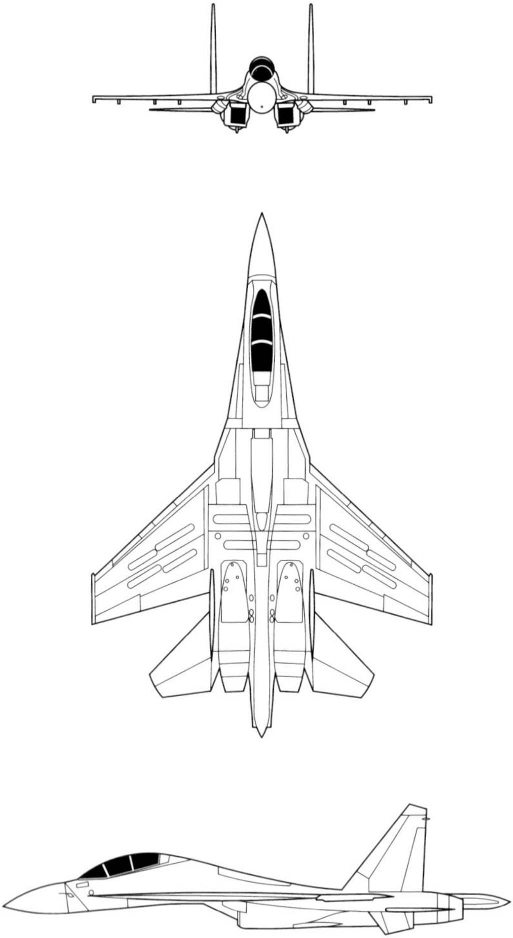

Abmessungen:
Spannweite 14,70 m,
Länge 21,94 m,
Höhe 6,35 m,
Flügelfläche 62,04 m².

SHENYANG J-15/J-15D/J-16/J-16D

Ursprungsland: Volksrepublik China.
Kategorie: (J-15/J-15T): Einsitziges bordgestütztes Mehrzweckkampfflugzeug, (J-16) zweisitziges Mehrzweckkampfflugzeug, (J-15D/16D) zweisitziges Elektronikkampfflugzeug.
Triebwerke (J-16): Zwei Mantelstromtriebwerke WS-10 bzw. WS-10A Taihang von je 9090 kp (89,17 KN) Standschub und 14960 kp (135,00 kN) mit Nachbrenner.
Leistungen (J-16, geschätzt): Höchstgeschwindigkeit 2500 km/h (Mach 2,35) auf 11000 m Höhe; 1350 km/h auf Meereshöhe (Mach 1,1); Anfangssteiggeschwindigkeit 305 m/Sek; Dienstgipfelhöhe 17300 m; Einsatzradius im Tiefflug 1500 km, Reichweite mit max. Treibstoffzuladung 3900 km.
Gewichte (J-16): Leergewicht 17700 kg; normal beladen 26000 kg, max. 35000 kg.
Bewaffnung: Eine 30-mm-Kanone und Waffen aller Art bis zu 8000 kg an zwölf Aufhängepunkten, u. a. halbaktive Luft-Luft-Lenkwaffen PL-8, PL-12 und Luft-Boden-Lenkwaffen.
Entwicklungsstand: Ein erster Prototyp der J-15 fliegt seit 31. August 2009. Der Serienbau begann 2013. Erste Bilder der J-16-Version sind im Juni 2012 aufgetaucht. Ein erstes Serienexemplar fliegt seit Anfang 2014. 2021 wurde die Elektronikkampfversion J-16D vorgestellt, Erstflug vermutlich 2015. Die erste J-15T fliegt seit 2016. Zu den Produktionszahlen der jeweiligen Versionen gibt es sehr unterschiedliche Schätzungen: J-16 zwischen 350 und 450, J-15 rund 70. Alle vorgestellten Varianten sollen sich aber weiter in Produktion befinden.
Bemerkungen: Die J-16 basiert auf der Shenyang J-11 (siehe Ausgabe 2012), welche wiederum eine chinesische Weiterentwicklung der russischen Suchoj Su-27SK (siehe Ausgabe 2006) ist. So erhielt sie Triebwerke, Radar und Avionik chinesischer Provenienz. Auch die Bewaffnung wurde vollständig auf einheimische Produkte umgestellt. Die J-16 ist mit einer EFIS-Avionik, dem verbesserten AESA-N001VE-Radar und leistungsfähigerem Prozessor ausgerüstet. Die Piloten können Helmvisir-gesteuerte Funktionen auslösen. Weite Teile der Struktur bestehen aus Verbundwerkstoffen. Die bordgestützte Variante J-15 weist vermutlich für den harten Betrieb auf Flugzeugträgern eine punktuell verstärkte Struktur auf. Die Hauptflügel sind aufklappbar. J-15D und J-16D sind jeweils für die Bekämpfung von Radar- und Flabanlagen optimiert und können eine entsprechende Bewaffnung mitführen. Neu ist die Ausführung J-15T (Prototyp) bzw. J-15B (Serienausführung), welche für Katapultstarts ausgelegt sind. Es gibt auch noch den Doppelsitzer J-15S.
Hersteller: Shenyang Aircraft Corporation, Shenyang, Volksrepublik China.

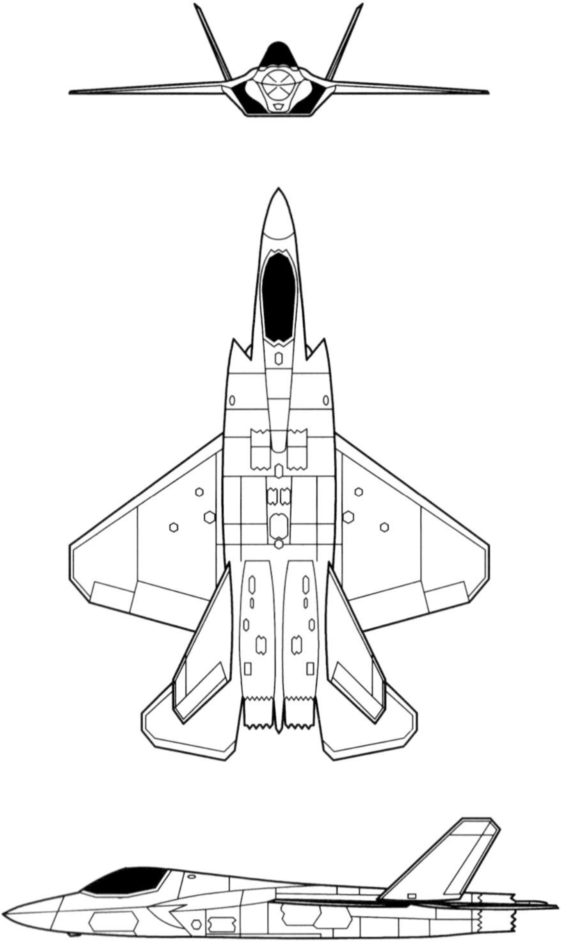

Abmessungen (Schätzungen):
Spannweite 11,50 m,
Länge 17,30 m,
Höhe 4,80 m,
Flügelfläche ca. 46 m².

SHENYANG J-35/J-35A

Ursprungsland: Volksrepublik China.
Kategorie (J-35): Bordgestütztes einsitzigen Mehrzweckkampfflugzeug der sog. 5. Generation; (J-35A) landgestützte Version.
Triebwerke (Prototypen): Zwei Mantelstromtriebwerke Guizhou WS-21/WS-13E von je 9525 kp (93,2 kN) Standschub mit Nachbrenner; (Serienflugzeuge: Das leistungsstärkere Triebwerk WS-19).
Leistungen: Höchstgeschwindigkeit je nach Quelle zwischen Mach 1,8 und 2,2; Dienstgipfelhöhe 16000 m; Aktionsradius 1250 km ohne bzw. 2000 km mit Zusatztanks; Überführungsreichweite 4000 km.
Gewichte (J-35, sehr provisorische Angaben): Leergewicht 17500 kg; norm. Startgewicht 22500 kg; max. 28000 kg.
Bewaffnung: Lenkwaffen und Bomben können sowohl im internen Waffenschacht sowie unter sechs Waffenstationen unter den Flügeln bis zu einem Gewicht von 8000 kg mitgeführt werden.
Entwicklungsstand: Eine erste noch als J-31 bezeichnete Ausführung (siehe frühere Ausgaben) nahm die Flugerprobung am 31. Oktober 2012 auf, gefolgt vom zweiten FC-31 am 23. Dezember 2016. Der daraus abgeleitete weiterentwickelte Prototyp J-35 flog erstmals am 26. September 2023. Die Einsatzbereitschaft der J-35 bei der Chinesischen Marine soll Ende 2025 erreicht worden sein. Mehrere Bilder zeigten die Einsatzerprobung auf einem Flugzeugträger. Offenbar ist die Luftwaffe Pakistans an der Beschaffung der Landversion J-35A interessiert.
Bemerkungen: Von der Auslegung her weisen die J-35 bzw. J-35A eine gewisse Ähnlichkeit zur Lockheed Martin F-22 Raptor (siehe Ausgabe 2011) auf, sind in den Abmessungen jedoch kleiner. Die Flügelanordnung kommt jener der F-35 nahe. Die ganze Formgebung deutet auf Stealth-Eigenschaften hin. Beim Fahrwerk fällt das Bugfahrwerk mit Doppelbereifung auf, geeignet, um auf Flugzeugträgern und auf unbetonierten Pisten starten und landen zu können. Eingebaut ist ein auf Gallium Nitride basierendes AESA-Radar sowie unten am Vorderrumpf ein Electro-Optical Targeting System (EOTS), ähnlich jenem der F-35. Über die vorgesehene landgestützte Ausführung J-35A ist bisher kaum etwas bekannt. Alle gemachten Angaben sind noch mit großer Vorsicht zu betrachten.
Hersteller: Shenyang Aircraft Corporation, Shenyang, Volksrepublik China.

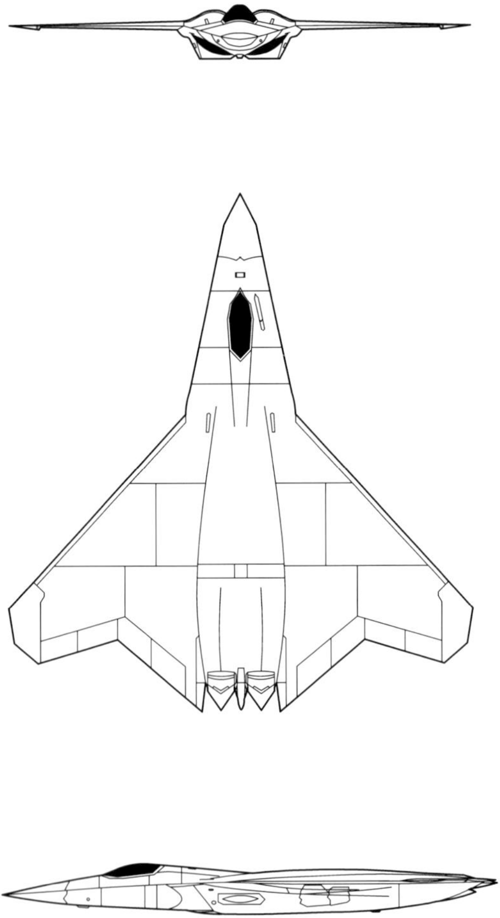

Abmessungen:
Noch keine Angaben verfügbar.

SHENYANG J-50

Ursprungsland: Volksrepublik China.
Kategorie: Mehrzweckkampfflugzeug der sog. 6. Generation.
Triebwerke: Zwei Mantelstromtriebwerke vermutlich WS-10 von unbekannter Leistung.
Leistungen (geschätzt): Höchstgeschwindigkeit Mach 2,0.
Gewichte: Noch keine Angaben verfügbar.
Bewaffnung: In einem oder zwei internen Waffenschächten soll eine Vielzahl von konventionellen und thermonuklearen Waffen mitgeführt werden können. Details sind noch nicht bekannt.
Entwicklungsstand: Erste unscharfe Bilder der J-50 wurden im Laufe des Jahres 2025 gesichtet. Man geht davon aus, dass es sich um einen Prototypen handelt. Ein zweiter hat offenbar im September 2025 die Flugerprobung aufgenommen. Ob dieses Muster für die Luftwaffe oder auch für die Marine der Volksrepublik China vorgesehen ist, kann noch nicht gesagt werden. Gewisse Quellen schätzen die Einsatzbereitschaft nicht vor 2035.
Bemerkungen: Die Shenyang J-50 wird voraussichtlich zusammen mit der J-36 (siehe Seiten 122/123) in der Volksrepublik China in Dienst gestellt, anstatt miteinander zu konkurrieren. Das Flugzeug könnte als schweres Stealth-Mehrzweckkampfflugzeug auf Flugzeugträgern zum Einsatz kommen. Die J-50 ist hinsichtlich ihrer Größe und ihrer Konfiguration mit zwei Triebwerken und gepfeilten Tragflächen eher konventionell. Was auffällt ist die sehr flache und gedrungene Silhouette mit einem Cockpit, welches kaum über den Rumpf herausragt. Die Flügel sind stark gepfeilt. Gesteuert wird die J-50 primär über bewegliche Klappen an den Flügelenden. Vermutlich verfügen die Triebwerke über eine Schubvektorsteuerung. Aufgrund der Lufteinläufe wird von einer Überschallfähigkeit ausgegangen. Alle hier gemachten Angaben sind weitgehend reine Spekulation und somit mit Vorsicht zu genießen. Es ist nicht einmal sicher, ob die Bezeichnung J-50 sowie der Hersteller korrekt sind. Trotz der vielen fehlenden Angaben soll diese interessante Konstruktion vorgestellt werden.
Hersteller: Shenyang Aircraft Corporation, Shenyang, Volksrepublik China.

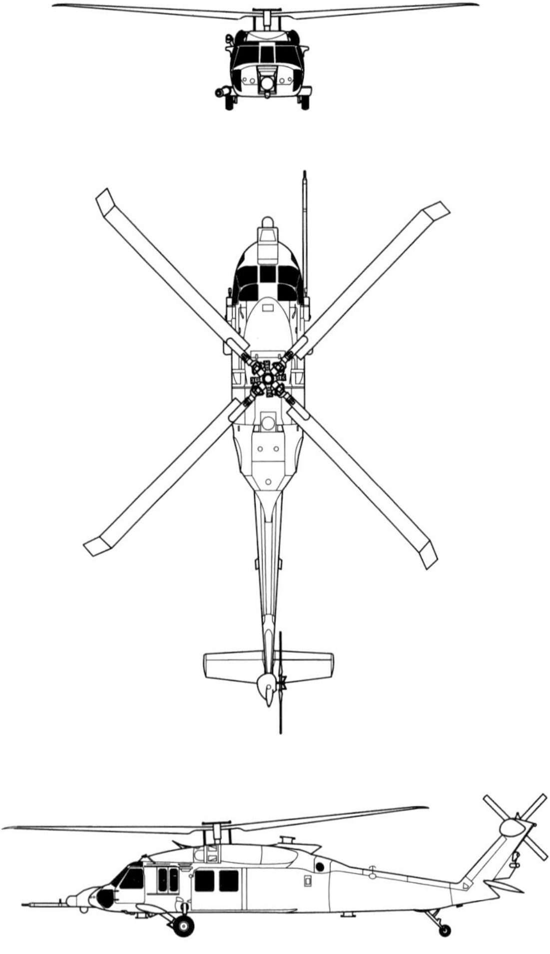

Abmessungen:
Rotordurchmesser 16,36 m,
Rumpflänge 15,26 m,
Höhe inkl. Rotormast 3,76 m, über alles 5,13 m.

SIKORSKY UH-60M BLACKHAWK/HH-60W JOLLY GREEN II

Ursprungsland: USA.
Kategorie: (UH-60M) Taktischer Transporthubschrauber und (HH-60W) Such- und Rettungshubschrauber.
Triebwerke: Zwei Gasturbinen General Electric T700-GE-701D von je 2215 WPS (1651 kW) Leistung.
Leistungen (UH-60M): Höchstgeschwindigkeit 357 km/h; max. Reisegeschwindigkeit 280 km/h; vertikale Steiggeschwindigkeit 5,04 m/Sek; Dienstgipfelhöhe 5837 m; Schwebehöhe mit Bodeneffekt 3206 m, ohne 1831 m; Aktionsradius 360 km; Reichweite mit zwei 870-l-Zusatztanks 1667 km.
Gewichte (UH-60M): Leer 5670 kg; max. Startgewicht mit Außenlasten 10433 kg.
Zuladung (HH-60W): Zwei Piloten, zwei Waffenoperateure, zwei Sanitäter und zwei Verletzte auf Tragen; (UH-60M) bis zu elf vollausgerüstete Soldaten. Für Transportaufträge können auch Außenlasten von 4080 kg am Frachthaken mitgeführt werden.
Bewaffnung (HH-60W): Zwei 7,62-mm-Maschinengewehre an den Seitentüren.
Entwicklungsstand: Die Weiterentwicklung UH-60M flog erstmals am 17. September 2003, die Such- und Rettungsversion HH-60W startete am 17. Mai 2019 zum Erstflug und wird seit 2020 an die USAF abgeliefert. Diese beschafft 85 Jolly Green II. Weitere Versionen der S-70 siehe Ausgabe 2025. Die 5000. Einheit von allen Ausführungen wurde im Herbst 2022 hergestellt. Die UH-70M wurde an über 22 Luftwaffen, Marinen, Armeen, Behörden oder Private geliefert, rund 2200 der Version UH-60M alleine an die US Army. Neuester Besteller der Version UH-60M: Tschechien 3.
Bemerkungen: Die HH-60W basiert auf der UH-60M (siehe Ausgabe 2018) und soll die frühere Variante HH-60G Pave Hawk als Such- und Rettungshubschrauber in Kampfzonen (sog. Combat Rescue) ersetzen. Nebst der Kernaufgabe ist sie auch für Evakuierungs- u. zivile Katastropheneinsätze vorgesehen. Dafür wurden folgende Anpassungen zur UH-60M vorgenommen: Größerer Treibstofftank von 2500 Litern, crash-resistenter Rumpf, neues Mission-Planning System, Bewaffnung und andere Abwehrsysteme. Im Cockpit ist eine neue Avionik von Rockwell Collins eingebaut, ausgerüstet mit einem fortschrittlichen »Tactical Mission Kit«. Das abhörsichere Kommunikationssystem ARCR-210 weist Schnittstellen zu militärischen wie auch zivilen Behörden auf und kann via SATCOM arbeiten. Die HH-60W lässt sich in der Luft betanken. Derzeit plant der Hersteller eine autonom fliegende Version mit Landerampe vorne.
Hersteller: Sikorsky Aircraft Corp., Tochtergesellschaft von Lockheed Martin, Stratford, Connecticut, USA.

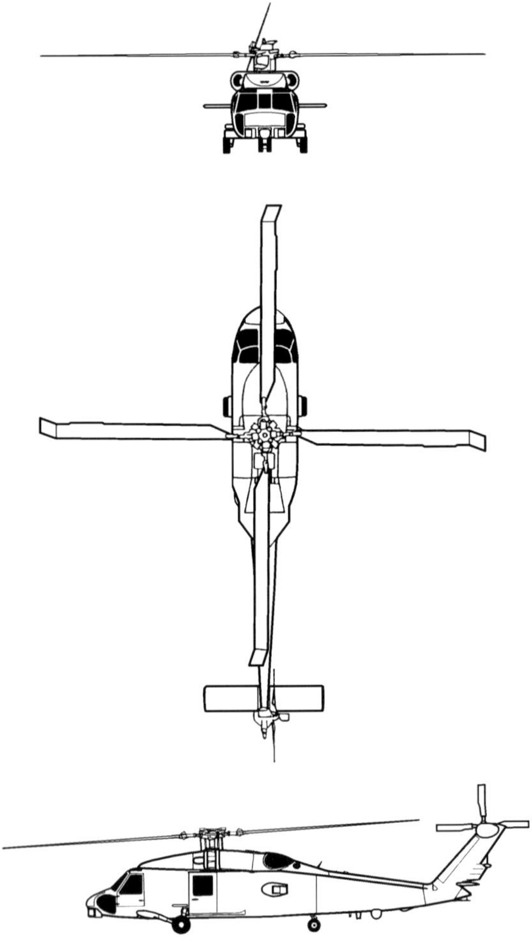

Abmessungen:
Rotordurchmesser 16,36 m,
Rumpflänge 15,26 m,
Höhe inkl. Rotormast 3,79 m.

SIKORSKY MH-60R SEAHAWK

Ursprungsland: USA.
Kategorie: Bordgestützter U-Bootjäger- und Mehrzweckhubschrauber.
Triebwerke: Zwei Gasturbinen General Electric T700-GE-401C von je 1900 WPS (1417 kW) Leistung.
Leistungen: Höchstgeschwindigkeit 272 km/h auf Meereshöhe; max. Reisegeschwindigkeit 249 km/h auf 1525 m; Aufenthaltsdauer 3 Std. 50 Min. in 92 km bzw. 45 Min. in 483 km Entfernung vom Stützpunkt.
Gewichte: Leergewicht 6191 kg; max. Startgewicht 10700 kg.
Bewaffnung: Zwei Torpedos Mk.46 oder zwei Antischiffslenkwaffen Penguin sowie AGM-114 Hellfire-Panzerabwehrlenkwaffen und ein 7,62-mm-Maschinengewehr.
Entwicklungsstand: Eine aus einer SH-60B umgebaute MH-60R flog erstmals am 19. Juli 2001, die erste voll ausgerüstete Ausführung am 4. April 2002. Die US Navy erhielt bis 2018 280 Seahawks. Eine erste Staffel hat im Oktober 2007 die Einsatzfähigkeit erlangt. Folgende Marinen beschafften diese Version: Australien 36, Dänemark 9, Griechenland 4, Indien 24, Norwegen 6, Saudi-Arabien 10, Spanien 8, Süd-Korea 12. Neuester Besteller: Neuseeland 5. Die Japanische Marine beschafft unter der Bezeichnung SH-60L (Erstflug der ersten am 12. Mai 2021) eine erheblich verbesserte Ausführung der SH-60J. Bis zu 75 Einheiten sollen gebaut werden, mindestens 14 davon bisher bestellt. Von der zur MH-60R ähnlichen Ausführung HH-60T Jayhawk plant die USCG durch Neu- und Umbauten insgesamt 127 Einheiten zu beschaffen.
Bemerkungen: Während die Grundstruktur der MH-60R gegenüber dem Ausgangsmuster in etwa gleichbleibt, stellt sie in vielen Bereichen eine Neukonstruktion dar. So verfügt sie u. a. über ein EFIS-Glascockpit, APS-147-Mehrzweckradar, AQS-22-Sonar, Akustik-Prozessor. FLIR-Sensor und ECM-Ausrüstung sind ebenfalls völlig neu. Später sollen neue Triebwerke der 3000 WPS-Klasse (2240 kW) eingebaut werden, welche sowohl die Flugleistungen als auch die Wirtschaftlichkeit verbessern. Die Ausrüstung der MH-60R ermöglicht es, mehrere Aufgaben der früheren SH-60B/SH-60F/HH-60H-Versionen in einem Muster zu vereinen. 275 Einheiten einer Transport- und Mehrzweckversion MH-60S (siehe Ausgabe 2008) wurden für die USN gebaut, die letzte 2015 abgeliefert.
Hersteller: Sikorsky Aircraft Corp., Tochtergesellschaft von Lockheed Martin, Stratford, Connecticut, USA; (XSH-60L) Mitsubishi Heavy Industries, Nagoja, Japan.

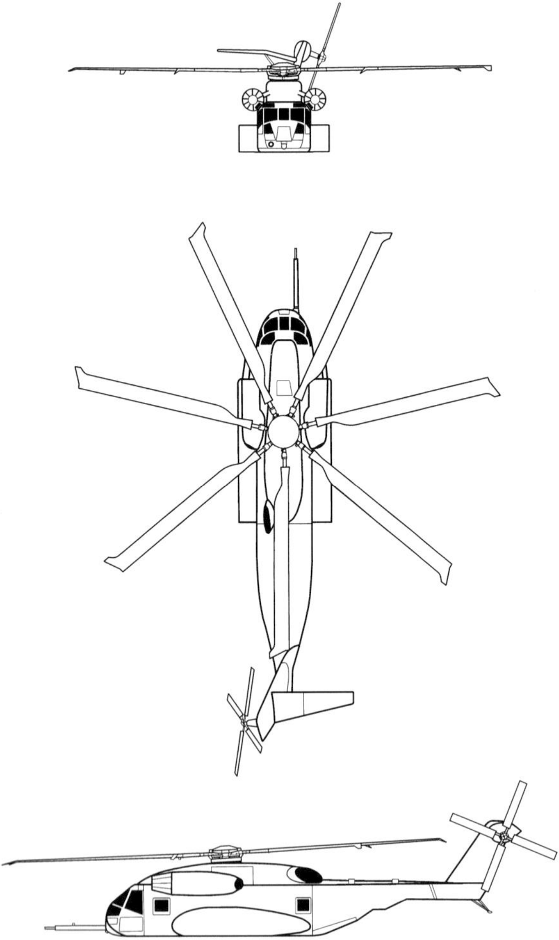

Abmessungen:
Rotordurchmesser 24,07 m,
Rumpflänge inkl. Rotor 30,20 m,
Höhe 8,66 m.

SIKORSKY CH-53K KING STALLION

Ursprungsland: USA.
Kategorie: Schwerer Transporthubschrauber.
Triebwerke: Drei Gasturbinen General Electric T408-GE-400 von je 7500 WPS (5600 kW) Leistung.
Leistungen: Reisegeschwindigkeit 315 km/h; Marschgeschwindigkeit 293 km/h; max. Schrägsteiggeschwindigkeit 13,00 m/Sek; Dienstgipfelhöhe 4880 m; Aktionsradius mit einer Nutzlast von 12200 kg 200 km; Reichweite mit max. interner Treibstoffzuladung rund 750 km.
Gewichte: Leergewicht 19900 kg; max. Startgewicht 39915 kg.
Zuladung: Zwei Piloten und zwischen 37 und 55 voll ausgerüstete Soldaten. Je nach Einsatz zusätzlich drei Mitrailleure; max. Nutzlast 15900 kg, als Außenlast 16300 kg.
Bewaffnung: Möglichkeit an den beiden Seitentüren und auf der Heckladerampe Maschinengewehre fest einzubauen.
Entwicklungsstand: Ein erster Prototyp YCH-53K nahm am 27. Oktober 2015 die Flugerprobung auf. Das USMC will rund 200 Einheiten beschaffen. Mittlerweile sind 182 Exemplare bestellt, rund 25 davon hergestellt. Im Januar 2022 stellte als erste Einheit das HMH-461 des USMC die CH-53K in Dienst. Israel beschafft 12 CH-53K. Ab 2023 werden jährlich 20 King Stallions gebaut.
Bemerkungen: Die neu als King Stallion bezeichnete CH-53K sieht äußerlich fast gleich wie das Vorgängermuster CH-53E aus. Dabei handelt es sich bei ähnlichen Außenabmessungen weitgehend um eine Neukonstruktion und sie ist wesentlich leistungsfähiger. Im Vergleich zum Ausgangsmuster weist die CH-53K u. a. folgende Veränderungen bzw. Verbesserungen auf: Neuer siebenflügliger Hauptrotor aus Verbundwerkstoffen, neue und um 57% leistungsstärkere Triebwerke, die generell bessere Flugleistungen, besonders in hoch gelegenen heißen Gebieten ermöglichen. So kann sie im Vergleich zur CH-53E eine Nutzlast von 12200 kg etwa doppelt so weit transportieren. Die CH-53K ist zudem rund 37 km/h schneller. Wie heute üblich, gelangt ein Multifunktionscockpit zum Einbau. Das Steuerungssystem beruht auf Fly-By-Wire-Basis. Die Kabine misst in der Länge 9,10 m, in der Höhe 2,00 m und in der Breite 2,70 m und ist damit rund 0,25 m breiter als jene der CH-53E. Das Innenvolumen nimmt um rund 15% zu. Der Rumpf besteht weitgehend aus Verbundwerkstoffen.
Hersteller: Sikorsky Aircraft Corp., Tochtergesellschaft von Lockheed Martin, Werk Stratford, Connecticut, USA.

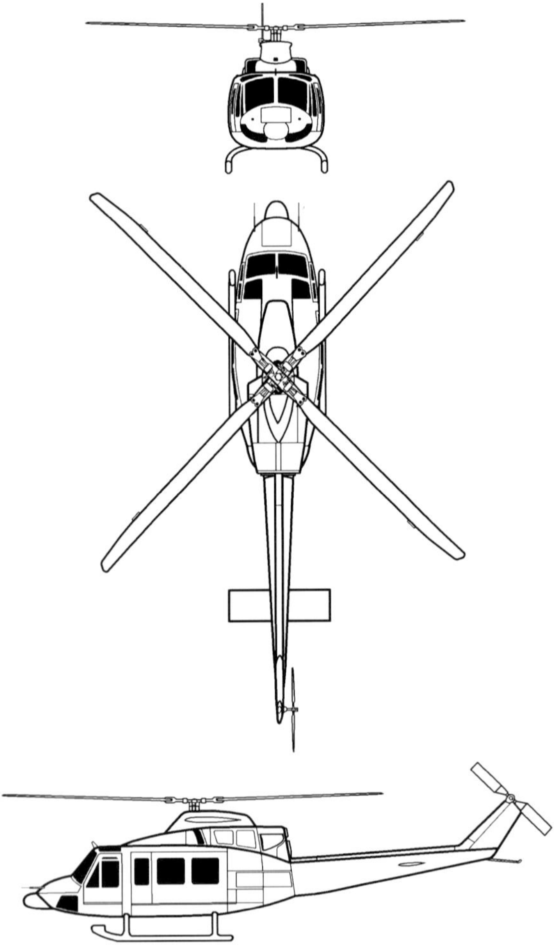

Abmessungen:
Rotordurchmesser 14,02 m,
Rumpflänge 12,91 m, inkl. drehendem Haupt- und Heckrotor 17,13 m,
Höhe inkl. drehendem Heckrotor 4,54 m.

SUBARU/BELL 412EPX/UH-2

Ursprungsland: Japan/USA.
Kategorie: Militärischer und ziviler Mehrzweck- und Transporthubschrauber.
Triebwerke: Zwei Gasturbinen Pratt & Whitney Canada PT6T-9 Turbo Twin Pac von je 1120 WPS (837 kW) Leistung.
Leistungen (412EPI): Höchstgeschwindigkeit 259 km/h; max. Reisegeschwindigkeit 230 km/h; max. Schrägsteiggeschwindigkeit 12,8 m/Sek; Dienstgipfelhöhe 6096 m; Schwebehöhe mit Bodeneffekt bei 4300 kg ISA-Norm 5516 m, ohne Bodeneffekt 4724 m; max. Reichweite ohne Zusatztanks 672 km; max. Flugzeit 3,8 Std.
Gewichte: (412EPI): Leergewicht 3090 kg; max. Startgewicht (EPX) 5398 kg, (UH-2) 5900 kg.
Zuladung (412EPI): Ein bis zwei Piloten und 13 bis 14 Passagiere bzw. zehn voll ausgerüstete Soldaten; max. Nutzlast intern 2442 kg, am Lasthaken 2800 kg.
Entwicklungsstand: Ein erster Prototyp flog erstmals am 28. Dezember 2018. 150 UH-2 wollen die Bodenstreitkräfte Japans ab 2022 erwerben. Die ersten 55 Exemplare sind bereits bestellt. Auch die japanische Polizei beschafft diesen Typ. Eine erste Ablieferung ist bereits erfolgt. Weitere sind von zivilen bzw. paramilitärischen Kunden bestellt worden, u. a. vom San Diego Fire Department, Küstenwache Japan, Regierungen von Bosnien und Herzegovina und Kroatien. Neuester Besteller: Tunesien 12.
Bemerkungen: Bei der Subaru/Bell UH-2 handelt es sich um eine für den Besteller angepasste Ausführung der Bell 412EPI (siehe Ausgabe 2014). Gegenüber dieser Version unterscheidet sich die 412EPX/UH-2 hauptsächlich durch ein verstärktes Getriebe, welches insbesondere bei tiefen Geschwindigkeiten bessere Flugleistungen verspricht. Der Rumpf weist Verstärkungen auf. Zudem sind einige für militärische Zwecke benötigte Ausrüstungen vorgesehen. Das Gesamtgewicht ist zudem auf 5900 kg erhöht. Eingebaut ist die Avionik Flightdeck BasiX ProTM mit voll integrierten hochauflösenden Digitalanzeigen. Im Übrigen sind zur Bell 412 EPI keine Unterschiede vorhanden.
Hersteller: Subaru Corporation, Tokyo, Japan, Werk Utsunomiya und Bell Helicopter Textron Inc., Fort Worth, Texas, USA.

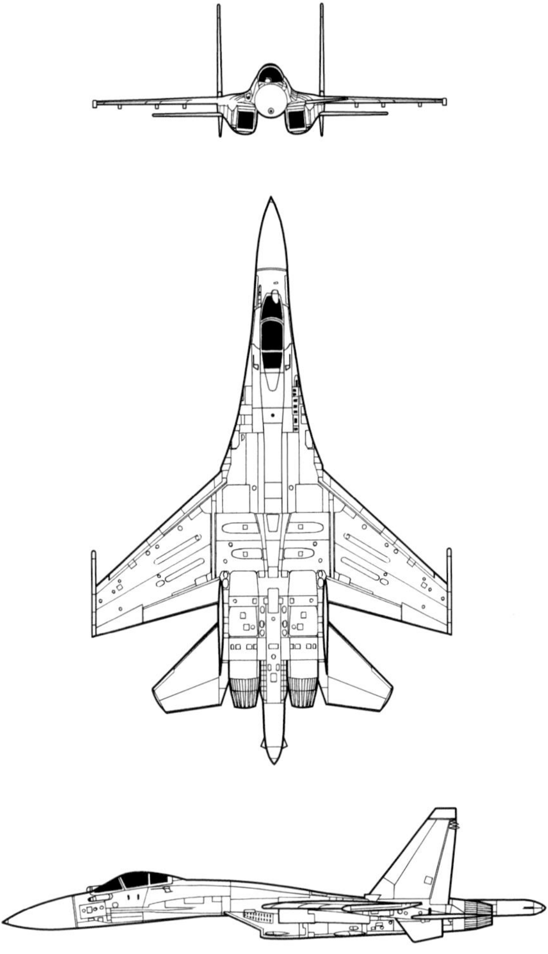

Abmessungen:
Spannweite 14,75 m,
Länge 21,93 m,
Höhe 5,90 m,
Flügelfläche 62,00 m².

SUCHOJ SU-35M-1

Ursprungsland: Russland.
Kategorie: Einsitziger Luftüberlegenheits- und Mehrzweckjäger.
Triebwerke: Zwei Mantelstromtriebwerke NPO Saturn 117S mit Schubvektorsteuerung von je 8800 kp (86,27 kN) ohne und 14500 kp (142,97 kN) mit Nachbrenner.
Leistungen: Höchstgeschwindigkeit Mach 2,25 in großer Höhe; 1400 km/h auf Meereshöhe; Anfangssteiggeschwindigkeit 280 m/Sek; Dienstgipfelhöhe 18000 m; Einsatzradius im Tiefflug 1270 km, Reichweite auf Meereshöhe 1580 km, in großen Höhen 3400 km, mit Zusatztanks 4500 km.
Gewichte: Leergewicht 16500 kg; normales Startgewicht 25300 kg, mit Überlast 38800 kg.
Bewaffnung: Eine 30-mm-Kanone GSh-301 und Waffen aller Art bis zu 8000 kg an zwölf Aufhängepunkten.
Entwicklungsstand: Der erste Prototyp nahm die Flugerprobung am 19. Februar 2008 auf, gefolgt vom zweiten am 2. Oktober 2008. Das erste Serienflugzeug flog erstmals im Frühjahr 2011. Die Russische Luftwaffe bestellte bisher insgesamt 128 Su-35M, die bis 2024 abgeliefert wurden. Die Einsatzbereitschaft erfolgte Ende 2012. Algerien hat 20 Su-35M-1 bestellt. Gemäß unbestätigten Informationen soll Iran 24 Su-35 Flanker-SE erhalten. Um Verluste aus dem Ukraine-Krieg auszugleichen, hat Russland weitere Su-35M-1 bestellt, Anzahl unbekannt.
Bemerkungen: Erste Bemühungen, die einsitzige Su-27 weiterzuentwickeln, gab es bereits Mitte der Neunziger Jahre. Immer wieder wurden weitere Varianten vorgestellt, die aber alle im Prototypstadium stecken blieben. Die neueste als Su-35-1 bezeichnete Ausführung der Generation 4++ ist in weiten Teilen eine Neukonstruktion und besitzt einen überarbeiteten Flügel. Dafür wurde auf die Vorflügel verzichtet. Eingebaut ist ein Fly-By-Wire-System, große Teile des Rumpfes sind aus Verbundwerkstoffen. Dank stärkerer Triebwerke mit Schubvektorsteuerung verbessern sich diverse Leistungsparameter. So besitzt die Su-35M-1 Supercruise-Fähigkeit. Eingebaut wird das derzeit modernste russische Kampfradar Tikhomirov NIIIP Irbis-E mit neuester Phased-Array-Funktion (= elektronische Strahlschwenkung). Weitere Elektroniksysteme, z. B. zur Suche via Infrarot und zur Verfolgung von Zielen sind vorgesehen. Völlig neu ist das Cockpit mit u. a. sog. HOTAS-Bedienung (**H**ands-**O**n-**T**hrottle-**A**nd-**S**tick). Angesichts des erhöhten Startgewichts wurde das Fahrwerk verstärkt und vorne mit Zwillingsrädern versehen.
Hersteller: Suchoj Design Bureau/KnAAPO, Werk Komsomolsk-na-Amur, Moskau, Russland.

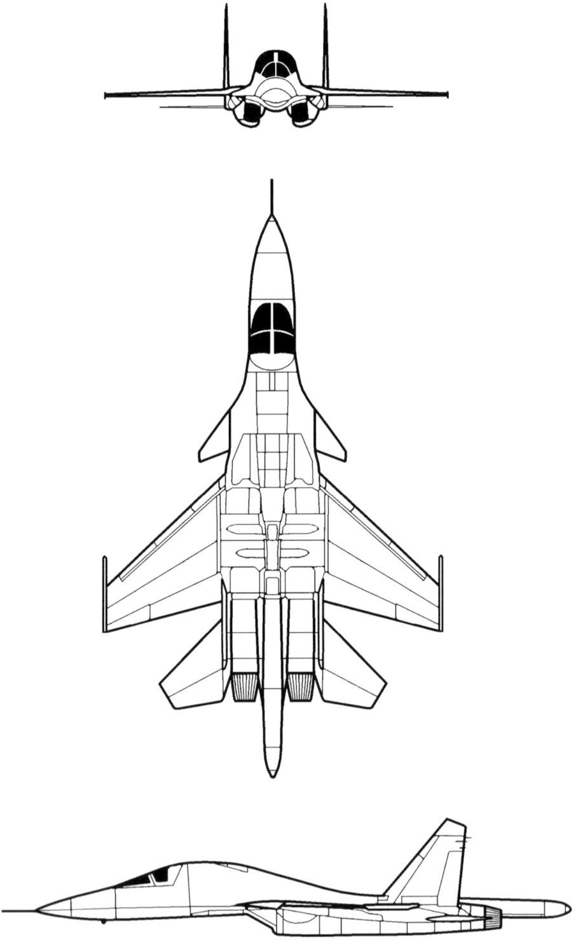

Abmessungen:
Spannweite Hauptflügel 14,70 m, Canards 6,40 m,
Länge 23,33 m,
Höhe 6,08 m,
Flügelfläche 62,00 m².

SUCHOJ SU-34

Ursprungsland: Russland.
Kategorie: Zweisitziger Jagdbomber.
Triebwerke: Zwei Mantelstromtriebwerke Saturn (Ljulka) AL-31F-M1 von je 7600 kp (74,56 kN) ohne und 12500 kp (122,60 kN) mit Nachbrenner.
Leistungen: Höchstgeschwindigkeit 1900 km/h auf 11000 m (Mach 1,8), in Bodennähe 1400 km/h (Mach 1,17); Dienstgipfelhöhe 14650 m; Aktionsradius mit 4000 kg Waffen 600 km; max. Reichweite 4000 km.
Gewichte: Leergewicht 22000 kg; max. Startgewicht 45100 kg.
Bewaffnung: Eine eingebaute 30-mm-Kanone und eine Waffenlast von 8000 kg, z. B. Luft-Boden-Lenkwaffen Kh-25M, Kh-29, Kh-58, Antiradar-Lenkwaffen Kh-31P oder Antischiffs-Raketen Kh-31A oder Kh-35 sowie gelenkte und frei fallende Bomben aller Art. Zudem können Luft-Luft-Lenkwaffen R-27/-73 und -77 mitgeführt werden.
Entwicklungsstand: Der als Su-27IB bezeichnete Prototyp startete am 13. April 1990 zum Erstflug. Im September 1993 folgte der erste von drei auf Su-34 umbenannten Serienprototypen. Bisher hat die Luftwaffe Russlands rund 150 Einheiten erhalten. Mit den Auslieferungen wurde Anfang 2012 begonnen. Angesichts der Verluste im Krieg gegen die Ukraine wurden Folgeaufträge erteilt, Details aber unbekannt.
Bemerkungen: Der augenfälligste Unterschied zum Ausgangsmuster Su-27 ist der völlig neu konstruierte Vorderrumpf mit Sitzen nebeneinander. Die Piloten verfügen über ein geräumiges, z.T. gepanzertes Cockpit. Die Su-34 ist mit kleinen Vorflügeln hinter dem Cockpit sowie mit bis an die Nase weiter gezogenen Vorflügelkanten ausgerüstet. Für den harten Erdkampfeinsatz ist sie zudem punktuell verstärkt und verfügt über ein neues Hauptfahrwerk mit Doppelrädern hintereinander. Im Heckkonus ist nebst dem Bremsfallschirm ein rückwärts gerichtetes Radar eingebaut. Einem Prototyp wurde ein modernstes Mehrzweckradar Leninetz mit hochauflösender Kartendarstellung sowie ein Trägheits-Navigationssystem mit GPS eingebaut. An den Flügelspitzen sind ECM-Pods Sorbtsiya-S montiert. Die 2020 bestellten, nun Su-34NWO genannten Flugzeuge, erhalten ein verbessertes Radar, neue Navigationsausrüstung und neue Cockpit-Displays. Eine Weiterentwicklung Su-34M mit leistungsstärkeren Triebwerken mit einem Schub von 8800 kp (86,29 kN) ohne und 14000 kp (137,29 kN) mit Nachbrenner wird seit 2023 abgeliefert.
Hersteller: Suchoj Design Bureau, Werk KnAAPO Nowosibirsk, Moskau, Russland.

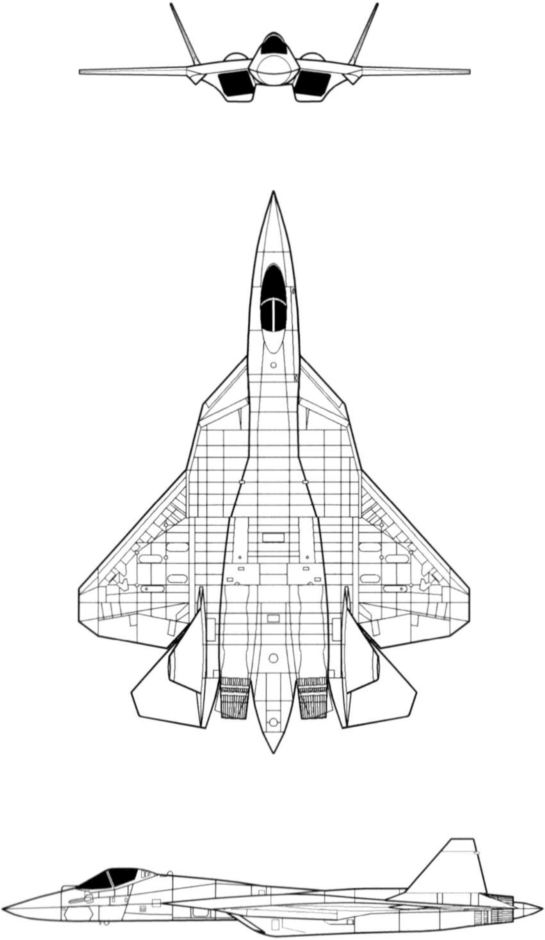

Abmessungen:
Spannweite 15,00 m,
Rumpflänge 20,80 m,
Höhe 5,10 m,
Flügelfläche 78,80 m².

SUCHOJ SU-57

Ursprungsland: Russland.
Kategorie: Einsitziger Luftüberlegenheitsjäger und Mehrzweckkampfflugzeug.
Triebwerke: Zwei Mantelstromtriebwerke NPO Saturn AL-41F1 von je 9500 kp (93,30 kN) ohne und 15000 kp (147,00 kN) mit Nachbrenner und Schub-Vektor-Steuerung.
Leistungen: Höchstgeschwindigkeit 2440 km/h (Mach 2,3); Supercruise-Geschwindigkeit auf optimaler Höhe rund Mach 1,3; Dienstgipfelhöhe 20000 m; Aktionsradius mit normaler Bewaffnung 1200 km; max. Reichweite ohne Zusatztanks 3500 km, mit Zusatztanks 7400 km.
Gewichte: Leergewicht 18500 kg; normales Startgewicht 26000 kg, max. 37000 kg.
Bewaffnung: Eine 30-mm-Kanone und sechs intern in Waffenschächten mitgeführten Luft-Luft-Raketen, davon vier des Mittelstreckentyps R-77M sowie zwei Kurzstrecken Luft-Luft-Raketen R-73, R-74 oder R-30 oder auch R37M »AA-13 Axehead«-Langstrecken-Luft-Luft-Lenkwaffen. Weiter können TV-, Laser- und Radar-gelenkte Luft-Boden-Waffen bis zu einem Gewicht von rund 7500 kg geladen werden. Zusätzlich kann die Su-57 Waffen an zwei Unterflügelstationen mitführen.
Entwicklungsstand: Am 29. Januar 2010 hat der erste Prototyp T-50 die Flugerprobung aufgenommen. An Prototypen und Vorserienflugzeugen T-50 bzw. Su-57 wurden zehn Einheiten gebaut. Die Russische Luftwaffe erteilte einen Auftrag über 62 Einheiten. Mit der Ablieferung wurde Ende 2021 begonnen. Eine erste Fliegerstaffel ist mittlerweile einsatzfähig. Es dürften mehr als 20 sein. Unbestätigten Quellen zufolge soll Algerien 14 Su-57E der Exportversion bestellt haben.
Bemerkungen: Mit der Su-57 verfügt die Russische Luftwaffe über ein Kampfflugzeug mit guten Stealth-Eigenschaften. Dazu sind Rumpf und Flügel als sog. Blended Wing Body ausgelegt, sie bestehen aus Aluminium, Titan und Verbundwerkstoffen. Eine weitere Neuerung für russische Modelle ist die Fähigkeit, ohne Nachbrenner recht hohe Überschallgeschwindigkeit zu erreichen. Eingebaut ist u. a. das AESA-Radar NIIP N036, ein radio-elektronisches Sensoren-Set Sh121 und ein elektro-optisches System 101KS. Eine geplante verbesserte Version Su-57M soll neue Triebwerke »Product 177« mit einer Leistung von 11000 kp (107,90 kN) ohne und 17500 kp (171,7 kN) mit Nachbrenner erhalten. Ein erster Prototyp wird seit Dezember 2025 erprobt. Unter der Bezeichnung S-57E wird nun auch eine Exportversion angeboten. Es wird geprüft, eine Doppelsitzervariante zu entwickeln, welche insbesondere zum Führen von Drohnen eingesetzt würde.
Hersteller: Suchoj Design Bureau/KnAAPO, Moskau, Werk Komsomolsk-na-Amur, Russland.

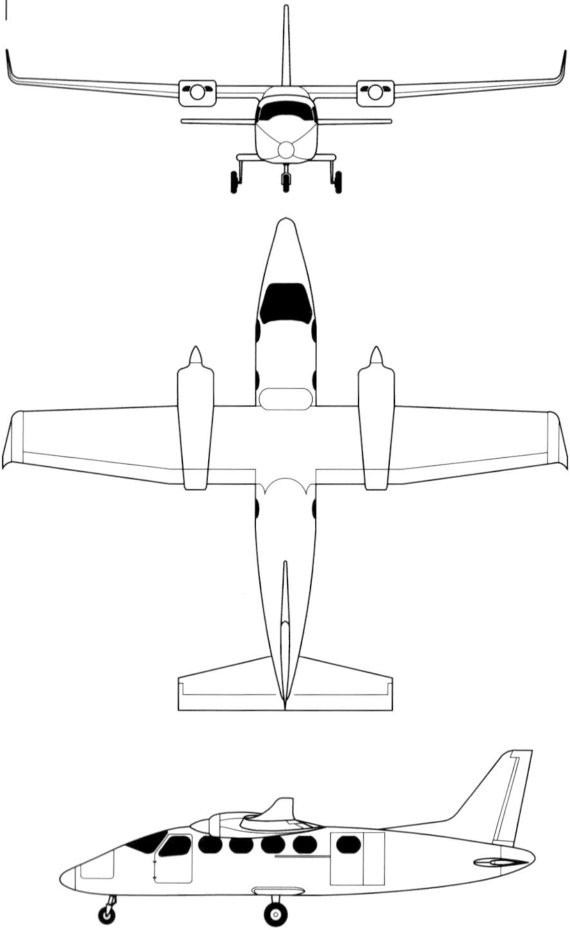

Abmessungen:
Spannweite 14,00 m,
Länge 11,80 m,
Höhe 4,40 m,
Flügelfläche 25,43 m².

TECNAM P2012 TRAVELLER

Ursprungsland: Italien
Kategorie: Zweimotoriges Mehrzweckflugzeug.
Triebwerke: Zwei luftgekühlte Sechszylinder-Boxermotoren Lycoming TEO-540-C1A von je 375 PS (280 kW) Leistung.
Leistungen (mit Lycoming-Triebwerken): Maximal zulässige Geschwindigkeit 444 km/h; normale Reisegeschwindigkeit bei 75% Leistung 320 km/h; Anfangssteiggeschwindigkeit 6,1 m/Sek; Dienstgipfelhöhe 5944 m; max. Reichweite 1760 km.
Gewichte: Leergewicht 2286 kg; max. Startgewicht 3680 kg.
Zuladung: Pilot und bis zu zehn Passagiere; max. Nutzlast 1414 kg, bei vollen Tanks 772 kg.
Entwicklungsstand: Der Prototyp P2012 absolvierte am 21. Juli 2016 den Erstflug. Die Zulassung konnte im November 2018 erreicht werden. Mit der Auslieferung an Kunden wurde Mitte 2019 begonnen. Die US-Fluggesellschaft Cape Air hat bisher 80 Einheiten bestellt und für weitere eine Option unterzeichnet. Auch von anderen Airlines sind ebenfalls Aufträge eingegangen, darunter von der deutschen SaiAir (2). Bis Ende 2025 waren rund 120 Einheiten abgeliefert. Mittlerweile beträgt die Jahresproduktion 40 Maschinen.
Bemerkungen: Mit der 2012 soll eine ganze Anzahl von älteren zweimotorigen Verbindungsflugzeugen wie die Cessna-Familie 401/402/421 ersetzt werden. Als Partner in der Entwicklung und im Vertrieb beteiligt sich die US-Fluggesellschaft Cape Air. Der Hochdecker mit Festfahrwerk ist sehr einfach konstruiert und für günstige Anschaffungs- und Betriebskosten ausgelegt. Sein Einsatzspektrum werden Verbindungsflüge im Kurzstreckenbereich sein, wie sie beispielsweise in den USA sehr häufig vorkommen. Mit einem Tank von 750 Litern können bei max. Nutzlast Einsätze bis zu 2 Std. durchgeführt werden. Mehrere Versionen sind nebst der Passagierausführung vorgesehen, so beispielsweise ein Frachter, ein Transporter für Fallschirmspringer, eine VIP-Ausführung sowie eine Medevac-Maschine. Es ist geplant, auch eine Variante mit Schwimmern anzubieten. Der Kaufpreis für eine Basisversion wird mit US$ 2,35 Mio. angegeben. Seit 2021 fliegt eine Überwachungsausführung P2012 Sentinel SMP mit entsprechender Ausrüstung. Neu wird eine Kurzstartversion mit stärkeren Triebwerken angeboten, welche eine Pistenlänge von nur 275 m nötig macht. Zudem ist eine Ausführung mit Triebwerken Continental GTSIO-520-S von je 375 PS (280 kW) mit Drei- statt Vierblattpropeller erhältlich, welche kostengünstiger sind.
Hersteller: Costruzioni Aeronautiche TECNAM S.r.l., Werk Capua, Provinz Caserta, Italien.

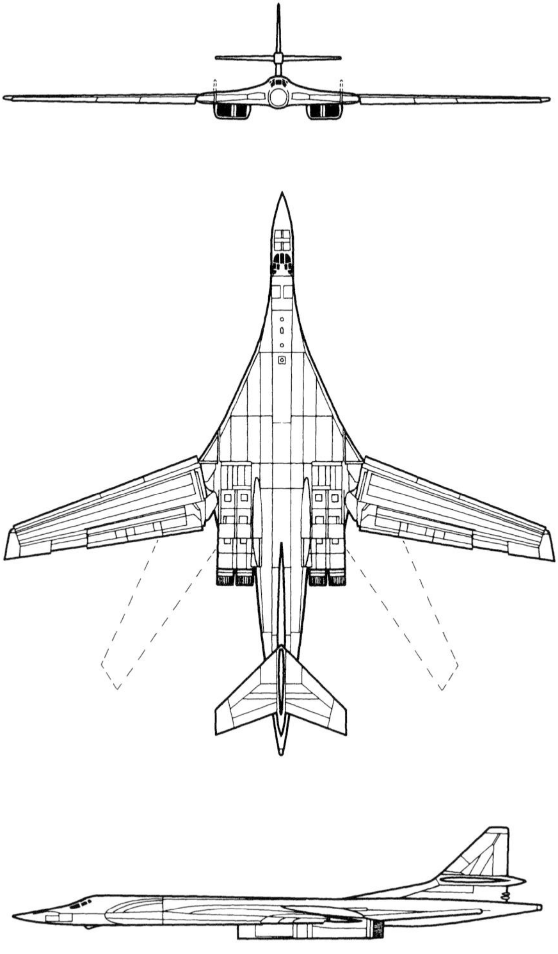

Abmessungen:
Spannweite bei 20° Pfeilung 55,70 m, bei 65° Pfeilung 35,60 m,
Länge 54,10 m,
Höhe 13,10 m,
Flügelfläche bei 20° Pfeilung 400,00 m², bei 65° Pfeilung 363,90 m².

TUPOLEW TU-160M2

Ursprungsland: Russland.
Kategorie: Strategischer Langstreckenbomber.
Triebwerke (Tu-160/Tu-160M): Vier Mantelstromtriebwerke Samara NK-321 von je 14000 kp (137,3 kN) Standschub ohne und 25000 kp (245,14 kN) Standschub mit Nachverbrennung.
Leistungen (Tu160/Tu-160M): Kurzfristig erreichbare Höchstgeschwindigkeit 2020 km/h (Mach 2,05) auf 11000 m, 1030 km/h auf Meereshöhe; max. Dauergeschwindigkeit 1700 km/h (Mach 1,6); Langstrecken-Reisegeschwindigkeit 850 km/h auf 14000 m; Dienstgipfelhöhe 15600 m; max. Reichweite 13950 km.
Gewichte: Rüstgewicht 117000 kg; max. Startgewicht 275000 kg.
Zuladung: Vier Mann Besatzung, wovon zwei Piloten und zwei Systemoperateure.
Bewaffnung: Waffenlast von max. 40000 kg in zwei hintereinander liegenden Schächten von je rund 10 m Länge. Die Hauptbewaffnung sind 12 bis 24 Marschflugkörper Raduga Ch-55 und Kurzstrecken-Lenkwaffen. Neu werden auch Hyperschall-Lenkwaffen Kinzhal mitgeführt.
Entwicklungsstand: Am 18. Dezember 1981 nahm die Tu-160 die Flugerprobung auf. Die Serienproduktion begann 1984/85 und wurde nach rund 40 Einheiten einschließlich der Prototypen 1993 eingestellt, 1999 aber in begrenzter Anzahl wieder aufgenommen. 16 Einheiten befinden sich bei der Russischen Luftwaffe im Einsatz. Die erste modernisierte Tu-160M nahm am 2. Februar 2020 die Flugerprobung auf. Alle bisherigen Tu-160 werden in diese Version umgebaut. Am 12. Januar 2022 startete die erste neu hergestellte Version Tu-160M2 zum Erstflug. Bis zu 50 Einheiten sollen beschafft werden, zehn davon seien bisher bestellt. Wie viele davon aktuell gebaut sind ist nicht bekannt.
Bemerkungen: Die Tu-160 ist der größte Interkontinentalbomber mit variabler Flügelgeometrie, der je hergestellt wurde. Dieses Ganzmetallflugzeug mit Fly-by-wire-Steuerung verfügt zur Erfüllung seiner Aufgaben über eine umfangreiche Waffenelektronik. 20% der gesamten Struktur bestehen aus Titan. Neu gebaute bzw. umgebaute Tu-160M weisen einige Verbesserungen auf wie ein neues Waffensystem, aktualisiertes Avionik- und Navigationssystem. Die aktuellste stark modifizierte Version Tu-160M2 (ev. später als Tu-160M Serie 2 bezeichnet) erhält verbrauchsgünstigere Triebwerke Kusnezow NK-32, völlig neue Avionik, Flachbildschirm-Cockpit, neue Kommunikations- und Kontrollsysteme und ein Defensiv-System zur Abwehr von Lenkwaffen. Die Tu-160M2 hat eine deutlich größere Reichweite.
Hersteller: OKB Alexei A. Tupolew, Werk Gorbunov, Kazan, Moskau, Russland.

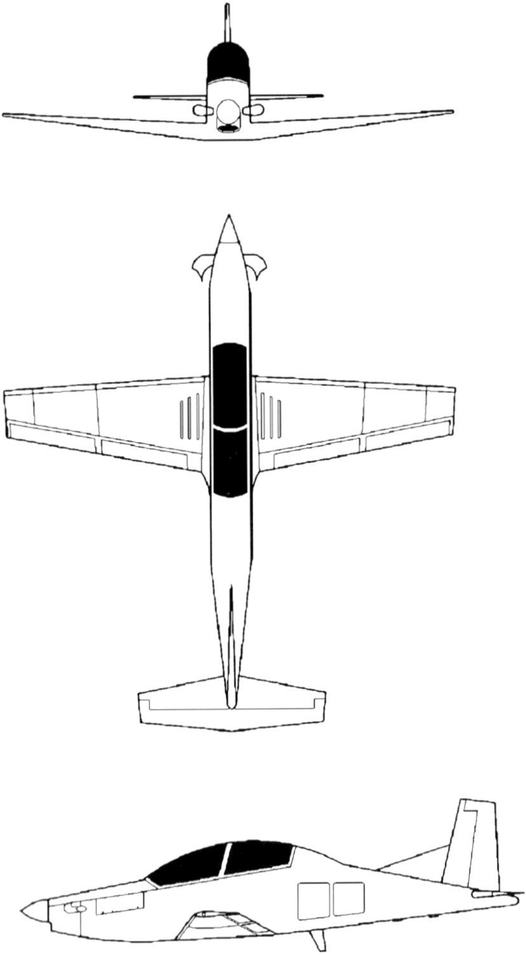

Abmessungen:
Spannweite 10,90 m,
Länge 11,17 m,
Höhe 3,70 m,
Flügelfläche 16,70 m².

TURKISH AEROSPACE INDUSTRIES HÜRKUS-II

Ursprungsland: Türkei.
Kategorie: Zweisitziger Basis- und Fortgeschrittenentrainer.
Triebwerke: Eine Propellerturbine Pratt & Whitney Canada PT6A-68T von 1595 WPS (1190 kW) Leistung.
Leistungen: Max. Reisegeschwindigkeit 574 km/h; normale Reisegeschwindigkeit 463 km/h; Anfangssteiggeschwindigkeit 20 m/Sek; Dienstgipfelhöhe 11970 m; max. Flugzeit 4,25 Std; Reichweite 1470 km auf 4570 m.
Gewichte: Noch keine Angaben erhältlich.
Bewaffnung (Hürkus-C): Eine Waffenlast unter den Flügeln bis zu 1500 kg, beispielsweise Anti-Tank-Lenkwaffen oder 12,7 bzw. 20-mm Kanonenbehälter.
Entwicklungsstand: Der Erstflug der Hürkus-A erfolgte am 29. August 2013. Ein weiteres Erprobungsmuster begann am 10. September 2014 mit der Flugerprobung. Die Zulassung erfolgte am 11. Juli 2016. Die Hürkus-B flog erstmals am 29. Januar 2018, die Hürkus-II am 30. Dezember 2024. Aktuellen Informationen zufolge beschafft die Luftwaffe ausschließlich die Hürkus-II. 55 Einheiten sind bestellt, erste Ablieferungen erfolgten 2025. Weitere Aufträge durch Libyen 10, Niger 2 und Tschad 3.
Bemerkungen: Die türkische Eigenentwicklung Hürkus gleicht in hohem Masse anderen Typen der gleichen Leistungsklasse wie beispielsweise der Pilatus PC-9M (siehe Ausgabe 2008) bzw. der US-Weiterentwicklung T-6 Texan II (siehe Seiten 58/59) oder der KAI KT-1 Woong Bee (siehe Ausgabe 2017). Letztere wird ja auch in der Türkei in Lizenz hergestellt. Wie weit es sich daher um eine eigenständige Entwicklung handelt, ist fraglich. Die Auslegung der Hürkus ist eher konventionell und die Struktur weitgehend aus Aluminium gefertigt. Das Multifunktions-Cockpit ist druckbelüftet und mit zwei Schleudersitzen Martin-Baker Mk. 16TN ausgerüstet. Mit der Hürkus soll das ganze Leistungsspektrum von der Basisausbildung bis hin zum Instrumenten-/Formations-/Akrobatikflug geschult werden können. Es scheint, dass aktuell nur die Variante Hürkus-II weiterverfolgt wird und die früheren Ausführungen Hürkus-A und -B eingestellt sind. Die Hürkus-II hat eine leichtere Struktur, besteht teilweise aus Verbundwerkstoffen und weist generell bessere Flugleistungen auf. Auch eine bewaffnete Ausführung Hürkus-C ist ebenfalls entwickelt worden.
Hersteller: TAI Turkish Aerospace Industries Inc., Kahramankazan, Ankara, Türkei.

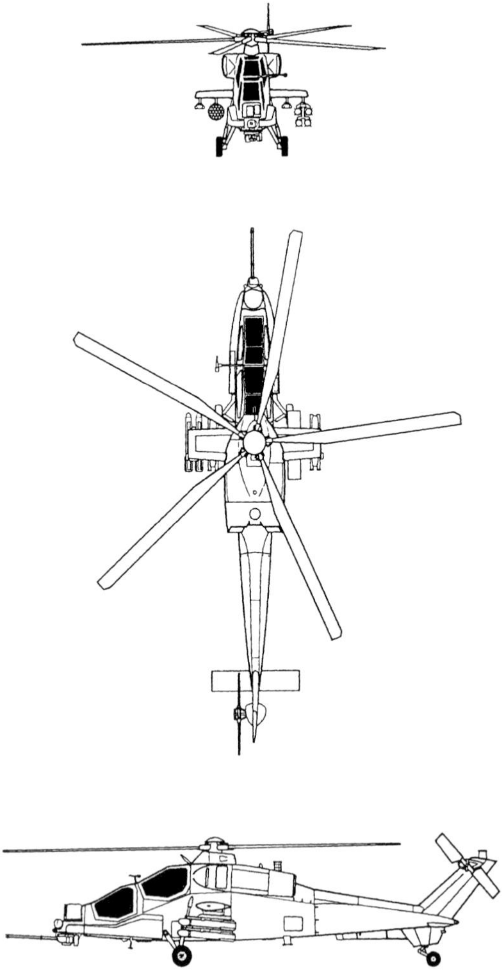

Abmessungen (T129/T929):
Rotordurchmesser 11,90/16,70 m,
Rumpflänge 12,62/- m,
Höhe inkl. Rotorkopf 3,35/3,70 m.

TUSAS AEROSPACE INDUSTRIE T129 ATAK/T929 ATAK-2

Ursprungsland: Türkei (Italien).
Kategorie: Zweisitziger Kampf- und Beobachtungshubschrauber.
Triebwerke: Zwei Gasturbinen (T129) LHTEC T800-2 von je 1373 WPS (1024 kW) bzw. (T929) Motor Sich TV-3-117 von je 2500 WPS (1864 kW) Leistung.
Leistungen (T129/T929): Normale Einsatzgeschwindigkeit 269/314 km/h; max. Steiggeschwindigkeit 13,97/16,00 m/Sek; Dienstgipfelhöhe 6096 m; Schwebehöhe ohne Bodeneffekt 3048/- m; max. Reichweite 560/470 km; Flugdauer 3/2,5 Std.
Gewichte (T129/T929): Leergewicht 3177/- kg; max. Startgewicht 5110/11000 kg.
Bewaffnung: (T129) Eine 20-mm-Kanone mit 300 Schuss in einem Drehturm unter der Bugspitze und acht Panzerabwehrlenkwaffen TOW oder Hellfire plus Raketenwerfer für ungelenkte 70-mm-Raketen, Stinger-Flablenkwaffen usw. verteilt auf vier Aufhängepunkte mit einer Tragkraft von je 300 kg. (T929) eine 30-mm-Kanone und an sechs Aufhängepunkten unter den Stummelflügel ähnliche Waffen wie die T129 bis zu einem Gesamtgewicht von 1500 kg.
Entwicklungsstand: Die Ausführung A129 ATAK flog erstmals am 28. September 2009, die erste in der Türkei in Lizenz hergestellte Maschine am 17. August 2011. Bei einem Bedarf von 124 sind bisher 92 Hubschrauber von der Türkischen Armee bestellt worden. Die Mehrheit ist mittlerweile ausgeliefert. Weitere Bestellungen: Aserbaidschan 60, Nigeria 6, Philippinen 8. Der bisher einzige Prototyp der T929 flog erstmals am 28. April 2023, Einführung für 2026 geplant.
Bemerkungen: Wie die AgustaWestland A129 CBT (siehe Ausgabe 2004) verfügt auch die AW129 ATAK (siehe Dreiseitenriss) über einen Fünfblattrotor mit modifiziertem Rotorkopf und verstärkter Transmission sowie über einen zweiblättrigen Heckrotor, beide aus Verbundwerkstoffen. Zudem wurde der Rumpf punktuell verfestigt. Wesentliche Elemente der Elektronik sind neu und zu weiten Teilen türkischen Ursprungs, so u. a. der Missions-Computer, das Navigationssystem und die gesamte Kampf-Elektronik. Ergänzt werden diese Systeme durch ein GPS, verbesserte Kommunikationsgeräte und ein neues Abwehrsystem. Das Cockpit erhält Multifunktionsanzeigen, verbunden mit einem am Helm des Piloten montierten Display für die wichtigsten Parameter. Bei der T929 ATAK-2 (siehe Foto) handelt es sich um einen fast doppelt so großen Nachfolger für die T129. Er ist leistungsmäßig mit der Boeing AH-64E (siehe Seite 94/95) zu vergleichen. Noch fehlen nähere Informationen über dieses Muster.
Hersteller: TAI Turkish Aerospace Industries Inc., Kahramankazan, Ankara, Türkei.

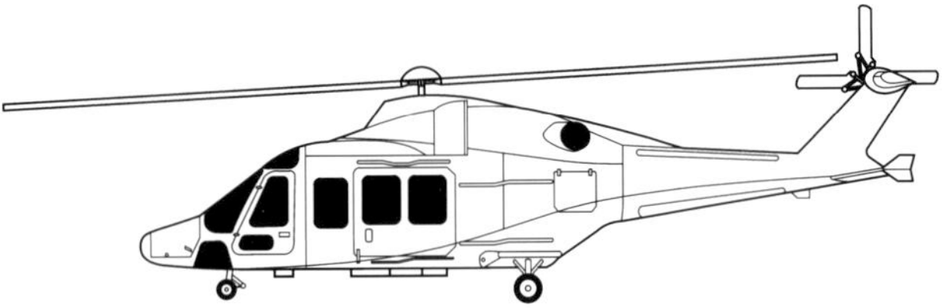

Abmessungen:
Rotordurchmesser 13,20 m,
Rumpflänge bei drehendem Rotor 15,87 m,
Höhe 4,98 m.

TURKISH AEROSPACE INDUSTRIES T625 GÖKBEY

Ursprungsland: Türkei.
Kategorie: Leichter Mehrzweckhubschrauber für militärische und zivile Aufgaben.
Triebwerke: Zwei Gasturbinen LHTEC CTS800 von je 1373 WPS (1024 kW) Leistung.
Leistungen: Höchstgeschwindigkeit 306 km/h; normale Reisegeschwindigkeit 278 km/h; max. Schrägsteiggeschwindigkeit 10 m/Sek; Dienstgipfelhöhe 6096 m; Reichweite mit max. interner Treibstoffzuladung rund 740 km, mit Zusatztanks bis zu 950 km; Flugdauer 3,8 Std.
Gewichte (provisorische Angaben): Max. Startgewicht rund 6050 kg.
Zuladung: Zwei Piloten und bis zu zwölf Passagiere; Nutzlast unbekannt.
Entwicklungsstand: Ein erstes Erprobungsmuster startete am 6. September 2018 zum Erstflug. Drei Prototypen wurden gebaut. Diverse türkische Behörden haben diesen Hubschrauber bestellt, u. a. Türkische Armee 7 bzw. Luftwaffe 4; Gendarmerie 3, Küstenwache 3. Erste Ablieferungen an Kunden haben 2024 stattgefunden. Eine navalisierte Ausführung wird für die Türkische Marine in 57 Exemplaren beschafft. Ein Exemplar wurde von El Salvador bestellt.
Bemerkungen: Die Luftfahrtindustrie der Türkei ist sehr aktiv in der Entwicklung von neuen Flugzeugen und Hubschraubern. Eines der Vorhaben ist der Mehrzweckhubschrauber T625. Die Entwicklung startete bereits 2010, angekündigt wurde das Vorhaben 2011. 2017 stellte man eine Attrappe vor. Mehrere türkische, aber auch ausländische Firmen steuern Bestandteile bei. Was die Konstruktion angeht, sind bisher nur wenige Details bekannt. Man kann aber davon ausgehen, dass sie State-of-the-Art sein wird. Die Triebwerke sind die gleichen wie jene des Kampfhubschraubers TAI T129 (siehe Ausgabe 2024). Das Muster soll gute Flug- und Schwebeeigenschaften in großen Höhen bei heißen Temperaturen aufweisen. Später ist geplant, Dass die T625 mit dem türkischen Triebwerk TS1400 in Serie gehen wird; Erstflug eines Erprobungsträger am 19. April 2023. Dank einer Vierachsen-doppelt-redundanten Avionik von ASELSAN kann die T625 von nur einem Piloten in allen Wetterlagen geflogen werden. Die Kabine soll sehr geräumig sein, das Fahrwerk ist einziehbar. Eine Ambulanzversion ist in Entwicklung und soll ab 2026 verfügbar werden.
Hersteller: TAI Turkish Aerospace Industries Inc., Kahramankazan, Ankara, Türkei.

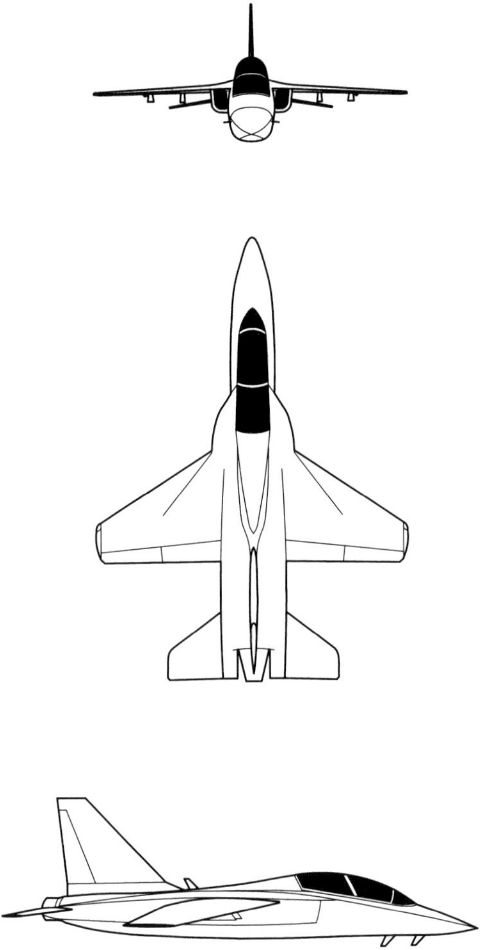

Abmessungen (ungefähre Daten):
Spannweite 9,50 m,
Länge 13,60 m,
Höhe 5,10 m,
Flügelfläche 25,10 m².

TURKISH AEROSPACE INDUSTRIES HÜRJET

Ursprungsland: Türkei.
Kategorie: Fortgeschrittenentrainer und leichtes Erdkampfflugzeug.
Triebwerke: Ein Mantelstromtriebwerk General Electric F404-GE-102 von 8000 kp (79 kN) Standschub mit Nachbrenner.
Leistungen (geschätzt): Höchstgeschwindigkeit 1485 km/h (Mach 1,4); Anfangssteiggeschwindigkeit 200 m/Sek; Dienstgipfelhöhe 13716 m; max. Reichweite 2222 km.
Gewichte: (Noch sind keine Angaben bekannt).
Bewaffnung: An vier Stationen unter den Flügeln können verschiedene Waffen bis zu einem Gewicht von 2721 kg mitgeführt werden.
Entwicklungsstand: Ein erster Prototyp startete am 25. April 2023 zum Erstflug. Die Türkische Luftwaffe will diesen Typ beschaffen. Bei einem Bedarf von 70 Flugzeugen wurden vorerst vier fest bestellt und eine Option auf zwölf weitere erteilt. Die Serienfertigung hat die türkische Regierung mittlerweile freigegeben. Neueste Bestellung: Spanische Luftwaffe 30.
Bemerkungen: Der TAI Hürjet ist ein einmotoriges, tandemsitziges, fortschrittliches Überschall-Trainings- und leichtes Kampfflugzeug. Die Türkische Luftwaffe beabsichtigt, das Flugzeug als Ersatz für die Northrop T-38 Talon/F-5 Freedom Fighter als Schulflugzeug und als Ergänzung zur General Dynamics F-16 Fighting Falcon zur Luftnahunterstützung einzusetzen. Das Muster soll für Luftbetankung eingerichtet werden. Soweit bekannt besteht die ganze Konstruktion aus Verbundwerkstoffen. Fly-By-Wire mit Parameterbegrenzung, eingebautes Hilfstriebwerk, Nachtsichtbrillen-kompatibles Cockpit, Head-up-Display und ein integriertes Helm-Anzeigesystem sind weitere Merkmale. Der Hürjet soll sehr wendig sein und eine g-Limite von +8/-3 aushalten können. Es kann sein, dass die Serienmaschinen mit einem anderen Triebwerk ausgestattet werden, so sind aktuell Verhandlungen über das Eurojet EJ200-Triebwerk des Eurofighters (siehe Seiten 162/163) im Gange. Es ist geplant, die türkische Kunstflugstaffel »Turkish Star« mit diesem Typen auszurüsten.
Hersteller: TAI Turkish Aerospace Industries Inc., Kahramankazan, Ankara, Türkei.

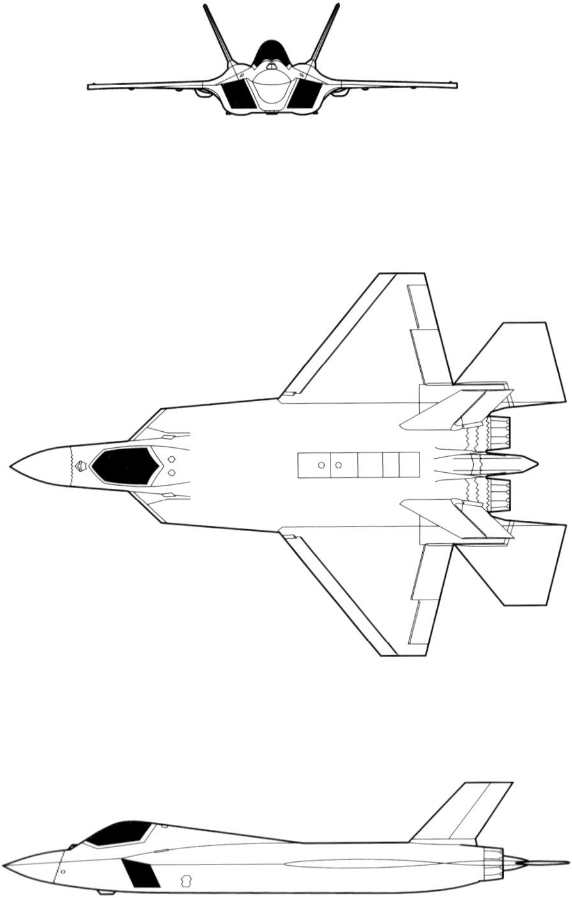

Abmessungen (ca. Masse):
Spannweite 13,40 m,
Länge 20,30 m,
Höhe 5,00 m,
Flügelfläche 71,60 m².

TURKISH AEROSPACE INDSTURIES KAAN

Ursprungsland: Türkei.
Kategorie: Mehrzweckkampfflugzeug mit Stealtheigenschaften.
Triebwerke (Prototypen): Zwei Mantelstromtriebwerke General Electric F110GE-129 von je 7780 kp (76,31 kN) Standschub und 13150 kp (131 kN) mit Nachbrenner.
Leistungen (geschätzt): Höchstgeschwindigkeit 1910 km/h (Mach 1,8); Dienstgipfelhöhe 17000 m; Aktionsradius 1100 km.
Gewichte (geschätzt): Max. Startgewicht 34750 kg.
Bewaffnung: Im internen Waffenschacht soll eine Vielzahl von Luft-Luft- und Luft-Boden-Lenkwaffen sowie Bomben bis zu einem noch unbekannten Gesamtgewicht mitgeführt werden können. Details sind noch nicht bekannt.
Entwicklungsstand: Der offizielle Rollout des ersten von sechs geplanten Prototypen fand am 1. Mai 2023 statt. Er nahm die Flugerprobung am 21. Februar 2024 auf, ein zweiter soll 2026 folgen. Weitere, seriennahe Erprobungsmuster sollen in den folgenden Jahren hinzukommen. Wann mit der Indienststellung gerechnet werden kann, ist zum heutigen Zeitpunkt offen. Noch ist nicht bekannt, wie viele Kaans die Türkische Luftwaffe beschaffen will. Gemäß unbestätigten Angaben sollen aber mittlerweile 20 Einheiten bestellt worden sein. Neu interessiert sich auch Indonesien für die Beschaffung von 48 Einheiten.
Bemerkungen: Die anfänglich als TF-X bezeichnete Kaan ist das erste weitgehend durch die türkische Industrie entwickelte Mehrzweckkampfflugzeug. Als wichtiger Subcontractor ist British Aerospace miteingebunden. Die Kaan weist die wesentlichen Eigenschaften eines Kampfflugzeuges der sog. 5. Generation auf: Stealth-Eigenschaften, Struktur aus Verbundwerkstoffen, moderne digitale Avionik, interner Waffenschacht und die Supercruise-Fähigkeit, d. h. ohne Nachbrenner Überschall zu erreichen. Es sind sowohl Einsitzer- als auch Zweisitzerversionen geplant. Eingebaut ist ein AESA-Radar ungenannter Herkunft. Die Serienflugzeuge des sog. Block 10 werden für Luftbetankung eingerichtet. Soweit bekannt soll die spätere Serienversion Block 30 ab ca. 2032 mit neuen in der Türkei zusammen mit einem ausländischen Partner entwickelten Triebwerken TF35000 ausgestattet werden. Alle hier gemachten Angaben sind noch sehr vorläufiger Natur.
Hersteller: TAI Turkish Aerospace Industries Inc., Kahramankazan, Ankara, Türkei.

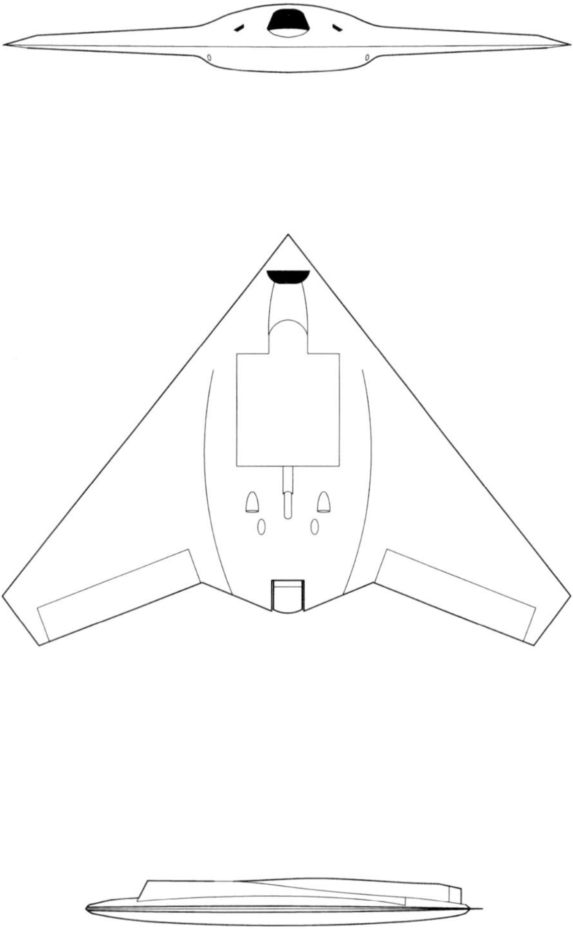

Abmessungen (Schätzungen):
Spannweite 13,10 m,
Länge 9,50 m,
Höhe 2,60 m.

TURKISH AEROSPACE ANKA-3

Ursprungsland: Türkei.
Kategorie: Drohne für Waffen-, Aufklärungs- und Elektronikabwehreinsätze.
Triebwerke (Prototypen): Ein ukrainisches Turbofantriebwerk Ivchenko-Progress AI-25TLT oder AI-322 von noch unbekannter Stärke, (Seriendrohnen) zwei Mantelstromtriebwerke TEI TF-10000 von je 4500 kp (44,00 kN) Standschub.
Leistungen (Schätzungen): Höchstgeschwindigkeit 865 km/h; max. Reisegeschwindigkeit 500 km/h; Dienstgipfelhöhe 12192 m; Aktionsradius mit Bewaffnung 750 km; max. Flugdauer 10 Std.
Gewichte (Schätzung): Max. Abfluggewicht 7250 kg.
Zuladung: Aufklärungs- und Elekronikausrüstung.
Bewaffnung: In einem internen Waffenschacht und an vier Stationen unter dem Trapezflügel können diverse Waffen mitgeführt werden; maximale Nutzlast offenbar 1600 kg. Welche Waffen vorgesehen sind, ist noch nicht bekannt.
Entwicklungsstand: Ein Modell wurde erstmals an der Luftfahrtausstellung in Paris im Juni 2023 vorgestellt. Der Erstflug fand am 28. Dezember 2023 statt. Ein weiterer Prototyp soll ebenfalls bereits fliegen. Erste Waffenerprobungen begannen im Juni 2025. Ob und in welcher Anzahl die Türkische Luftwaffe diese Drohne beschaffen wird, ist noch offen. Eine Indienststellung wäre frühestens 2028 denkbar.
Bemerkungen: Die Entwicklung der Anka-3 wurde bis zur Veröffentlichung geheim gehalten. Mit dieser Drohne entwickelt der türkische Hersteller eine ähnliche bewaffnete Drohne wie die Suchoj S-70 (siehe Ausgabe 2023). bzw. Northrop Grumman X-47B (siehe Ausgabe 2013). Nebst Waffeneinsätzen soll sie auch für Aufklärungs- und ECM-Einsätze dienen. Es ist die Idee, Drohnen des Typs Anka-3 zur Erfüllung von kritischen Einsätzen einzusetzen. Dieser Nurflügler mit Triebwerkeinlass oberhalb der Vorderkante des Flügelprofils verfügt daher über Stealth-Eigenschaften. Er ist mit einem AESA-Radar und einem elektro-optischen Zielsystem (EOTS) unbekannter Herkunft ausgerüstet. Weitere Details, z. B. über die Konstruktion usw. sind noch nicht erhältlich, der Dreiseitenriss ist somit als vorläufig zu betrachten. Das Fahrwerk ist einziehbar. Mittelfristig soll geplant sein, das eine ukrainische Triebwerk durch zwei türkische zu ersetzen. Mit diesem Antrieb könnte die Anka-3 Überschall erreichen. Es ist vorgesehen, eine Version für Einsätze ab dem türkischen Flugzeugträger zu entwickeln.
Hersteller: TAI Turkish Aerospace Industries Inc., Kahramankazan, Ankara, Türkei.

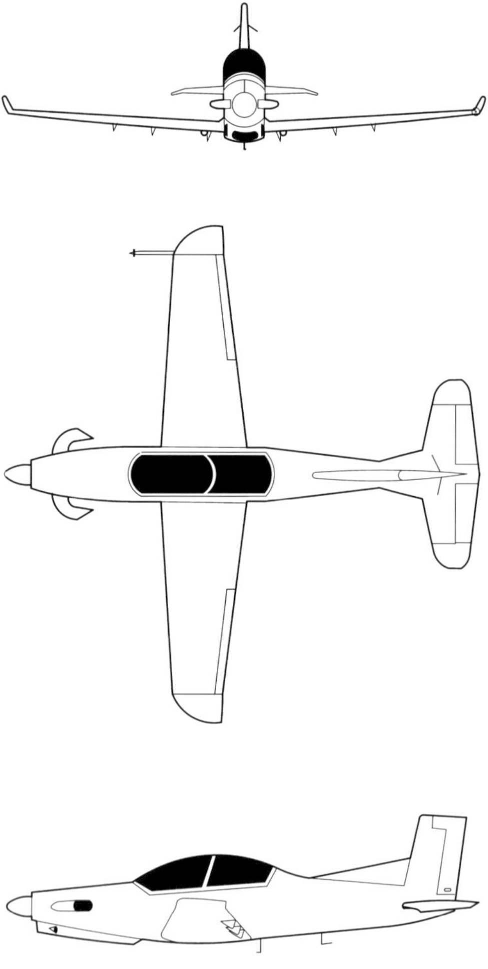

Abmessungen (Dart-450):
Spannweite 11,74 m,
Länge 10,75 m,
Höhe 3,38 m.

UZGA/URAL UTS-800

Ursprungsland: Russland (Österreich).
Kategorie: Zweisitziger Basistrainer.
Triebwerke (Prototyp): Eine Propellerturbine General Electric H80, (Serienmaschinen) FSUE-Werk VK-800SM von rund 800 WPS (596,57 kW) Leistung mit Sechsblatt-Propeller.
Leistungen (geschätzt): Höchstgeschwindigkeit 510 km/h; normale Reisegeschwindigkeit 350 km/h; Dienstgipfelhöhe 8000 m; max. Reichweite 1500 km.
Gewichte: Leergewicht 1700 kg; max. Startgewicht 2560 kg.
Bewaffnung: Noch ist nicht bekannt, ob für Trainingszwecke Waffen mitgeführt werden können.
Entwicklungsstand: Ein Prototyp flog erstmals im Oktober 2023. Am 28. Dezember 2024 wurden die ersten Serienflugzeuge an das Russische Verteidigungsministerium übergeben. Wie viele UTS-800 beschafft werden ist derzeit nicht bekannt.
Bemerkungen: Der UTS-800 ist eine »russifizierte« Weiterentwicklung der DART-450/550 (Diamond Aircraft Reconnaissance Trainer, siehe Ausgabe 2019), ein Turboprop-Trainingsflugzeug, das vom ursprünglichen österreichischen Luftfahrtunternehmen Diamond Aircraft Industries GmbH entwickelt wurde. Er ist für eine Vielzahl von Flugtrainingsaufgaben wie Basisausbildung bis hin zum Kunstflug vorgesehen. Die Flugzeugzelle enthält Polymerverbundwerkstoffe, um Gewicht und Herstellungskosten zu reduzieren und gleichzeitig die strukturelle Belastbarkeit zu erhalten. Die Avionik des Flugzeugs umfasst ein Head-up-Display und multifunktionale Bildschirme zur Simulation verschiedener Ausbildungsszenarien. Ein direkt wirkendes mechanisches Steuerungssystem und eine auf Vorhersagbarkeit ausgelegte aerodynamische Konfiguration soll zu den guten Flugeigenschaften beitragen. Der UTS-800 kann Belastungen von +7 bis -4 G aushalten. Offenbar besteht eine große Ähnlichkeit zum chinesischen Gegenpart Wanfeng TA-20 (siehe Seiten 306/307).
Hersteller: UZGA Ural Works of Civil Aviation Plant, Yekaterinburg, Russland.

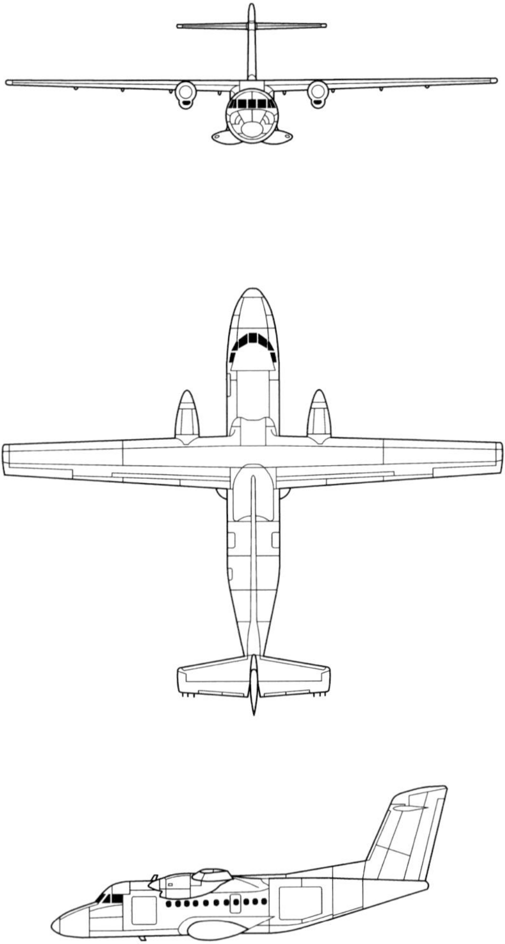

Abmessungen:
Spannweite 26,00 m,
Länge 22,83 m,
Höhe 8,32 m.

UZGA TVRS-44 LADOGA

Ursprungsland: Russland.
Kategorie: Kurzstrecken-Passagierflugzeug.
Triebwerke: Zwei Gasturbinen Klimow TW7-117ST-02 mit einer Startleistung von je 2400 WPS (1789 kW) Leistung.
Leistungen (Schätzungen): Höchstgeschwindigkeit zwischen 480 und 530 km/h; Dienstgipfelhöhe 9200 m; Reichweite mit max. Nutzlast rund 1200 km; maximale Reichweite 2200 km.
Gewichte: Leergewicht 10500 kg; max. Startgewicht 17000 kg.
Zuladung: Zwei Piloten und je nach Sitzanordnung zwischen 36 und 44 Passagiere; Nutzlast als Frachter 5000 - 6000 kg.
Entwicklungsstand: Prototypen befinden sich im Bau, ein Erstflug ist für Mitte 2026 vorgesehen. Die Einsatzbereitschaft wird für 2029 erwartet. Insgesamt sollen bisher 53 Ladoga bestellt worden sein, darunter 20 Einheiten durch KrasAvia.
Bemerkungen: Das Uraler Zivilflugzeugwerk entwickelt aktuell die TVRS-44 als Ersatz vieler mittlerweile überalterter Antonow An-24/26/Yakowlew Yak-40. Geplant ist eine Passagier- wie auch eine Frachtversion bzw. eine Kombiausführung, die sich schnell für die jeweilige Aufgabe umrüsten lässt. Da die TVRS-44 primär für den eher rauen innerrussischen Luftverkehr vorgesehen ist, soll die ganze Konstruktion sehr robust und einfach ausgelegt werden. Aufgrund der Sanktionen, sollen möglichst alle Komponenten russischer Provenienz sein. Bei der Ladoga handelt es sich nach bisherigen Quellen um eine Weiterentwicklung der früheren tschechischen Let L-610 (siehe Ausgabe 1996 und Dreiseitenriss). Das Triebwerk soll eine verbesserte Version des bekannten TV-117ST sein, welches einen geringeren Treibstoffverbrauch verspricht.
Hersteller: UZGA Ural Works of Civil Aviation Plant, Yekaterinburg, Russland.

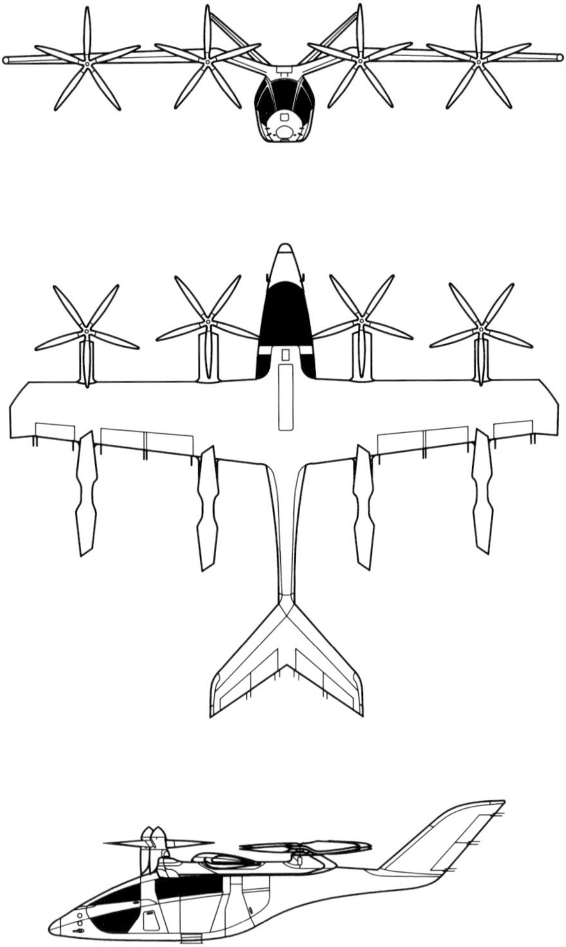

Abmessungen:
Spannweite ohne Rotoren 15,00 m,
Rumpflänge 13,00 m,
Höhe 4,00 m.

VERTICAL AEROSPACE VX4

Ursprungsland: Großbritannien.
Kategorie: Zero-Emission senkrecht startendes und landendes, elektrisch angetriebenes Flugzeug (eVTOL).
Triebwerke: Acht schwenkbare Elektromotoren unbekannten Typs und unbekannter Leistung. Je vier Motoren treiben vier Fünfblatt-Rotoren vor dem Flügel und vier Vierblatt-Rotoren hinter dem Flügel an.
Leistungen (Nach Angaben des Herstellers): Normale Reisegeschwindigkeit 240 km/h; Reichweite mit vier Passagieren 160 km.
Gewichte: Noch keine Angaben erhältlich.
Zuladung: Ein Pilot und vier Passagiere; Nutzlast 450 kg.
Entwicklungsstand: Ein erster von sechs geplanten Prototypen nahm später als geplant die Flugerprobung im Juli 2023 auf, stürzte jedoch bereits am 9. August 2023 ab. In der Zwischenzeit sind weitere leistungsfähigere Prototypen gebaut worden. Die Einsatzbereitschaft wird für 2028 erwartet. Bisher sind rund 1500 Bestellungen bzw. Letter-of-Intent eingegangen, darunter von American Airlines, Japan Airlines, Virgin Atlantic und FlyBalde.
Bemerkungen: Die VX4 reiht sich in die zunehmend größer werdende Zahl von Modellen, welche primär für den innerstädtischen Flugverkehr vorgesehen ist. Gestartet und gelandet wird vertikal, um dann in den Horizontalflug zu wechseln. Dazu können die Triebwerke nach vorne gedreht werden. Die ganze Struktur besteht aus Verbundwerkstoffen. Der Rumpf wird von Leonardo im Werk Grottaglie hergestellt. Dank einer 220Wh/kg-Batterie sollen sog. back-to-back-Rotationen möglich sein, d.h. dass ein Aufladen der Batterien nur jeweils am Ausgangspunkt nötig sein wird. Avionik und Flight Control System stammen von Honeywell. Das Fahrwerk ist einziehbar. Wo die VX4 in Serie gebaut werden soll, ist noch offen. Der Hersteller behauptet, dass dieses Muster deutlich leiser als ein konventioneller Hubschrauber sein wird. Dank der großen Zahl an Propellern soll der Flugbetrieb sehr sicher sein. Ein Ausfall eines Motors bzw. eines Propellers würde einen Flug nicht gefährden. Die Batterien stammen von E-One Moli Energy. Der zweite überarbeitete und neu mit Propellern aus Karbon ausgerüstet soll 20% mehr Leistung erbringen.
Hersteller: Vertical Aerospace Group Ltd., Bristol, Flugerprobung am Kemble Airport, Cotswold, Großbritannien.

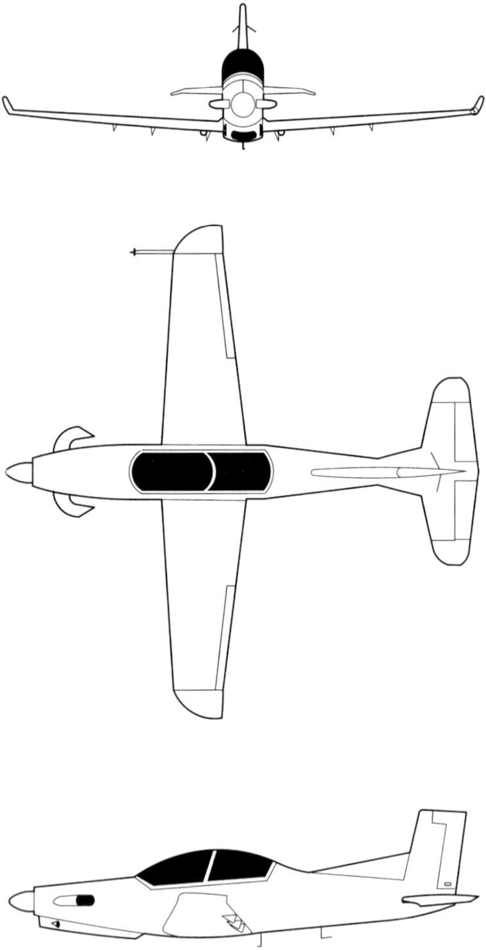

Abmessungen (Dart-450):
Spannweite 11,74 m,
Länge 10,75 m,
Höhe 3,38 m.

WANFENG/ZHONGKE TA-20

Ursprungsland: Volksrepublik China.
Kategorie: Basis- und Fortgeschrittenentrainer.
Triebwerke: Eine Propellerturbine Ivchenko-Progress AI-450S von ca. 450 WPS (335 kW) Leistung.
Leistungen (geschätzt): Höchstgeschwindigkeit 460 km/h; max. Reisegeschwindigkeit 430 km/h; Anfangssteiggeschwindigkeit 15.2 m/Sek; Dienstgipfelhöhe 7010 m; max. Reichweite 2800 ? km.
Gewichte (Dart-450): Leergewicht 1330 kg; max. Startgewicht 2300 kg.
Entwicklungsstand: Ein Prototyp flog erstmals am 6. November 2018. Das Muster wurde an der Dubai Airshow 2025 erstmals der Öffentlichkeit vorgestellt. Es ist anzunehmen, dass die Luftwaffe der Volksrepublik China diesen Typ als Basistrainer anschafft.
Bemerkungen: Ähnlich wie beim UZGA UTS-800 (siehe Seiten 300/301) handelt es sich bei der TA-20 um eine Ableitung des ehemals österreichischen Diamond DART-450. Diese Firma ist seit 2017 unter der Kontrolle der Wanfeng Aviation Industry. Die Grundstruktur wurde vollständig vom erwähnten Muster übernommen und besteht aus Kohlenstofffaser-Verbundwerkstoffen und ist damit sehr leicht und robust. Die TA-20 verfügt aber über eine chinesische Avionik Typ Smart-210 mit im Cockpit integrierten Touchscreen-Displays. Die Schleudersitze sind chinesischer Provenienz. Das Fahrwerk ist einziehbar. Dieser zweisitzige Trainer in Tandem-Sitzanordnung ist sowohl für Grundausbildung als auch für Spezialeinsätze vorgesehen. Wie die genaue Bezeichnung dieses Musters lautet ist nicht ganz klar. Je nach Quelle verwendet man einen anderen Namen. Wie bei den meisten chinesischen militärisch genutzten Luftfahrzeugen sind viele Angaben spekulativer Natur.
Hersteller: Wuhu Zhongke Aircraft Manufacturing Co., Ltd., Teil der Wanfeng Aviation bzw. Auto Holding Group Co. Ltd., Wanfeng Aviation Industry Co. Ltd, Wuhu City, Volksrepublik China.

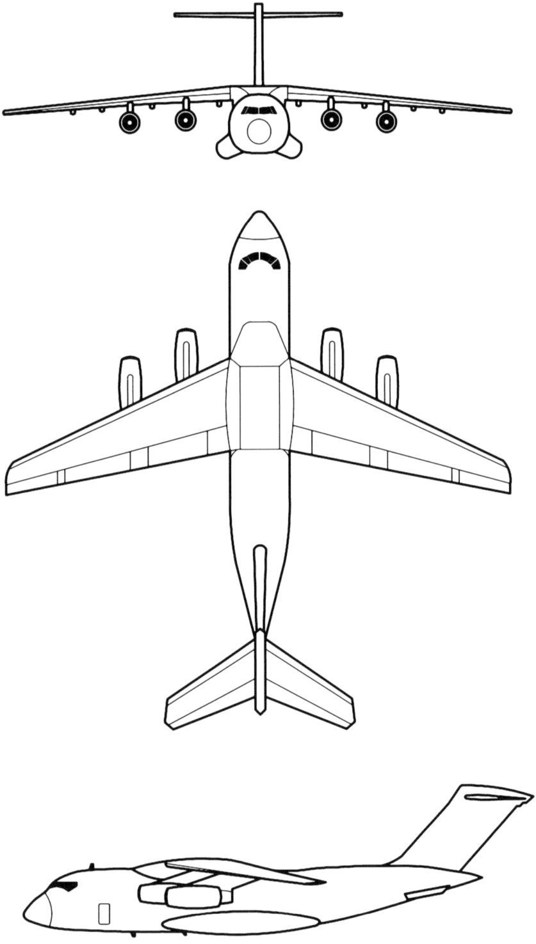

Abmessungen (provisorische Angaben):
Spannweite 50 m,
Länge 47 m,
Höhe 15 m,
Flügelfläche 330 m².

XI’AN Y-20/Y-20U

Ursprungsland: Volksrepublik China.
Kategorie: (Y-20) Schwerer militärischer Langstreckentransporter, (Y-20U) Tanker.
Triebwerke: Vier Mantelstromtriebwerke NPO Saturn D-30KP-2 von je 12440 kp (122,00 kN) bzw. Shenyang WS-20 mit 14060 kp (140 kN) Leistung.
Leistungen (Schätzungen mit WS-20): Höchstgeschwindigkeit ca. 920 km/h; Reisegeschwindigkeit 630 km/h, Dienstgipfelhöhe 13000 m; Reichweite mit max. Nutzlast 4500 km; max. Reichweite 10000 km.
Gewichte (Schätzungen): Leergewicht ca. 100000 kg; max. Startgewicht 220000 kg.
Zuladung: Zwei Piloten und eine maximale Nutzlast von 66000 kg.
Entwicklungsstand: Die erste Y-20 nahm die Erprobung am 26. Januar 2013 auf. Zwei erste Serienmaschinen wurden Mitte 2016 von der Luftwaffe der Volksrepublik China in Dienst gestellt. Je nach Quelle sollen rund 100 Einheiten beschafft werden. Mittlerweile dürften mehr als 60 Y-20 im Einsatz stehen.
Bemerkungen: Gewisse Ähnlichkeiten mit der Il-76/476 (siehe Seiten 186/187) sind erkennbar. Trotzdem handelt es sich um ein eigenständiges Muster. Die Y-20 weist die typischen Merkmale eines militärischen Transporters auf: Rumpf mit großem Querschnitt, Heckladerampe, Hochdecker, T-Leitwerk, robustes Fahrwerk. Heutigen Angaben zufolge dürfte die Y-20 größenmäßig (u. a. Rumpfquerschnitt) zwischen der Il-76 und der C-17 (siehe Ausgabe 2015) liegen. Obwohl rund 2 m kürzer als die Il-76, soll das Ladevolumen deutlich größer sein. Leistungsmäßig sind mindestens die Prototypen und die Vorserienmaschinen durch die eher schwachen russischen Triebwerke D-30 eingeschränkt. Seit 2018 wird in zwei Prototypen Y-20B das neue stärkere chinesische Triebwerk Shenyang WS-20 Huanghe mit größerem Nebenstromverhältnis erprobt. Es ist davon auszugehen, dass zukünftige Y-20 mit diesem Triebwerk ausgerüstet werden. Dank einem Flügel mit superkritischem Profil und Auftriebshilfen sollen gute Startleistungen und hohe Reichweiten möglich sein. Die Avionik entspricht dem heutigen Standard. Jedes Rad des Fahrwerks weist eine eigene Aufhängung auf und die Y-20 ist damit geeignet, auch auf Naturpisten zu operieren. 2021 wurde erstmals die Tankerversion Y-20U gesichtet. Offenbar befindet sich auch eine AEW&C-Ausführung KJ-3000 in Entwicklung. Ebenfalls geplant ist eine verlängerte zivile Frachtversion Y20F-100. Ganz neu fliegt eine Y-20 mit Triebwerken Aero Engine Corp. of China CJ-1000A. Diese Version soll 2027 einsatzbereit werden.
Hersteller: Xi’an Aircraft Industrial Corporation, Xi’an, Volksrepublik China.

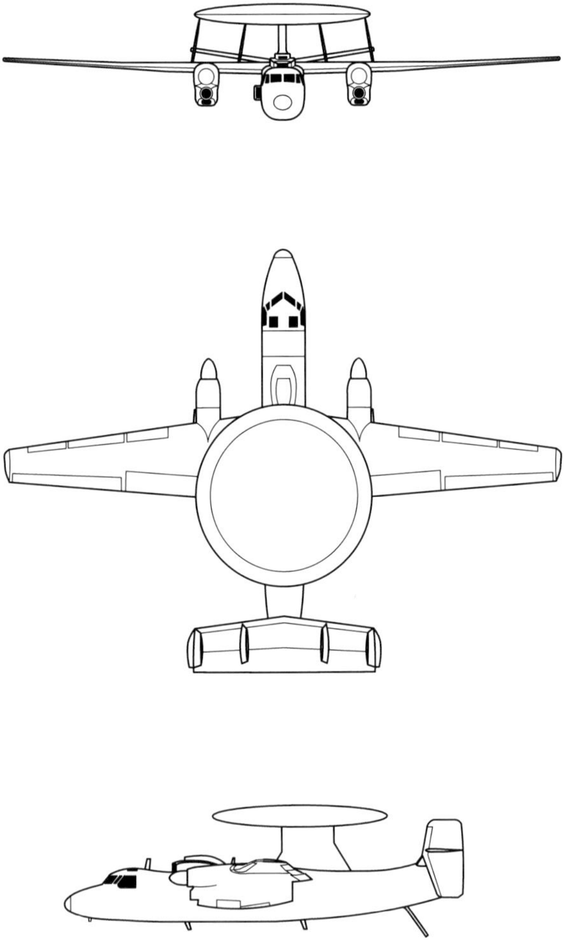

Abmessungen:
Spannweite 25,00 m,
Rumpflänge 18,14 m,
Höhe 5,72 m.

XI'AN KJ-600

Ursprungsland: Volksrepublik China.
Kategorie: Trägergestütztes Radarfrühwarnflugzeug.
Triebwerke: Zwei Propellerturbinen mit Sechsblatt-Propeller Zhuzhou WoJiang-6C bzw. FWJ-6C von je 5103 WPS (3805 kW) Leistung.
Leistungen (Schätzungen): Höchstgeschwindigkeit 690 km/h; Dienstgipfelhöhe 15000 m; Aktionsradius 1250 km; Überführungsreichweite 2800 km.
Gewichte: Max. Startgewicht zwischen 25000 und 30000 kg.
Zuladung: Zwei Piloten und drei bis vier Radar- bzw. Elektronikoperateure.
Entwicklungsstand: Der eigentliche erste Prototyp der KJ-600 nahm die Flugerprobung gemäß Quellen am 9. August 2020 auf. Aufgrund von Luftbildern ist davon auszugehen, dass bisher mindestens vier Prototypen/Vorserienflugzeuge gebaut worden sind.
Bemerkungen: Mit Blick auf die Indienststellung von großen Flugzeugträgern durch die Marine der Volksrepublik China ergab sich auch ein Bedarf nach einem bordgestützten AEW&C-Flugzeug. Auf den ersten Blick gleicht die KJ600 der Northrop Grumman E-2D Hawkeye (siehe Seiten 242/243) sehr stark. Sie wird vermutlich mit einem heute üblichen AESA-Radar ausgerüstet sein. Dieses soll auch in der Lage sein, sog. »Stealth«-Flugzeuge zu orten. Weiter wird sie über ein Data-Communications-System verfügen. Auch geht man davon aus, dass die KJ-600 als Leit- und Koordinationsflugzeug für Luftangriffe dienen kann. Angesichts ihres hohen Startgewichts geht man davon aus, dass die KJ-600 beim Start ab Flugzeugträgern auf ein Katapult angewiesen ist. Weitere Angaben sind noch nicht bekannt. Alle hier gemachten Angaben sowie die Dreiseitenrisse sind noch als sehr provisorisch zu betrachten und stammen aus verschiedenen Quellen. Bisher gibt es noch keine qualitativ guten Bilder der KJ-600.
Hersteller: Xi'an Aircraft Industrial Corporation, Xi'an, Volksrepublik China.

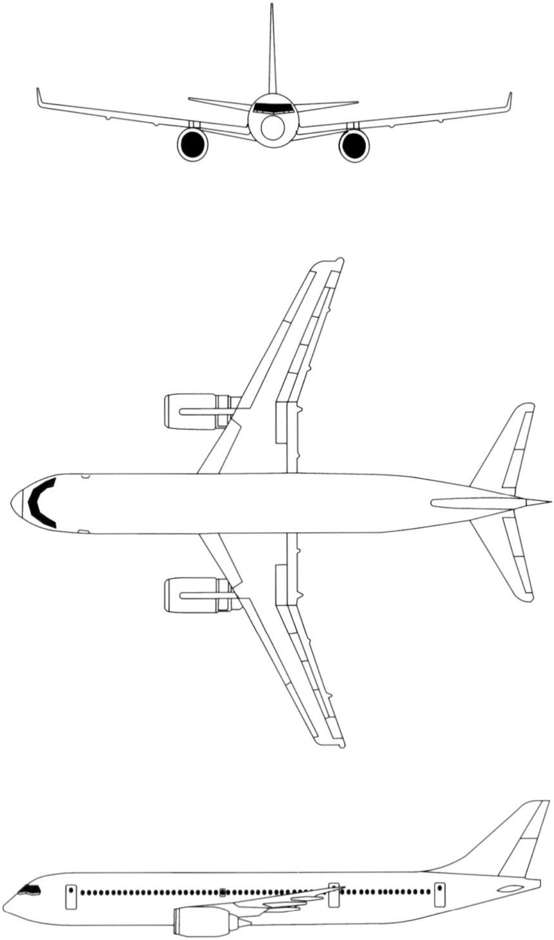

Abmessungen (MC-200/300/400):
Spannweite 35,90/35,90/36,80 m,
Länge 36,80/42,30/46,70 m,
Höhe 11,50/11,50/12,70 m.

YAKOWLEW/UNITED AIRCRAFT MC-21

Ursprungsland: Russland.
Kategorie: Kurz- und Mittelstrecken-Verkehrsflugzeug.
Triebwerke: Zwei Mantelstromtriebwerke (Serienflugzeuge) Aviadvigatel PD-14 oder (Prototypen) Pratt & Whitney PW1400G mit einer Leistung von (MC-200/300/400) 12500/14000/15600 kp (122,6/137,3/153,0 kN).
Leistungen: Max. Reisegeschwindigkeit Mach 0,80; Dienstgipfelhöhe 11600 m; Reichweite (200/300/400): 6400/6000/5500 km.
Gewichte (MC-21-200/300/400): Max. Startgewichte 72390/79250/87230 kg.
Zuladung: Zwei Mann Cockpitbesatzung und bei einer Standard-Zweiklassenbestuhlung (MC-200/300/400) 132/163/178 Passagiere in Sechserreihen. Maximal können 176/211/230 Passagiere mitgeführt werden; max. Nutzlast 17560/22600 kg.
Entwicklungsstand: Ein erster Prototyp MC-21-300 hob am 28. Mai 2017 zum Erstflug ab. Der fünfte Prototyp MC-21-310, ausgerüstet mit PD-14-Triebwerken nahm die Erprobung im Dezember 2020 auf, Zulassung im Dezember 2021. Ein neuer Prototyp MC-21-310 mit fast ausschließlich russischer Ausrüstung flog erstmals 2024, ein zweiter folgte am 28. Oktober 2025. Als Erstbesteller wird die Rossiya aber erst etwa 2026 diesen Typ erhalten. Die Aeroflot hat mittlerweile 210 MC-21 in Auftrag gegeben.
Bemerkungen: Dank der MC-21-Familie (auch verschiedentlich MS-21 genannt) will Russland mit einem konkurrenzfähigen Muster in den heiß umkämpften Markt der 150- bis 200-plätzigen Mittelstreckenflugzeuge eindringen. Drei Varianten sollen gebaut werden, die MC-200, -300 und -400, die sich primär durch unterschiedliche Abmessungen, Gewichte und Triebwerke voneinander unterscheiden. Ziel dieses Musters ist, gegenüber den heutigen Modellen ein bis zu 15% effizienteres Flugzeug anzubieten. Zwei Hauptfaktoren dafür sind die Triebwerke sowie die Struktur, die zu rund einem Drittel aus Verbundwerkstoffen besteht, darunter der ganze Hauptflügel. Dank gegenüber Konkurrenzmustern breiterer Kabine kann ein besserer Passagierkomfort angeboten werden. Angesichts der aktuellen Situation werden voraussichtlich alle Serienmodelle der MC-21 ausschließlich mit dem Aviadvigatel-Triebwerk ausgerüstet. Möglichst alle Komponenten sollen russischer Herkunft sein, um westliche Embargos zu umgehen. Dies führt zu einer Einführungsverzögerung von rund zwei Jahren. Einzelne Quellen nennen nun als Produzenten neu das A.S. Yakowlew Design Bureau. Kürzlich wurde bekannt, dass wegen höher als geplantem Gewicht die Zulassung weiter verzögert wird.
Hersteller: Yakowlew/United Aircraft Corporation (UAC), Moskau, Teil des Rostec Konglomerats, Werk Irkutsk Corp., Irkutsk, Russland.

VERZEICHNIS DER FLUGZEUGTYPEN

ABKÜRZUNGEN IM TEXT

Aéronavale = Französische Marineluftwaffe
AESA-Radar = **A**cive **E**lectronically **S**canned **A**rray, Radar mit aktiver elektronischer Strahlschwenkung
AEW/C = **A**irborne **E**arly **W**arning/**C**ommand, fliegende Radarfrühwarn- und Kommandoflugzeuge
ALAT = **A**viation **L**égère de l'**A**rmée de **T**erre, französische Heeresluftwaffe
Armée de l'Air = Französische Luftwaffe
ASW = **A**nti-**S**ubmarine **W**arfare, U-Boot-Bekämpfung
AWACS = **A**irborne **W**arning **A**nd **C**ontrol **S**ystem, Frühwarnflugzeug
COMINT = **COM**munications **INT**elligence, Nachrichtenaufklärung
CTOL = **C**onventional **T**ake-**O**ff and **L**anding, Start und Landung konventionell
ECM = **E**lectronic **C**ounter **M**easures, Sammelbegriff für alle Maßnahmen zur Störung feindlicher Funk- und Radareinrichtungen auf elektronischem Weg
EFIS = **E**lectronic **F**light **I**nstrument **S**ystem, Elektronische Bildschirmanzeigeinstrumente
Elint = **El**ectronics **Int**elligence, elektronische Aufklärung
eVTOL = **e**lectric **V**ertical **T**ake-**O**ff-**A**nd-**L**anding, Senkrechtstart und-landung mit elektrischem Antrieb
FADEC = **F**ull **A**uthority **D**igital **E**ngine **C**ontrol, Digitales Triebwerkmanagement-System
FBW = **F**ly-**B**y-**W**ire, Steuerung des Flugzeuges mittels elektrischen Impulsen
FLIR = **F**orward-**L**ooking **I**nfra**R**ed, Infrarot-Nachtsichtgerät
GFK = **G**las**f**aserverstärkter **K**unststoff
GPS = **G**lobal **P**ositioning **S**ystem, präzise Navigationshilfe mittels Satelliten
HOTAS = **H**ands-**O**n-**T**hrottle-**A**nd-**S**tick, alle wichtigen Bedienungsfunktionen sind im Schubhebel und Steuerknüppel vereinigt
HUD = **H**ead-**U**p **D**isplay, Blickfelddarstellungsgerät. Die wichtigsten Flugdaten werden auf die Frontscheibe projiziert
IFR = **I**nstrument **F**light **R**ules, Instrumentenflugregeln
LANTIRN = **L**ow-**A**ltitude **N**avigation **T**argeting **IR** for **N**ight, Tiefflugnavigations- und Infrarot-Angriffssystem für Nachteinsätze
MAD = **M**agnetic **A**nomaly **D**etection, Magnetometer, Gerät zum Aufspüren magnetischer Unregelmäßigkeiten (Einsatz zur U-Boot-Bekämpfung)
NVG = **N**ight **V**ision **G**oggles, Sammelbegriff für Nachsichtgeräte/-brillen am Kopf des Piloten befestigt
RAAF = **R**oyal **A**ustralien **A**ir **F**orce, australische Luftwaffe
RAF = **R**oyal **A**ir **F**orce, britische Luftwaffe
RN = **R**oyal **N**avy, britische Marineluftwaffe
SAF = **S**ustainable **A**viation **F**uel, nachhaltige Flugkraftstoffe aus nicht-fossilen Quellen
SAR = **S**earch **A**nd **R**escue, Such- und Rettungseinsätze
SAR = **S**ynthetic **A**perture **R**adar, Sythetisches Breitband-Aufklärungsradar
SIGINT = **SIG**nals **INT**ellingence, Funkaufklärung
STOL = **S**hort **T**ake-**O**ff and **L**anding, Kurzstart und -landung
STOVL = **S**hort **T**ake-**O**ff and **V**ertical **L**anding, Kurzstart und Senkrechtlandung
USAF = **U**nited **S**tates **A**ir **F**orce, Luftwaffe der USA
USCG = **U**nited **S**tates **C**oast **G**uard, Küstenwache der USA
USMC = **U**nited **S**tates **M**arine **C**orps, Marineinfanterie der USA
USN = **U**nited **S**tates **N**avy, Marine der USA
VFR = **V**isual **F**light **R**ules, Sichtflugregeln
VTOL = **V**ertical **T**ake-**O**ff and **L**anding, Senkrechtstart und -landung
WPS = **W**ellen-**PS**, Leistung einer Propeller- oder Gasturbine, gemessen an der Welle; der Restschub wird nicht berücksichtigt, Englisch: shp (Shaft Horse Power)